计算生态导论

高英　汤庸　主编

0100000101110100100011110101010

1010100100100111010101110

清华大学出版社
北京

内容简介

信息技术的发展，推动互联网在人类工作、生活中不断普及，社会发展朝信息化不断迈进，构建计算平台生态，实现应用体系化，已成为发展的必然趋势。尤其，近年来，依托计算平台生态的产业发展空前繁荣。纵观计算平台生态，核心科技均由国外掌握。应用依托国外核心科技发展的计算平台生态，对国家发展存在巨大安全隐患。因此，实现计算生态平台国产化刻不容缓。本书立足学术界和国内市场等，对计算生态平台现阶段的技术研究、产品发展状况等进行了充分调研，意在为研究人员、从业人员以及感兴趣的读者梳理生态平台构建和发展的历史脉络，普及国产计算生态平台涉及的相关基础理论，介绍国内外计算平台生态的发展现状以及软硬件产品等，基本涵盖生态中涉及的各领域，为后期国产计算平台生态的良性发展提供必要的信息支撑。

图书在版编目(CIP)数据

计算生态导论/高英，汤庸主编. —北京：清华大学出版社，2021.12
ISBN 978-7-302-59531-1

Ⅰ.①计… Ⅱ.①高… ②汤… Ⅲ.①计算机网络—研究 Ⅳ.①TP393

中国版本图书馆 CIP 数据核字(2021)第 230600 号

责任编辑：张瑞庆 常建丽
封面设计：何凤霞
责任校对：徐俊伟
责任印制：朱雨萌

出版发行：清华大学出版社
网　　址：http://www.tup.com.cn，http://www.wqbook.com
地　　址：北京清华大学学研大厦 A 座　　**邮　　编**：100084
社 总 机：010-62770175　　**邮　　购**：010-83470235
投稿与读者服务：010-62776969，c-service@tup.tsinghua.edu.cn
质量反馈：010-62772015，zhiliang@tup.tsinghua.edu.cn
课件下载：http://www.tup.com.cn，010-83470236
印 装 者：三河市铭诚印务有限公司
经　　销：全国新华书店
开　　本：185mm×260mm　　**印　　张**：15.25　　**字　　数**：373 千字
版　　次：2021 年 12 月第 1 版　　**印　　次**：2021 年 12 月第 1 次印刷
定　　价：49.00 元

产品编号：093216-01

前 言

随着信息技术的飞速发展，各行业领域的关键系统逐渐向信息化方向转型。近年来，计算生态中平台组成要素的发展成为了趋势，事关社会经济、政治、军事等各个方面，与国家安全紧密联系。倘若依托国外掌握的核心科技，国内的计算生态将始终存在“受制于人”的巨大隐患，因此，推动计算生态平台国产化迫在眉睫，刻不容缓。

计算平台主要由基础硬件、基础软件和应用软件组成。这些组成部分在发展相对成熟的基础上有机结合，构建体系，并应用于各领域，影响着社会的方方面面，这也是计算平台“生态”二字的内涵。

本书立足于学术界和国内外商业市场，对计算平台生态组成要素的发展状况进行了较为充分的调研，并以整体视角对计算平台生态进行了全面介绍，既普及了计算平台生态组成要素的相关基础理论，又以计算平台生态组成要素的发展为基本脉络，梳理各时期的代表产品，供读者学习了解。本书重点阐述计算生态中平台组成要素国产化举措，并且着重介绍部分国内较为经典的软硬件产品，意在引导读者认识国产计算平台生态的发展现状。希望本书的出版对关心读者有所启发和帮助，并为国产计算平台生态的良性发展提供必要的信息支撑。

本书由诸多作者戮力同心，共同完成。本作品的编写方向和内容由高英教授和汤庸教授统筹规划，由宋彬杰编写绪论。关于计算平台生态的详细内容主要分为绪论、基础硬件、基础软件和应用软件四篇，相关的编写工作组织如下：中央处理器部分由林菁、梁凌睿负责；图形处理器部分由李彭军、苏思捷负责；存储器部分由高静、宋彬杰负责；操作系统部分由蔡文天负责；数据库部分由袁成哲、陈万德负责；中间件部分由肖皓朗、黎羿江负责；应用软件部分由温祥彬、曹宇阳负责。

本书得到 2020B010166001、U1811263、61772211 等科技项目的资助。

本书可作为高等院校和职业技术学院的教材，也可作为企事业单位相关技术人员的参考用书。由于作者水平有限，书中难免存在不足，敬请广大读者批评指正。

作 者

2021 年 9 月

目　　录

第 1 篇　绪　　论

第 1 章　绪论概述 …… 3

1.1　导论意义 …… 3

1.2　国内外现状 …… 4

1.3　导论主要内容 …… 5

1.4　组织结构 …… 5

第 2 篇　基础硬件

第 2 章　中央处理器 …… 9

2.1　中央处理器的定义 …… 9

2.2　中央处理器的功能 …… 10

2.2.1　CPU 的工作过程 …… 10

2.2.2　CPU 的简要优化历程 …… 11

2.3　中央处理器的发展史 …… 13

2.3.1　传统处理器的发展阶段 …… 13

2.3.2　奔腾系列微处理器时代 …… 14

2.3.3　酷睿系列微处理器时代 …… 17

2.4　国产中央处理器 …… 19

2.4.1　飞腾 …… 20

2.4.2　华为海思 …… 25

2.4.3　龙芯 …… 28

2.4.4　兆芯 …… 32

2.4.5　申威 …… 35

第 3 章　图形处理器 …… 43

3.1　图形处理器的定义 …… 43

3.2 图形处理器的发展史 …… 44
3.2.1 GPU 的前世 …… 44
3.2.2 GPU 的今生 …… 45
3.2.3 GPU 的摩尔定律 …… 46
3.3 图形处理器的分类 …… 46
3.4 图形处理器与中央处理器的对比 …… 48
3.5 图形处理器的应用领域 …… 50
3.6 经典图形处理器 …… 52
3.6.1 超高性价比的 Radeon 9550 …… 52
3.6.2 SweetSpot 的前身——GeForce 9600GT …… 53
3.6.3 亘古未有的经典——Radeon HD 4850 …… 53
3.6.4 幸运时代的幸运产物——GeForce GTX 680 …… 54
3.7 国产图形处理器 …… 55
3.7.1 景嘉微 …… 56
3.7.2 兆芯 …… 60
3.7.3 浪潮信息 …… 62
3.7.4 中船重工 …… 65
3.7.5 西邮微电 …… 67

第 4 章 存储器 …… 69
4.1 存储器的定义 …… 69
4.2 存储器的技术指标 …… 70
4.3 存储器的基本组成结构 …… 71
4.4 存储器的分类 …… 72
4.4.1 按存储介质分类 …… 72
4.4.2 按存储方式分类 …… 72
4.4.3 按读写功能分类 …… 72
4.4.4 按作用分类 …… 75
4.5 存储器的发展史 …… 75
4.6 国产存储器 …… 77
4.6.1 同有科技 …… 77
4.6.2 紫光存储 …… 83
4.6.3 紫晶存储 …… 90
4.7 国外存储器 …… 93

第3篇　基础软件

第5章　操作系统 …… 101
5.1　操作系统的定义 …… 101
5.2　操作系统的功能 …… 102
5.2.1　内存管理 …… 102
5.2.2　进程管理 …… 103
5.2.3　文件系统 …… 103
5.2.4　设备控制 …… 104
5.2.5　网络接口 …… 105
5.3　操作系统的发展史 …… 105
5.3.1　第一代操作系统 …… 106
5.3.2　第二代操作系统 …… 107
5.3.3　第三代操作系统 …… 108
5.3.4　第四代操作系统 …… 109
5.4　Linux 内核与发行版 …… 112
5.4.1　Linux 发展背景 …… 112
5.4.2　Linux 内核 …… 112
5.4.3　Linux 所有权 …… 113
5.4.4　Linux 发行版 …… 114
5.5　操作系统国产化 …… 116
5.6　国产操作系统 …… 117
5.6.1　麒麟操作系统 …… 118
5.6.2　中科方德 …… 122
5.6.3　华为操作系统 …… 124
5.6.4　Deepin 与 UOS …… 128

第6章　数据库 …… 130
6.1　数据库的定义 …… 130
6.1.1　为什么需要数据库 …… 130
6.1.2　数据库基本概念 …… 131
6.1.3　数据模型 …… 132
6.1.4　数据库语言 …… 133
6.1.5　关系数据库 …… 134
6.1.6　非关系型数据库 …… 139
6.2　数据库的发展史 …… 140
6.2.1　人工管理与文件管理数据 …… 140

6.2.2 第一代数据库 …… 141
6.2.3 第二代数据库 …… 141
6.2.4 第三代数据库 …… 141
6.3 国外数据库 …… 146
6.3.1 IMS 与 IBM Db2 …… 146
6.3.2 Oracle …… 147
6.3.3 MySQL …… 147
6.3.4 Microsoft SQL Server …… 148
6.3.5 MongoDB …… 148
6.3.6 Redis …… 149
6.3.7 PostgreSQL …… 149
6.3.8 SQLite …… 150
6.4 国产数据库 …… 151
6.4.1 TiDB …… 152
6.4.2 DM8 …… 153
6.4.3 OceanBase …… 155
6.4.4 PolarDB …… 157
6.4.5 GaussDB …… 158

第7章 中间件 …… 159
7.1 中间件的定义 …… 159
7.1.1 什么是中间件 …… 159
7.1.2 为什么要用中间件 …… 160
7.1.3 中间件的应用 …… 161
7.2 中间件的作用 …… 161
7.2.1 中间件在分布式系统中的功能 …… 161
7.2.2 传统中间件 …… 163
7.2.3 新型中间件 …… 164
7.3 中间件的发展史 …… 165
7.3.1 中间件的由来 …… 165
7.3.2 中间件的历史发展 …… 166
7.3.3 中间件的发展趋势 …… 167
7.4 国外中间件 …… 168
7.4.1 Tomcat …… 168
7.4.2 Kafka …… 173
7.4.3 ICE …… 179
7.5 国产中间件 …… 183
7.5.1 东方通 …… 184

7.5.2 宝兰德 …… 190
7.5.3 普元信息 …… 193
7.5.4 中创中间件 …… 197
7.5.5 金蝶天燕 …… 198

第4篇 应用软件

第8章 应用软件 …… 207
8.1 应用软件的定义 …… 207
8.2 应用软件的发展史 …… 207
8.2.1 软件技术发展早期 …… 208
8.2.2 结构化程序和对象技术发展时期 …… 208
8.2.3 软件工程技术发展新时期 …… 209
8.3 中国应用软件的发展史 …… 210
8.4 应用软件的分类 …… 212
8.4.1 业务软件 …… 212
8.4.2 内容访问软件 …… 213
8.4.3 教育软件 …… 213
8.4.4 仿真软件 …… 213
8.4.5 工业自动化软件 …… 214
8.4.6 多媒体开发软件 …… 215
8.4.7 产品工程软件 …… 216
8.5 国产应用软件 …… 216
8.5.1 流式软件 …… 216
8.5.2 版式软件 …… 220
8.5.3 防御软件 …… 224

参考文献 …… 228

第一篇

绪论

第1章 绪论概述

1.1 导论意义

进入21世纪以来，信息技术的飞速发展，推动社会朝数字信息化不断迈进，计算机已渗透至政治、经济、军事等方方面面。各领域的关键系统已逐步完成由依赖人工和模拟系统向依赖信息系统的过渡，人类对信息的依赖愈发突显。计算平台生态的体系化发展成为21世纪事关国家安全、社会稳定和经济发展的重要战略资源，成为国家综合实力的重要体现之一。

纵观世界，依托计算平台生态的信息技术与产业空前繁荣，整个计算平台生态，不论基础硬件，还是基础软件，国外均掌握了主要核心科技。依托国外核心科技发展起来的生态，对国家经济、政治、军事、文化、科技、教育等诸多方面的发展，均存在“卡脖子”“受制于人”等巨大的隐患。针对上述问题，国家近年来高度关注生态建设和发展，先后发布了《国家信息化发展战略纲要》《网络安全法》《网络空间安全战略》《公共互联网网络安全威胁检测与处置办法》《信息安全技术个人信息安全规范》《信息安全技术网络安全等级保护基本要求》等若干法规和文件，意在强调发展国产计算平台生态的重大意义。如今，国产计算平台的发展引起业界的高度关注，生态发展态势向上向好、欣欣向荣。自2020年以来，地方政府着眼发展趋势，紧盯行业领域的建设，先后出台颁布了政策，如《关于印发广东省加快半导体及集成电路产业发展若干意见的通知》《2020年浙江省软件与集成电路发展工作要点》《关于培育鲲鹏计算产业促进数字厦门创新发展的指导意见》《贵州省大数据融合创新发展工程专项行动方案》《2020年数字福建工作要点的通知》《关于加快发展数字经济培育新的经济增长点的若干政策措施》(湖北省)、《全面加强科技创新能力建设的若干政策措施》(四川成都)等，但是着眼宏观，国产计算平台生态构建尚处于发展初期，潜藏巨大的发展空间。

本导论立足学术界和国内市场等，对计算生态平台现阶段的技术研究、产品发展状况进行了充分调研，意在为研究人员、从业人员以及感兴趣的读者梳理生态平台构建和发展的历史脉络，普及国产计算生态平台涉及的相关基础理论，介绍国产计算平台生态的发展现状以及软硬件产品等，为后期国产计算平台生态的良性发展提供必要的信息支撑。

1.2 国内外现状

20世纪80年代后期，计算平台生态作为软件和硬件的设计、开发基础，逐渐进入大众视野，通过若干年的发展，如今形成以国外核心科技主导的计算平台生态。其主要包括CPU、GPU(图形处理器)、存储器、操作系统、数据库、中间件以及应用软件等方面。

如今，PC的CPU主要是英特尔产品和AMD产品。英特尔是以CPU研发为主的美国公司，也是现阶段全球最大的CPU制造商，该公司于1968年成立，在行业领域市场走了53年的历程，现阶段依旧处于行业的龙头位置。AMD也是美国半导体公司，该公司主要制造和设计CPU、GPU、主板芯片等，该公司成立于1969年，致力于从企业、政府机构到个人消费者——提供基于标准的、以客户为中心的解决方案。在CPU的制造商中，英特尔和AMD两家美国公司占据计算生态的绝大部分市场，前期，国内市场上也主要采用这两家公司的产品。

现阶段，GPU主要是AMD和NVIDIA产品。NVIDIA创立于1993年，是一家从事人工智能计算的公司，总部位于美国。NVIDIA定义了现代计算机图形，引领着视觉计算领域的发展，是全球可编程图形处理技术领袖，尤其近年人工智能技术的不断发展，把GPU推向了浪潮的前沿。

存储器作为计算机必不可少的硬件，随着数据存储技术的迅猛发展，用户对存储性价比的要求也越来越高，现阶段国外主要的存储器研发公司有三星、金士顿、闪迪、西部数据、希捷等，这些公司主要属于美国、韩国，其中绝大部分是美国公司，该类产品的市场占比非常高。

现阶段，主流操作系统均为Microsoft Windows系列操作系统，该操作系统由美国微软公司研发。Windows采用了图形化模式GUI，比起从前DOS需要输入指令使用的方式更人性化。随着计算机硬件和软件的不断升级，微软的Windows也在不断升级，从架构的16位、32位到64位，系统版本从最初的Windows 1.0到大家熟知的Windows 95、Windows 98、Windows 2000、Windows XP、Windows Vista、Windows 7、Windows 8、Windows 8.1、Windows 10和Windows Server服务器企业级操作系统，微软一直致力于Windows操作系统的开发和完善。

数据库产品中，国外现状主要是SQL Server、Oracle Database、DB2等。SQL Server是微软的数据产品。具有较强的易用性。Oracle是Oracle(甲骨文)公司的数据产品。DB2是IBM公司的产品，在全球500强的企业中有80%是用DB2作为数据库平台的。

基于国外计算平台生态的软硬件产品，经过长期的研发和市场进一步的测试和完善，发展已经相对成熟，具备一个良好的生态系统。目前我国的计算平台生态尚未形成完整的体系，产品主要依赖国外核心技术，但是经过近十年的培育与发展，国内从事国产计算平台生态中软、硬件研发的公司如雨后春笋，国产计算平台生态的发展成为行业聚焦的热点。

基础硬件：CPU、GPU、存储器。目前，国内的主要CPU厂商包括龙芯、华为鲲鹏、飞腾、海光、兆芯、申威；景嘉微是国产 GPU 研发的领军单位，其产品正由军用向民用渗透；国内主要存储器厂商包括同有科技、易华录、紫晶存储。

基础软件：操作系统、数据库、中间件。目前，国产操作系统均是 Linux 发行版，麒麟 OS 和统信 UOS 是国内最重要的国产操作系统，其他厂商还包括普华软件、中科方德、中兴新支点。虽然 Oracle、IBM、微软占据国内数据库市场，但是国产数据库份额正不断提升。我国国产数据库主要厂商包括南大通用、武汉达梦、人大金仓、神舟通用。

1.3　导论主要内容

导论从三大模块七项内容着手，通过简单的概念引入产品明细介绍，使读者对国产计算平台生态有直观的认识。本章首先介绍了 CPU 的定义、功能、发展史以及现阶段国产 CPU 的产品介绍；其次对 GPU 的定义、发展史以及分类进行了介绍，同时着重对比了 CPU 和 GPU 并介绍了现阶段国产 GPU 的发展状况；在基础硬件中，还详细对国产存储器的定义、功能、发展史以及国内外产品进行了阐述；然后针对基础软件，从操作系统、数据库、中间件，分别介绍了其定义、发展历程、国内外产品；最后对具有代表性的应用软件进行了介绍。

导论是国产计算平台生态的入门引导，内容丰富，详略得当，基本涵盖了生态中涉及的具体行业领域，希望通过学习本章，读者能够对国产计算平台生态有宏观的、初步的理性认识，为后期行业信息的全面掌握和深入前沿研究夯实基础。

1.4　组织结构

导论对计算平台生态中涵盖的相关内容进行了划分。一共包括 4 篇 8 章内容，第一篇为绪论；第二篇为基础硬件，该篇一共包含 3 章内容，分别是中央处理器、图形处理器、存储器，每一章又根据行业领域实际，分为 4～7 小节；第三篇为基础软件，主要包括操作系统、数据库、中间件 3 章内容；第四篇为应用软件，主要包括第 8 章内容。

第二篇

基础硬件

第2章 中央处理器

2.1 中央处理器的定义

中央处理器(Central Processing Unit,CPU)在计算机中扮演了像“大脑”一般的角色,负责执行程序,是计算系统的运算和控制核心。这个角色是由CPU内部组成结构决定的。

CPU如图2-1所示,主要由运算器(ALU)、控制器(CU)以及存储单元组成,其中存储单元包括寄存器、高速缓冲存储器(Cache)等。

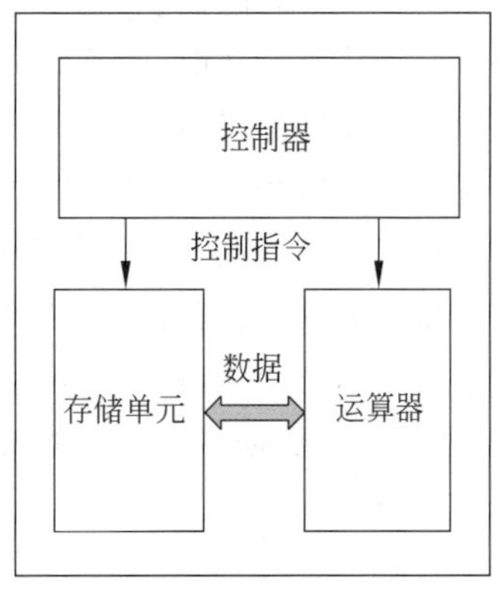

图2-1 CPU简要结构图

运算器的功能正如它的名字,主要负责如加、减运算等对数据进行加工的工作。寄存器通常用来存储原始数据、中间或最终运算结果。控制器的功能则更复杂一些。计算机程序的运行是由一个个操作执行的,这一个个操作被称为指令,控制器的功能便是负责协调、控制执行程序的指令序列,具体操作可划分为取指、解码、执行3个阶段。而指令通常存储在计算机的主存储器中,并不在CPU内部,因此,控制器还必须控制程序的输入和运算结果的输出。为了优化输入和输出的速度,Cache被作为CPU的一部分。CPU近期所需的程序,从主存上被读取并复制到Cache上,当CPU刚好需要对这些内容进行读写时,只须访问Cache,不必对主存进行操作,避免CPU与I/O设备争抢访存,这样便提高了CPU运行的效率。

购买CPU时,厂商会提供许多参数,较为具体的介绍和分析请浏览公司介绍部分,在此仅做简单介绍。

光刻:又称为制程,指用于生产集成电路的半导体技术,采用纳米(nm)为计算单位,其数值越小,代表其工艺越先进。

线程数：线程，指的是单核 CPU 交付或处理的基本有序指令序列。CPU 支持的线程数越多，CPU 越能够并行处理多个任务，说明它的性能越强。

处理器基本频率(主频)：又称时钟频率、主频，指处理器晶体管打开和关闭的速率。划分同代 CPU 产品定位时，主频越高，执行速度越快。

内核数：用来形容硬件方面的性能，代表的是单个计算组件中的独立中央处理器的数量。一般情况下，内核数越多，越有利于运行多个程序，性能越强。

缓存：高速缓冲存储器是处理器上的一个快速记忆区域，通常性能越强的 CPU，搭配更大的缓存。

最大内存大小：处理器支持的最大内存容量。

2.2 中央处理器的功能

CPU 的具体功能包括：指令控制、时间控制、中断处理、操作控制和数据加工[1]。

具体介绍如下。

CPU 之所以能实现程序，是因为它得到指令之后，进行相应的分析，进而完成了指令所指定的功能，这个简单的流程宏观来看是对程序的顺序控制，通常也称指令控制。

为了使控制过程有序进行，CPU 在对程序进行顺序控制的同时，也产生时间控制信号，来辅助各种操作有序进行，这个功能称为时间控制。

尽管有了时间控制，也不能忽略 CPU 运转过程中的特殊需求和异常情况，因此，CPU 处理异常情况的功能，统称为中断处理。

操作控制，是指指令执行的过程中，CPU 将每条指令相应的操作信号送往各个部件，利用这些操作信号控制各部件运转，合力完成指令指定的功能。

数据加工，顾名思义，就是对数据的运算处理。

简单来说，CPU 的工作原理与工厂对产品的加工处理过程类似，控制台(控制单元)充当统筹调度的角色，将生产产品的原料(指令)送往加工流水线(逻辑运算单元)，加工好的成品(处理好的数据)随后送往仓库(存储器)中，卖出时(应用程序需要时)，再从仓库中取出。

2.2.1 CPU 的工作过程

CPU 的基本工作是执行存储的指令序列，即程序。程序的执行过程如图 2-2 所示，实际上是不断地取指令、指令译码、执行指令的过程。

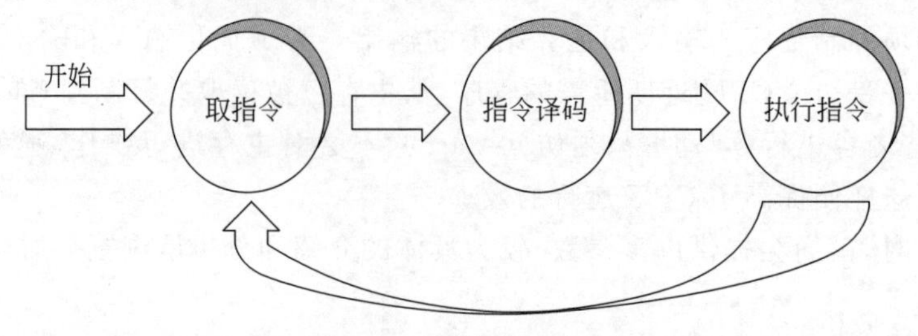

图 2-2 程序的执行过程

CPU 从存放程序的主存储器里取出一条指令，经过一定的分析（即译码后），执行该指令，并且保存结果数据，顺利完成这些步骤后，CPU 立即取出下一条指令，开始新一轮的循环作业，除非遇到停机指令，否则计算机不停地运行，自动地工作。

几乎所有的冯·诺依曼型计算机的 CPU，其工作都可以分为 5 个阶段：取指令、指令译码、执行指令、访存取数和结果写回。指令的执行过程如图 2-3 所示。

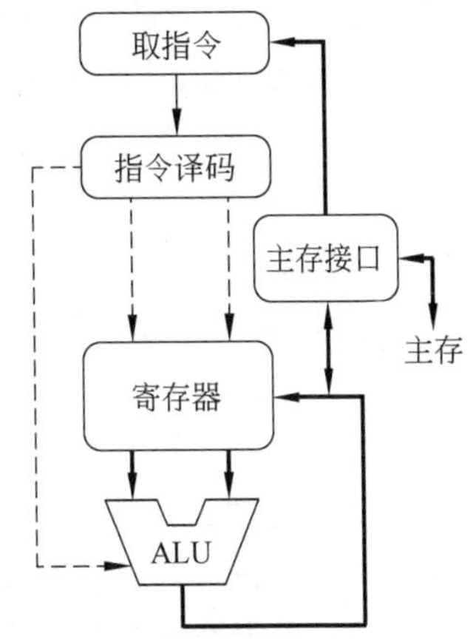

图 2-3　指令的执行过程

1. 取指令阶段

取指令阶段，是根据程序计数器 PC 的数值，从主存储器向指令寄存器获取指令的过程。

2. 指令译码阶段

在指令译码阶段中，根据已获取到的指令的格式，指令译码器对指令的内容进行分析。

在由组合逻辑控制的计算机中，指令译码器对不同的指令操作码，形成不同的微操作序列；在由微程序控制的计算机中，指令译码器用指令操作码查找并执行该指令的微程序的入口，并从该入口开始执行。

在传统的设计里，CPU 中负责指令译码的部分是无法改变的硬件。不过，在众多运用微程序控制技术的新型 CPU 中，微程序有时是可重写的。

3. 执行指令阶段

在指令译码阶段中，指令译码器解读了指令的要求，明白了指令需要计算机做什么，而执行指令阶段，就是获取执行指令所需要的输入，负责具体实现指令的功能。在这个阶段中，控制器、运算器和存储单元共同协作完成指令的功能。

4. 访存取数阶段

根据指令需要，读取操作数，当 CPU 和 Cache 中都没有所需要的操作数时，需要从主存储器中获取操作数，这时 CPU 将进入访存取数阶段，否则跳过该阶段。

这个阶段中，CPU 根据指令地址码，从主存中读取出操作数。

5. 结果写回阶段

结果写回阶段，顾名思义，需要把上一阶段的运行结果数据“写回”，即存储下来，等到下次有需要的时候再取出使用。为了缩短读写时间，便于被后续的指令快速访问，结果数据通常被写入 CPU 的内部寄存器。许多指令还将更改程序状态字寄存器中标志位的状态，这些标志位表示不同的操作结果，可以影响程序接下来的行为。

在无意外情况发生的条件下，指令顺利执行完毕，结果安全写回，这一轮的工作就算是完成了。计算机将获取下一条指令地址，开始新的循环。

2.2.2　CPU 的简要优化历程

早期，减少晶体管切换的时间是计算机提速的主要方式，但是这种提速方式非常有限，并且受硬件技术影响，速度上的无限提高是不可能的，所以处理器厂商发明各种新技术来提升性能，希望CPU能够运转得更快、更有效率。

在复杂运算实现的过程中，复杂度和速度之间的平衡问题成了计算机发展史上的常见问题，例如，现代处理器有专门的复杂巧妙的电路来对文档进行加密，对图像进行处理，对视频进行解码和压缩等，如果这些功能用标准操作实现，操作过程将占用许多个时钟周期，这将极大地影响用户体验。

世界上第一个集成CPU——Intel 4004微处理器只有46条指令，而随着CPU的不断发展，使用越来越方便的指令也不断出现，人们一旦习惯使用现成的方便的指令，就很难再摒弃它们。因此，为了兼容旧指令集，指令数量越来越多，现代处理器有上千条指令，有代替标准操作的更为直接的复杂电路。

超高的时钟速度带来了另一个问题——如何将数据快速地给CPU，简单形容这个问题，就像一个人短跑时爆发力十足，可是跑步前若没有足够的能量补充，即便其实力再强，也避免不了头晕眼花根本跑不快的事实。这种情况下，内存(RAM)成了问题的瓶颈。RAM是独立于CPU外的组件，这意味着RAM和CPU的数据传输需要用到总线，总线传输的速度接近光速。但随着技术的发展，时钟周期缩短，CPU每秒可以处理上亿个指令，在这样高速运转的状态下，不管是传输延时还是RAM取址、取数、输出，都有可能导致无法预估的错误。

为了减小这种延迟带来的不良影响，CPU中通常加有缓存(Cache)，CPU从RAM中取数据时，可以读一批后期大概率会用到的顺序存储的数据到缓存中，这样虽然读数据时的时间会有所增加，但后期读取时间会大幅缩短，因为数据很可能已经存在于缓存中，不需要再到RAM中取数据，减少了CPU空等的时间。

另一种提升性能的方法称作“指令流水线”。显然，这是一种并行处理的方法，用程序的执行过程进行举例说明的话，就是在“执行”一个指令时，同时“解码”下一个指令，并“取址”下下个指令，其工作过程如表2-1所示。不同任务重叠进行，CPU的所有部分都同时被利用起来。

表2-1 指令流水线工作过程

任务列表	时间				
	T_1	T_2	T_3	T_4	T_5
l_1	取址	解码	执行		
l_2		取址	解码	执行	
l_3			取址	解码	执行

指令流水线的利用大幅提升了CPU的利用率，但也必须考虑数据依赖性以及指令之间的依赖关系，必要时，停止流水线，避免出现问题。此时，CPU需要动态排序有依赖关系的指令，以最小化CPU停工时间，这样的动态优化过程称为“乱序执行”。

理想情况下，流水线一个时钟周期完成一个指令，随着技术发展，超标量处理器出现了，它能在一个时钟周期内完成多个指令，进一步提升CPU的处理性能。

另一种提升性能的方法是用多核处理器同时运行多个指令流,也就是说,CPU 芯中含有多个独立处理单元,又称多核,这些单元紧密集成,可以共享一些资源,使得多核可以合作运算。

当多核不够时,可以使用多个 CPU。中国无锡国家超算中心——神威·太湖之光,拥有 40960 个 CPU,其中每个 CPU 有 256 个核心,每个核心的频率为 1.45GHz,每秒可进行 9.3 亿亿次浮点运算(Flops)。

总的来说,CPU 在不断发展的过程中,不仅处理速度更快,而且结构上也变得更为复杂,争取利用每个时间周期做尽可能多的运算。

2.3　中央处理器的发展史

2.3.1　传统处理器的发展阶段

CPU 的发展史简单来说就是英特尔(Intel)公司和高级微型仪器公司(AMD)的发展历史。谈起这两个公司,它们的渊源可以从了解仙童半导体公司开始。仙童半导体公司因发明集成电路闻名,公司营业额不断攀升,但由于仙童公司所盈利润不断被挪用于支持母公司的盈利水平,因此人才纷纷离开仙童公司,继而掀起了半导体工业领域的创业狂潮,大名鼎鼎的英特尔公司和 AMD 公司也是由从仙童"叛逃"出来的员工创立的[3]。

CPU 发展的初始阶段可以被称为传统处理器阶段,其发展过程如图 2-4 所示。

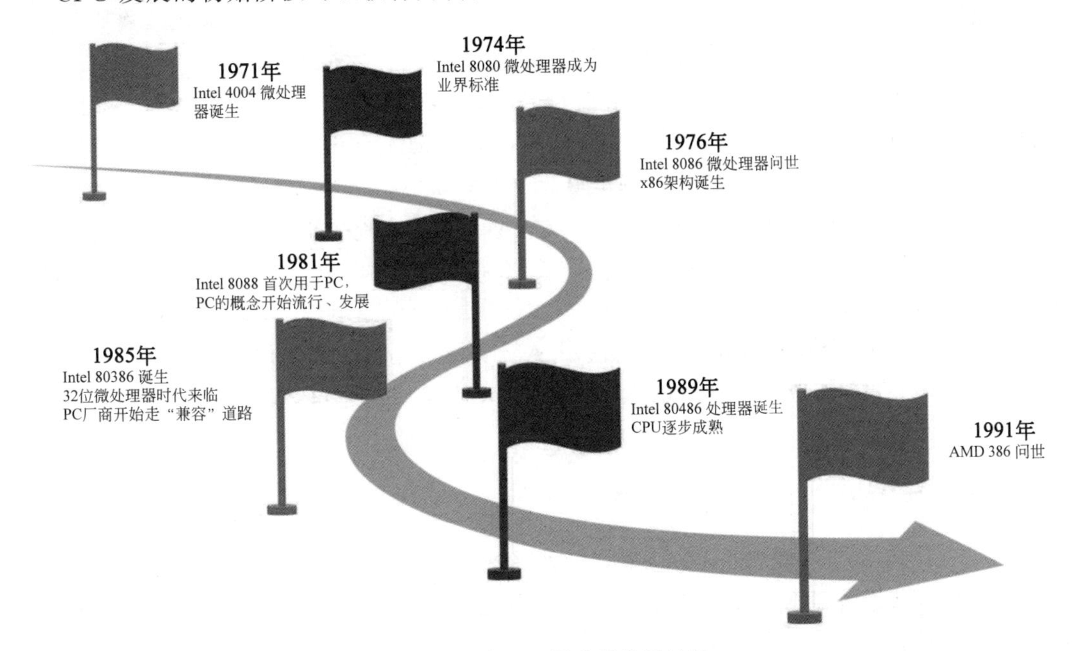

图 2-4　传统处理器阶段发展过程

英特尔公司于 1971 年 11 月 15 日造出世界上第一块 CPU——Intel 4004 微处理器,如图 2-5 和图 2-6 所示。它只有 46 条指令,能处理 4 位的数据,大约有 2300 个晶体管。与现在的 CPU 相比,其性能不值一提,但它却具有非凡的意义。

图 2-5　封装好的 Intel 4004[4]

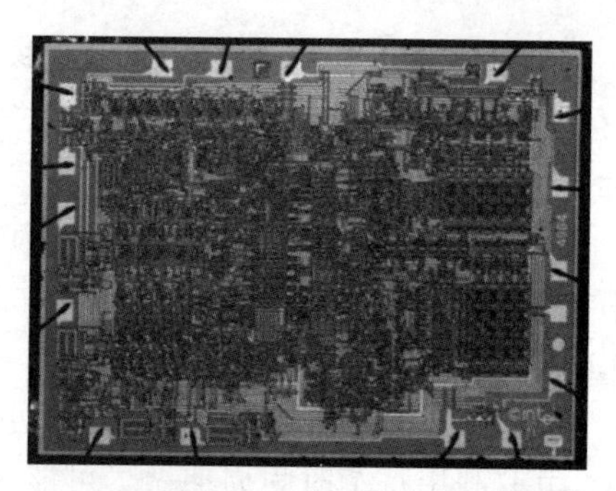

图 2-6　Intel 4004 微处理器

随后，英特尔公司推出了 8008 微处理器，直到 1974 年，8008 发展成 8080 微处理器，并成为计算机行业的标准，至此 CPU 的历史进入 8 位中高档处理器时代。

1976 年，英特尔公司发布了新款 16 位微处理器 8086，与此同时，x86 架构[5]诞生了，该架构是特定微处理器执行的一些计算机语言指令集，并且很快成为通用的业界标准沿用至今。目前，部分强大的多核处理器上仍然使用着 x86 架构，但同时，x86 指令集在某种程度上也限制了 CPU 性能的进一步提高，因此，新的指令集架构还在努力开发中。

1981 年，第一台 PC 诞生，如图 2-7 所示。它使用了 Intel 8088 芯片，开创了微型计算机的新时代，PC 的概念逐渐流行起来。

图 2-7　第一台 PC IBM 5150

1985 年，Intel 80386 诞生，标志着 CPU 的历史向 32 位微处理器时代迈进，它属于低功耗、节能型芯片，主要用于便携机以及节能型台式机，因此，这是 PC 厂商和 AMD 公司等 CPU 生产厂商走“兼容”道路的开始。

1989 年，Intel 80486 处理器诞生，它不仅能够承担多任务、多用户作业，还实现了 5 级标量流水线，更在晶体管数量的提升上突破了 100 万的边界限制，它的诞生标志着 CPU 的初步成熟和传统处理器发展阶段的结束。

1991 年，AMD 公司也宣布了新产品——AMD 386。随后，AMD 研制了 AMD 486DX，衍生出一系列产品，其中，AMD 486DX4-120 在频率上第一次超过竞争对手英特尔公司的同期产品。

2.3.2　奔腾系列微处理器时代

1993—2005 年是奔腾(Pentium)系列微处理器时代，其发展过程如图 2-8 所示。这一时期的芯片已经具有相互独立的指令和数据高速缓存，而采用超标量指令流水线结构是它们典型的共同特征。

这一时代的典型产品是英特尔公司的奔腾系列芯片和与其兼容的 AMD 公司的 K6、K7 系列微处理器芯片。

18 世纪 80 年代到 90 年代初，Intel 386、486 等产品性能出众，其他厂商生产的处理器也以这些数字命名，希望在市场上能分一杯羹。这时，英特尔的不满只能口头表达，因为法律

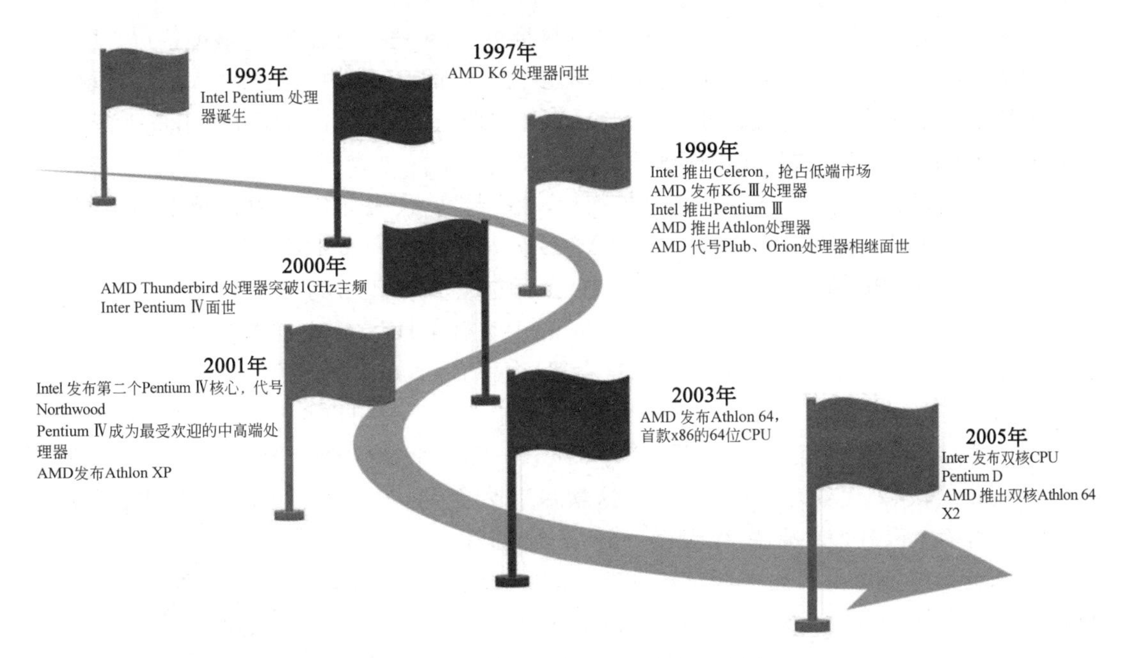

图 2-8　奔腾系列微处理时代发展过程

并不允许数字作为商标名称，英特尔公司无可奈何，于是 1993 年，英特尔公司停止向 AMD 公司授权，将包含 310 万个晶体管的 60MHz 的新推出的处理器命名为奔腾，希望可以表示处理器强大的处理能力和高速性能。该处理器为了最小化流水线的停工时间，引入了指令的乱序执行和分支预测技术，大幅提高了处理器的性能。

1997 年前后，当时处于奔腾处理器因变更架构的阶段，AMD 公司抓住市场机遇，推出完全兼容 Socket 7 架构而且性能优良并带有多媒体扩展指令集技术的 K6 处理器，从此进入一个全新的时代，与英特尔公司分庭抗礼。

随着时代的发展，家庭计算机的需求大大提高，不求性能只求廉价、可用，这一特点连带着市场对廉价 CPU 的需求也急剧增长了。1999 年，英特尔公司去掉了 Pentium Ⅱ的二级缓存和相关电路，将其作为一款新的处理器推出，命名赛扬(Celeron)，其标识如图 2-9 所示，并试图凭其抢占处理器的低端市场。Pentium Ⅱ的推出让人们知道了二级缓存的重要性，赛扬的性能并不能让大家满意，英特尔公司之后随机应变，推出重新采用 Socket 370 插座结构，集成 128KB 二级缓存的 Celeron 300A。这款 CPU 的超频性能奇好，价格还比当时频率最高的 Pentium Ⅱ低不少，一直备受人们欢迎。

图 2-9　Celeron 处理器标识

随后，英特尔公司推出第三代奔腾处理器，大幅提升了 3D、影像、语音识别等应用的性能，极好地刷新用户对线上商城的认知，特别是在浏览商城和下载影片方面提升用户的使用体验。同一时期，AMD 公司曾推出 K6-3 处理器，希望能与 Pentium Ⅲ抗衡，但由于成本和产量方面的问题，它逐渐从台式机市场消失，并转移到笔记本市场。

原来代号为K7的速龙(Athlon)处理器发热量很大,半速二级缓存,过渡型接口,没什么升级潜力,但是瑕不掩瑜,其超标量、超流水线、多流水线的RISC内核及其强大的浮点单元,使AMD处理器在浮点上首次超过Intel当时的处理器,让当时全世界的PC用户重新认识AMD公司,CPU市场逐步呈现出两雄争霸的局势。

单核时代,频率是CPU最重要的性能指标,频率越高,代表着CPU性能越强,而当时频率逐步接近标志性的GHz,英特尔公司和AMD公司想抢先发布1GHz的CPU。结果,这个标志性1GHz CPU在2000年3月由AMD公司首先发布,型号为Athlon 1000。

2000年,AMD公司的速龙(代号Thunderbird)突破1GHz主频,性价比颇受用户青睐。而英特尔公司凭其工艺,增加了流水线和寄存器,推出Pentium Ⅳ,但由于新的CPU架构并不被大部分程序软件兼容,因此第一个Pentium Ⅳ核心并不受用户好评,它经常大幅落后于同频的速龙,甚至还不如英特尔公司自己的Pentium Ⅲ。但紧接着,英特尔公司发布了第二个Pentium Ⅳ核心(代号为Northwood),这款芯片改用了更为精细的0.13μm制程,不仅支持DDR内存,FSB(前端总线频率)还提升到了533MHz,英特尔公司也因此重回市场性能巅峰。基于Pentium Ⅳ处理器的个人计算机,其高品质画面使得用户在影片、影像方面的体验感增强,不仅可以浏览下载高品质影片,还能创建并通过因特网传递高品质的影像。此外,计算机在实时性方面的应用性能也大幅提高,实时语音,影像通讯,快速音频解码、编码,以及联网时运行多个多媒体软件不再是梦想。目前Pentium Ⅳ已经成为最受欢迎的中高端处理器,其标识如图2-10所示。

图2-10 Intel Pentium Ⅳ处理器标识

而针对英特尔公司的赛扬系列,AMD公司推出了毒龙(Duron),这是AMD公司首次针对市场划分CPU品牌。毒龙与速龙之间的最大差别是,它只有64KB二级缓存(L2 Cache),缓存延迟也相同,外频保持在100MHz,相比于外频只有66MHz的其他芯片,其高性价比迅速成为很多DIY用户的首选。

2000年,在使用Socket A接口的速龙和毒龙的双重攻势下,在DIY市场,英特尔的市场份额被AMD公司抢占了不少,AMD公司的产品性能佳,很受用户欢迎,AMD公司也在用户群体中建立起很高的知名度与美誉度。这一年,Intel意外连连,1.13GHz P3要回收、820主板出问题、第一代Pentium Ⅳ各方面都不尽人意。

2001年下半年,Pentium Ⅳ的频率已经达到2.0GHz。英特尔公司当时主打Pentium Ⅳ与Celeron Ⅳ,结合娴熟的市场营销策略对AMD公司进行夹击,AMD公司的处境变得被动起来。随后,AMD公司发布了Athlon XP,相比于Athlon,它加入了SSE指令支持。如果用一句形容Athlon XP,那就是"Celeron Ⅳ的价格,Pentium Ⅳ的性能"。这个时期,AMD公司没有研发出性能王者,但是也推出了不少高性价比的产品。

2003年8月,AMD公司终于发布了K8的Athlon 64(代号ClawHammer),它是首款x86的64位CPU,其标识如图2-11所示。接下来几年,AMD公司凭借K8的系列产品出色的性能,尤其是游戏性能,成为许多中高端用户的首选,并稳坐了两年多的性能王座。

AMD公司曾率先发布1GHz CPU、率先推出X86-64位家用CPU，不可谓不领先，不可谓不成功[6]。但Intel在2005年5月，抢先发布了桌面上第一款双核CPU——Pentium D处理器。如图2-12所示，字母D不仅有Dual-Core双核心的涵义，还表示这次双核心处理器的世代交替。

图2-11　AMD Athlon 64标识

图2-12　Pentium D标识

过了一周，AMD公司推出了双核Athlon 64 X2。它是AMD的又一重大突破，凭借着K8微架构的优势，不管是功耗控制还是双核性能都领先于英特尔公司的Pentium D。这是AMD公司最辉煌的时期，64位、"真双核"、高性能/低功耗等，业界的风向标都趋向AMD公司。

相反，2004年起的这段时间是英特尔公司最难熬的两年，Pentium 4核心不够理想、Pentium D的流水线过长以及芯片超高的能耗，都成了压在英特尔公司上的大山。改变"频率至上"的思维，摆脱"高发热/低性能"的形象，挽救市场份额刻不容缓。

2.3.3　酷睿系列微处理器时代

从2005年开始，英特尔公司就制订了一套"钟摆计划"(Tick-Tock战略)。这套计划中，每一个"嘀嗒"代表着两年一次的工艺制程的进步，希望以时间"嘀嗒"为名，Intel能够紧跟时间脚步，不断改进工艺制程，满足时代和市场的需求。这套计划的实施，让英特尔步步紧逼AMD公司，并在2006年之后逆转了市场局面，将AMD公司逼退。

2006年，英特尔公司启用全新的名称——酷睿(Core)并发布了酷睿架构处理器，首次针对移动、台式机和服务器这3个平台采用了相同的核心架构模型，这代表酷睿系列微处理器时代的来临，其发展过程如图2-13所示。

随后，英特尔公司新一代处理器酷睿2(Core 2)横空出世，其标识如图2-14所示。它声称采用了65nm工艺技术，当主频率低于2GHz时，其性能可提高40%，同时，其功耗可降低40%。它凭借着出色的性能和功耗控制，让AMD的Athlon 64 X2黯然失色。此后，AMD公司重新定位了Athlon 64 X2，着重采用性价比策略。

打败AMD Athlon 64 X2之后，Intel又发布了首款四核CPU——Core 2 Quad，乘胜追击。Intel公司重新树立在技术层面的绝对领先位置。

2006年7月，AMD公司收购了当时著名的显示芯片生产商ATI公司。但AMD公司没有为此做好充分准备，陷入了为期三年的财务困难。当时，AMD产品线冗长，市场价格战使公司负累重重，AMD公司连年亏损。反观竞争对手，Intel正在严格实施频繁的产品更迭计划，并150天内创记录地推出了40多款处理器。

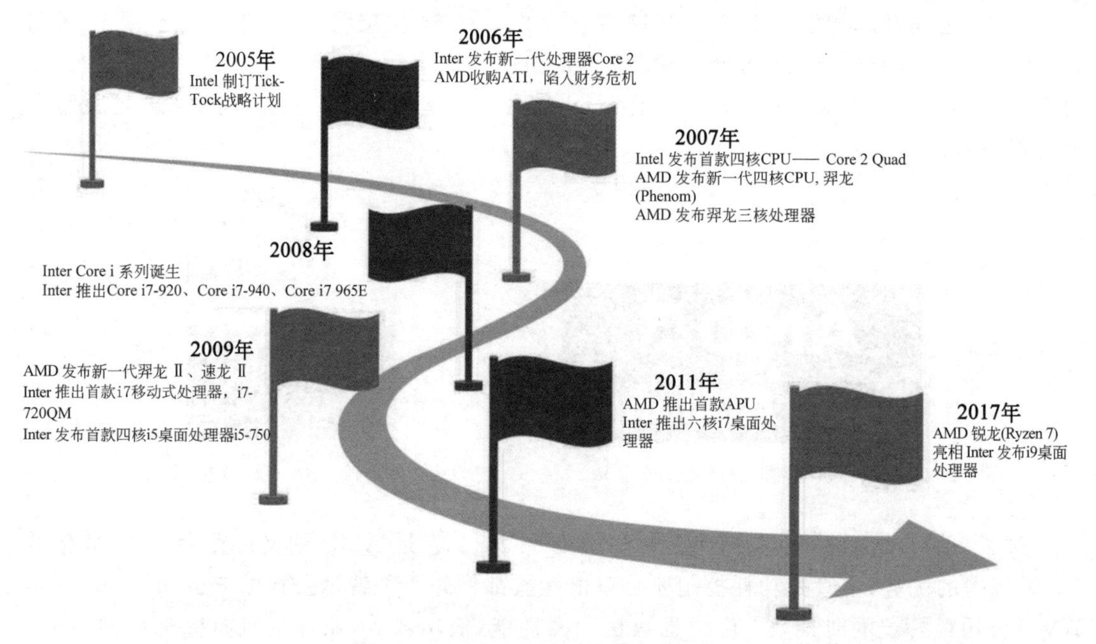

图 2-13　酷睿系列微处理器时代发展过程

2007 年年底，AMD 公司发布了新一代四核 CPU——羿龙(Phenom)，它的性能和功耗相比于同期的 Core 2 Quad 略逊一筹，在后期爆出了 TLB BUG，对 AMD 公司产生了负面影响。

同时，AMD 公司针对主流市场发布了“黑盒”系列 CPU，以不锁倍频、轻松超频为突出优势，打造了 Athlon 64 X2 5000＋/黑盒这样的经典产品。而针对 Intel Core 2 双核，AMD 公司发布了羿龙三核处理器。用 AMD 公司的话说就是：用双核的钱买三核的 CPU，企图在多线程、多任务应用上拥有优势，但因其工艺限制以及软件适配问题，并没有获得期望的效果。

2008 年，Intel Core i 系列诞生，其标识如图 2-15 所示，它的架构代号为 Nehalem，初期上市的产品有三款。其原生四核心、QPI 总线架构、HT 超线程技术、整合内存控制器等革新空前绝后，迅速吸引了相关市场客户的眼球。

图 2-14　Intel Core 2 Duo 标识

图 2-15　Intel Core i 系列标识

随后，英特尔公司相继推出 Intel Core i5、i3。同代 Core i 系列中，数字越大，性能越强。

2009 年，AMD 公司发布了新一代的羿龙Ⅱ和速龙Ⅱ，开始走多核路线。这两款产品具有多核心、高性价比、整合平台等优势，勉强保住了AMD公司的市场份额。

同年，AMD公司剥离其芯片制造业务。趁AMD公司泥菩萨过河之际，英特尔这棵大树已经深深地在业界扎了根。

2014年，AMD Kaveri APU已经推出。在AMD公司看来，加速处理器(APU)是结合CPU、GPU优点的产品：通过将中央处理器和独立显卡核心实现在同一芯片上，使其兼具高性能处理器和独立显卡的多媒体类处理性能，这充分体现了AMD公司的“融合”(Fusion)理念。AMD公司声称，Kaveri APU在CPU性能方面的最大提升幅度可达20%，而GPU能达到50%。

经历十多年的CPU架构、GPU架构、制程工艺等方面的“磨炼”后，锐龙Ryzen 7于2017年发布，不禁让人回想起AMD公司也曾有与英特尔相互抗衡，互不相让的实力，这距离Core 2的诞生已经过了整整10年。与上一代架构相比，Ryzen 7的Zen架构[7]性能提升大大超越Intel的“挤牙膏”式的升级。

CPU发展史[8]上的刀光剑影大多来自英特尔和AMD两家公司，他们相互竞争，互相促进，引领着CPU市场乃至IT行业的发展方向，恩恩怨怨不止十年。

2.4　国产中央处理器

从前面对CPU的介绍可以看出，CPU也是计算机等机器必不可少的重要组成部分之一。当今世界，IC(集成电路)产业必将成为各个发达国家发展的战略重点，并且将投入大量的研发资金。为了确保技术领先和快速发展，国家政府将实施积极的产业政策。CPU作为一种能够进行大规模数据处理的集成电路，在信息技术领域中占有非常重要的核心地位。

近年来，得益于国家和地方对集成电路产业的各种投资基金的支持，中国从事高性能CPU设计的公司数量也在不断增长。其中有龙芯、飞腾、申威和其他具有深厚基础和技术的IC设计单位；也有新兴公司，例如君正、兆芯和宏芯等。按照是否为国有，可分为展讯等国有控股公司和海思等非国有控股公司。根据企业控制的权利大小以及市场化经营的难易，这些企业可以分为以下3种类型。

(1) 自主研发系。这一类企业走的是独立自主研发绝大多数步骤的路线，将知识产权牢牢掌握在自己手中，他们从CPU架构以及CPU领域的最底层的算法开始入手，完完整整地构建属于自己的技术体系。这一类企业研发的CPU主要运用在我国政府部门、军事等领域的机器中。其代表是龙芯、申威。

(2) 半自主系。这一类企业的特点是自己设计微结构，保障芯片安全可控，但是依托的系统与架构还是外国的体系，如Wintel(Microsoft系统＋Intel芯片)或者是双A(Android系统＋ARM芯片)体系，这些企业所研发的CPU相容于上述的体系，所研发的CPU主要用于各大企业的机器中。半自主系企业的代表是飞腾、君正、众志、国芯、中天。

(3) 技术引进系。这一类企业的主要特点是他们会选择和国外厂商合作、合资，或者是他们在软硬方面完全依附于经典的双A体系，然后将这些技术引进并且用于生产CPU，前者的代表主要是兆芯、宏芯等企业，后者的代表主要是海思、展讯等企业。

其中，难度最大的是走自主发展路线，原因很明显：一是由于起步较晚导致的技术门槛相对高，产业化难度大；二是市场化经营难度大。但这一发展模式的优势相对来说非常大，主要体现在以下几个方面：我国拥有完全的自主发展权；过程安全可控；利润全部在中国。

下面介绍不同的国内 CPU 公司及其开发的 CPU。

2.4.1 飞腾

天津飞腾信息技术有限公司[9]（以下简称“飞腾公司”），其总部设立在天津，于 2014 年 8 月成立。飞腾公司在北京、长沙设有分公司，是国内自主核心芯片提供商。飞腾公司致力于设计、研发以及推广国产的具有较低功耗，但是性能相对较高的通用计算微处理器。与此同时，公司也致力于联合国内各大软硬件公司，为其提供基于国际主流技术标准，以及给予他们一些中国自主研发的，属于行业前沿的，并全方位属于国产的信息系统整体解决方案，支撑国家信息安全和重要工业安全。

飞腾公司的发展理念为“核心技术自主创新，产业生态开放联合”，使命为“聚焦信息系统核心芯片，支撑国家信息安全和产业发展”。飞腾的主要目标是努力成为世界一流芯片企业，用中国芯服务社会。

飞腾 CPU 产品的主要特征是拥有全面的谱系，高性能，完善的生态系统和高度的自治性。当前共有 3 个主要系列，分别是高性能服务器 CPU（腾云 S 系列）、高性能桌面 CPU（腾锐 D 系列）和高端嵌入式 CPU（腾龙 E 系列），它们从端到云为所有类型的 CPU 提供核心计算能力支持。

目前，飞腾公司正与千余个国内生态合作伙伴联合，对千余种软件进行优化。飞腾公司基于 CPU 的产品涵盖了国内政府办公室，设备制造，云计算，各种类型的终端，为集成商以及公司的用户提供了更加多样化的选择。

1. S2500

S2500 芯片[10]如图 2-16 所示，采用并行片上系统（PSoC）架构，集成了 64 个独立开发的处理器内核 FTC663，并与 ARMv8 指令集兼容。通过集成高效处理器内核，基于数据亲和力的大规模一致存储架构，分层二维 Mesh 互连网络，多端口高速直接连接，优化存储访问延迟，并提供行业领先的计算性能、内存访问带宽和 I/O 扩展功能。与同级别的对手相比，该芯片在单个核心的计算能力，单个芯片同时处理多任务的性能，单个芯片同时缓存多个任务的一致性以及内存访问带宽方面一直是国内甚至是国际行业领先水平。该芯片主要适用于对性能以及吞吐量需求比较大的领域，尤其适用于大型企业主机服务器领域。

图 2-16　S2500 芯片

S2500芯片技术指标见表2-2。16nm工艺是指制造CPU的工艺或晶体管栅极的尺寸。先进的制造工艺不仅可以逐步提高CPU的性能和功能,而且可以有效地控制成本。核心,指的是芯片中间的核心部分,主要负责所有计算工作,接受或存储来自外界的命令,以及对命令进行处理。主频,表示的是数字脉冲信号在芯片中进行周期震荡的速度,该参数很大程度上反映了CPU的运行速度。CPU缓存的主要作用是对一些紧急数据进行暂时的缓存,相对来说容量比较小。二级缓存的主要功能是平衡一级存储还有内存之间速率不同而产生的问题,其缓存大小也在一级缓存和内存的中间。假如二级缓存丢失了数据,那么三级缓存就可以读取二级缓存所丢失的数据。假如CPU有三级缓存,那么只从内存中调用比较少的数据,就可极大地提高CPU的效率。内存控制器主要在工作的时候控制内存和CPU芯片之间的数据进行交换,是计算机系统的重要组成部分。内存控制器的大小很大程度上和计算机的最大内存容量、内存的数量、速度、类型等重要参数有关。PCIE接口的主要功能是对主要的电源进行管理,对出现的错误进行上传和报告,提高端到端的服务质量。直连通路和其他接口是指CPU或其他组件之间的连接方式。电源管理意味着CPU具有不同的功耗,以实现不同的性能,并且可以进行调整。典型功耗是指正常情况下CPU的功耗。封装和尺寸指的是其外观参数,CPU基本上朝着更小、更薄的方向前进。

表2-2 S2500芯片技术指标

参数	具体数值
工艺特征	16nm工艺
核心	集成64个FTC663处理器核
主频	2.0～2.2GHz
二级缓存	每4核共享2MB L2,总共32MB
三级缓存	64MB
内存控制器	集成8个DDR4-3200通道
PCIe接口	集成1个17 Lanes PCIe 3.0接口:1个x16(可拆分成2个x8),1个x1
直连通路	集成4个直连通路,每个通路的组成为x4,单Lane的速率为25Gb/s,支持2、4、8路CPU互连
其他接口	集成4个UART、1个LPC Master、32个GPIO、2个I²C Master/Slave控制器,2个I²C Slave控制器,2个看门狗定时器(WDT),1个通用SPI
电源管理	支持动态频率调整
典型功耗	150W
封装	FCBGA,引脚个数为3576
尺寸	61mm×61mm

2. FT-2000+/64

FT-2000+/64芯片[11]如图2-17所示,里面包含64个公司独立研发的高性能处理器内核,主要使用乱序四发射超标量流水线。其技术指标见表2-3。该芯片主要适用于对性能以及吞吐量需求比较大的领域，尤其是大型企业主机服务器领域。

表 2-3　FT-2000+/64 芯片技术指标

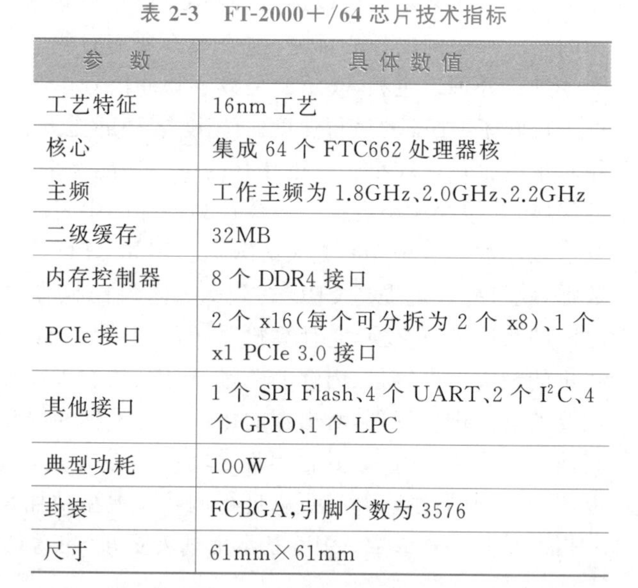

参　数	具体数值
工艺特征	16nm 工艺
核心	集成 64 个 FTC662 处理器核
主频	工作主频为 1.8GHz、2.0GHz、2.2GHz
二级缓存	32MB
内存控制器	8 个 DDR4 接口
PCIe 接口	2 个 x16(每个可分拆为 2 个 x8)、1 个 x1 PCIe 3.0 接口
其他接口	1 个 SPI Flash、4 个 UART、2 个 I^2C、4 个 GPIO、1 个 LPC
典型功耗	100W
封装	FCBGA，引脚个数为 3576
尺寸	61mm×61mm

图 2-17　FT-2000+/64 芯片

3. FT-1500A/16

FT-1500A/16 芯片[12]如图 2-18 所示，集成了飞腾自主开发的 16 个高能效处理器内核 FTC660，采用乱序四发射超标量流水线，采用可编程片上系统（PSoC）架构，与 64 位 ARMV8 指令集兼容，并支持硬件虚拟化操作。其技术指标见表 2-4。该产品适用于构建具有更高计算能力和更高吞吐量的服务器产品（例如办公业务系统应用程序/事务处理器、数据库服务器、存储服务器、物联网/云计算服务器等），支持商业和工业分级。

图 2-18　FT-1500A/16 芯片

表 2-4　FT-1500A/16 芯片技术指标

参　　数	具体数值
工艺特征	28nm 工艺
核心	集成 16 个 FTC660 处理器核

续表

参　数	具体数值
主频	1.5GHz
二级缓存	8MB
三级缓存	8MB
内存控制器	4 个 DDR3 接口
PCIe 接口	2 个 x16(每个可分拆为 2 个 x8)PCIe 3.0 接口
网络接口	2 个 100Mb/s 以太网调试口
其他接口	1 个 SPI Flash、2 个 UART、2 个 I^2C、4 个 GPIO、1 个 LPC
低功耗技术	支持电源关断、时钟关断、DVFS
典型功耗	35W
封装	FCBGA，引脚个数为 1944
尺寸	42.5mm×60mm

4. FT-2000/4

FT-2000/4 芯片[13]如图 2-19 所示，集成了飞腾自主开发的四个新一代高性能处理器内核 FTC663，采用无序四发射超标量流水线，兼容 64 位 ARMV8 指令集并兼容 ARM64 和 ARM32 两种执行模式，支持单精度、双精度浮点算术指令和 ASIMD 处理指令，支持硬件虚拟化。其技术指标见表 2-5。FT-2000/4 从硬件级别增强了芯片的安全性，支持飞腾定义的处理器安全性体系结构标准 PSPA，并在更复杂的应用场景中满足了对性能、安全性和可靠性的需求。FT-2000/4 的所有与安全相关的模块均由飞腾公司独立设计，它是第一个可以在 CPU 级别有效支持 Trusted Computing 3.0 标准的国产 CPU。

图 2-19　FT-2000/4 芯片

表 2-5　FT-2000/4 芯片技术指标

参　数	具体数值
工艺特征	16nm 工艺
核心	集成 4 个 FTC663 处理器核
主频	2.2GHz、2.6GHz、3.0GHz
二级缓存	4MB
三级缓存	4MB
片上储存器	集成 128KB 片上存储
内存控制器	2 个 DDR4 接口，支持 DDR 存储数据实时加密，兼容 DDR3、DDR3L

续表

参　数	具体数值
PCIe 接口	2 个 x16(每个可分拆为 2 个 x8)和 2 个 x1 PCIe 3.0 接口
网络接口	2 个 10/100/1000Mb/s 自适应以太网接口
其他接口	1 个 SD 2.0、1 个 HD-Audio、4 个 UART、32 个 GPIO、1 个 LPC、4 个 I^2C、1 个 QSPI 接 Flash、2 个通用 SPI、2 个 WDT、3 个 CAN 2.0
安全技术	支持 PSPA 安全标准，支持基于域隔离的安全机制，集成 ROM 作为可信启动根，集成多种密码加速引擎
低功耗技术	支持电源关断、时钟关断、DVFS，以及关核、降频操作
典型功耗	10W
封装	FCBGA，引脚个数为 1144
尺寸	35mm×35mm

5. FT-1500A/4

FT-1500A/4 芯片[14]如图 2-20 所示，集成了公司自行研发的四个高能效处理器内核 FTC660，采用无序四发射超标量流水线，芯片采用的是 PSoC 架构，高效的片上网络以及高带宽和低延迟的存储系统，兼容 64 位 ARMV8 指令集并支持 ARM64 和 ARM32 两种执行模式。其技术指标见表 2-6。该产品适用于构建各种类型的桌面终端、便携式终端和轻量级服务器等产品，支持商业和工业分级。

表 2-6　FT-1500A/4 芯片技术指标

参　数	具体数值
工艺特征	28nm 工艺
核心	集成 4 个 FTC660 处理器核
主频	1.5～2.0GHz
二级缓存	8MB
三级缓存	8MB
内存控制器	2 个 DDR3 接口
PCIe 接口	2 个 x16(每个可分拆为 2 个 x8)PCIe 3.0 接口
网络接口	1 个 10/100/1000Mb/s 自适应以太网接口
其他接口	1 个 SPI Flash、2 个 UART、32 个 GPIO、1 个 LPC
低功耗技术	支持电源关断、时钟关断、DVFS
典型功耗	15W
封装	FCBGA，引脚个数为 1150
尺寸	37.5mm×37.5mm

图 2-20　FT-1500A/4 芯片

6. FT-2000A/2

FT-2000A/2 芯片[15]如图 2-21 所示，集成了 2 个公司自行研发的高能效处理器内核 FTC661，采用乱序四发射超标量流水线，芯片兼容 64 位 ARMV8 指令集并支持 ARM64 和 ARM32 两种执行模式，支持单精度、双精度浮点运算指令和向量处理指令。其技术指标见表 2-7。

图 2-21　FT-2000A/2 芯片

表 2-7　FT-2000A/2 芯片技术指标

参　　数	具体数值
工艺特征	40nm 工艺
核心	集成 2 个 FTC661 处理器核
主频	1.0GHz
二级缓存	1MB，两核共享
内存控制器	1 个 DDR3 接口
PCIe 接口	1 个 x8(可拆分为 2 个 x4)PCIe 2.0 接口
网络接口	2 个 10/100/1000Mb/s 自适应以太网接口
安全技术	支持基于 TEE(可信执行环境)的安全机制
低功耗技术	支持以 Core 为单位的电源关断、动态调频(DFS)、时钟关断等低功耗机制
典型功耗	8W(双核)；5W(单核)
封装	FCBGA，引脚个数为 896
尺寸	31mm×31mm

2.4.2　华为海思

海思半导体主要致力于提供全面的连接性和多媒体芯片组解决方案。海思为全球连接和端到端超高清视频技术的创新铺平了道路。从高速通信，智能设备、物联网到视频应用，HiSilicon 芯片组和解决方案已在全球 100 多个国家和地区得到验证和认证。

对于无线通信，拥有技术领先的地位是一项巨大的成就，这包括成功推出具有 LTE Cat.4、Cat.6、Cat.12/13、Cat.18、Cat.19、Cat.21、双 SIM 和双 LTE(带有 VoLTE)以及伪基站的 Balong 调制解调器。海思半导体是第一个将 5G 无线芯片组商业化以促进 5G 行业发展的公司。

对于智能设备，海思的麒麟 SoC 提供高性能、高功率、高效率和超智能的移动 AI 解决方案，以创造卓越的用户体验。

对于视频应用，海思半导体已经发布了针对智能 IP 摄像机、智能机顶盒和智能电视的全球领先芯片，提供了端到端全 4K 产品以及专注于图像记录、解码和显示的解决方案。

对于物联网应用，海思半导体已经发布了 PLC/G.hn/Connectivity/NB-IoT 产品，以构建可靠和安全的渠道网络，以连接每个家庭和各个行业中的数字设备。

海思的使命是提供最优质的解决方案和服务，并迅速响应客户 - 海思以客户为中心，致力于为客户创造价值。其公司概况如图 2-22 所示。

图 2-22 公司概况

1. 麒麟 990

麒麟 990 芯片如图 2-23 所示，包含建立在达芬奇架构上的双核 NPU。大核可在繁重的计算场景中实现出色的性能和能效，而小核可实现超低功耗，双核 NPU 充分利用了华为达芬奇架构所带来的强大而智能的计算能力。麒麟 990 采用业界领先的 7nm 制造工艺，可实现更好的性能和能效。在 CPU 方面，麒麟 990 带有两个大内核、两个中内核和四个小内核，主频高达 2.86GHz。麒麟 990 利用 16 核 Mali-G76 GPU 和系统级智能缓存实现智能流量分配，目的是节省带宽，并降低功耗。为了提供无与伦比的流畅游戏，麒麟 990 支持麒麟游戏＋2.0，这样可以在硬件基础架构和解决方案之间进行有效的协作。在摄影方面，麒麟 990 配备了全新的 ISP 5.0，可在以下方面首创块匹配和 3D 过滤(BM3D)、专业级硬件降噪(NR)以及时空 NR(双域 NR)视频，即使在弱光环境下也能提供清晰的图像和视频。基于 AI 分割的实时视频后处理和渲染可逐帧调整图像颜色，以提供电影般的观看体验。HiAI 2.0 已升级，以实现一流的框架和操作员兼容性，最多支持 300 多个操作员。

图 2-23 麒麟 990 芯片

其技术指标见表 2-8。延续 7nm 工艺制程，2×A76 高频大核＋2×A76 大核＋4×A55 小核。其中，有 2 个 A76 核心工作主频可达到 2.86GHz，另外 2 个大核工作主频为 2.09GHz，4 个小核工作频率最高为 1.86GHz。图形(GPU)采用 Mali-G76 16 核心，比麒麟 980 提升了 6 核心，性能小幅超越骁龙 855。不支持 5G 网络。

表 2-8 麒麟 990 芯片技术指标

组 件	规 格
处理器	2xA76-Based@2.86GHz＋2xA76-Based@2.09GHz＋4xA55@1.86GHz
GPU	16 核心 Mali-G76 华为达芬奇建筑，Ascend Lite ＊1＋Ascend Tiny ＊1
ISP 5.0	BM3D DSLR 级图像降噪，双域视频降噪
记忆体	LPDDR4X
调制解调器	2G/3G/4G

重点：麒麟 990 旨在为 4G 手机用户提供卓越的性能，最佳的能源效率，以及升级的 AI 智能和摄影功能。

2. 鲲鹏 920

鲲鹏 920 芯片如图 2-24 所示，与同领域同级别的服务器 CPU 相比，它的性能是属于行业前沿的。在典型频率下，华为鲲鹏 920 CPU 在 SPECint®_rate_base2006 上的得分超过了估计的 930。同时，电源效率比业界同类产品高 30%。降低功耗的同时，鲲鹏 920 也为数据中心提供了更高的计算性能。其技术指标见表 2-9。

图 2-24　鲲鹏 920 芯片

表 2-9　鲲鹏 920 芯片技术指标

组　件	规　　格
计算核	兼容 Armv 8.2 架构，华为自研核主频最高达 3.0GHz，单处理器最高可集成 64 核
缓存	每核心一级指令缓存为 64KB，每核心一级数据缓存为 64KB，每核心二级缓存为 512KB，三级缓存共享 32MB
内存	8 DDR4 channels per socket，up to 3200MHz
互联	华为 HCCS 互联协议，最高支持 4 路互联
I/O	支持 PCIe Gen 4 2x 100GE，RoCEv2/RoCEv1，CCIX x4 USB 3.0，x16 SAS 3.0，x2 SATA 3.0
封装	60mm×75mm，BGA
功耗	TDP：100～200W

华为鲲鹏 920 将为大数据、分布式存储、数据库、ARM-Native、边缘计算等场景提供高性能、低功耗的计算平台。在即将到来的多元化计算时代，它带来了独特的价值。

3. 昇腾 310

昇腾 310[16]芯片如图 2-25 所示，作为昇腾系列第一个芯片，它是一款效率高、灵活性高、可编程的 AI 处理器。昇腾 310 基于典型配置，其技术指标见表 2-10，八位整数精度（INT8）下的性能达到 16TOPS，16 位浮点数（FP16）下的性能达到 8 TFlops，而其功耗为 8W。昇腾 310 芯片采用华为自研的达芬奇架构，集成了丰富的计算单元，在各个领域得到广泛应用。随着全 AI 业务流程的加速，昇腾 310 芯片能够使智能系统的性能大幅提升，部署成本大幅降低。昇腾 310 在功耗和计算能力等方面突破了传统设计的约束。随着能效比的大幅提升，昇腾 310 将人工智能从数据中心延伸到边缘设备，为自动驾驶、平安城市、云服务以及 IT 智能、智能制造、机器人等应用场景提供了焕然一新的解决方案，使之接近智慧未来。

图 2-25　昇腾 310 芯片

表 2-10　昇腾 310 芯片技术指标

架　构	达芬奇
性能	16TOPS@INT8 8TFlops@FP16
最大功耗	8W
制作工艺	12nm FFC

4. 昇腾 910

昇腾 910[17] 芯片如图 2-26 所示，是一款具有强大算力的 AI 处理器，其最大功耗为 310W。华为自研的达芬奇架构大大提升了其能效比。八位整数精度下的性能达到 512TOPS，16 位浮点数下的性能达到 256TFlops。

昇腾 910 是一款高集成度的片上系统(SoC)，其技术指标见表 2-11。除了基于达芬奇架构的 AI 核外，它还集成了多个 CPU、DVPP 和任务调度器(Task Scheduler)，因而具有自我管理能力，可以充分发挥其高算力的优势。昇腾 910 集成了 HCCS、PCIe 4.0 和 RoCE v2 接口，为构建横向扩展(Scale Out)和纵向扩展(Scale Up)系统提供了灵活高效的方法。HCCS 是华为自研的高速互联接口，片内 RoCE 可用于节点间直接互联。最新的 PCIe 4.0 的吞吐量比上一代提升一倍。

图 2-26　昇腾 910 芯片

表 2-11　昇腾 910 芯片技术指标

架　构	达芬奇
性能	256TFlops@FP16 512TOPS@INT8
最大功耗	310W
制作工艺	N7＋

2.4.3　龙芯

“龙芯”是我国开发的第一系列高性能市场化的处理器，它于 2001 年在中国科学院计算技术研究所开始研究和开发，其发展历程如图 2-27 所示。龙芯中科公司[18-20] 于 2010 年，由中国科学院和北京市政府共同投资，正式成立并开始以市场为导向，旨在将龙芯处理器的研发成果产业化。

公司的主要任务是坚持自主创新，掌握核心，解决国家信息化建设的问题。用于国家安全的计算机软件和硬件技术的战略要求是提供独立、安全和可靠的处理器，并为信息产业的创新发展和工业信息化提供高性能、低成本和低功耗的处理器。

公司的目标是设计龙芯系列 CPU 并进行生产、销售和服务等。主要产品包括用于工业

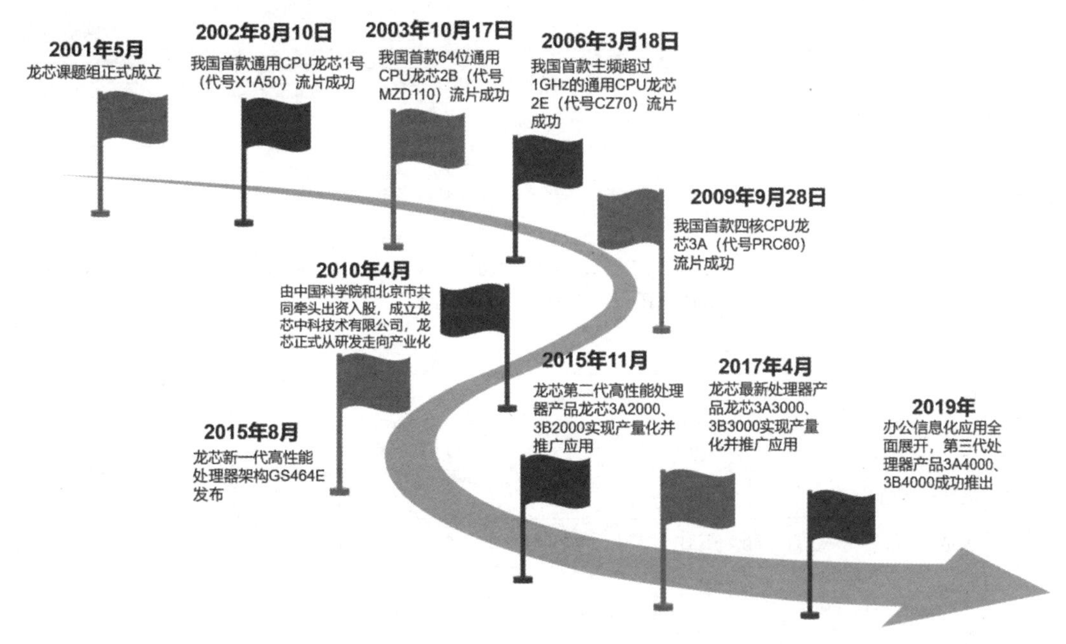

图 2-27　龙芯发展历程

应用程序的"Longson No.1"小型 CPU、用于工业控制和终端应用程序的"Longson No.2" CPU 和用于台式机和服务器应用程序的" Longson No.3"大型 CPU。

基于龙芯的自主信息产业体系正在逐步形成。

1. 1C

龙芯 1C300[21]（以下简称 1C）芯片如图 2-28 所示，它是基于 LS232 处理器内核的单芯片系统，主要优点是经济、高效，并且 1C 的存储接口支持多种类型的存储器。其技术规格见表 2-12。

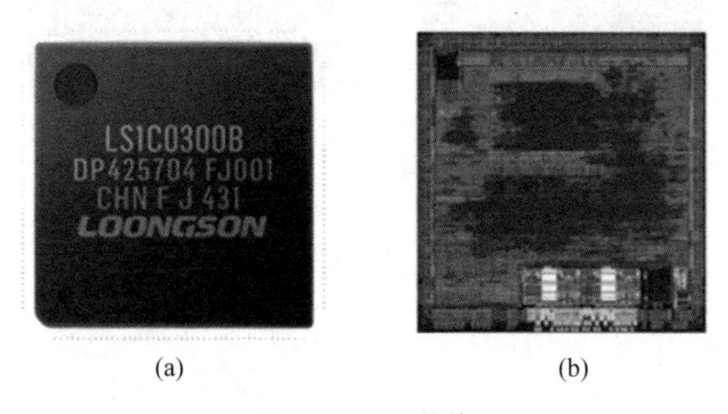

(a)　　(b)

图 2-28　1C 芯片

表 2-12　1C 芯片技术规格

参　数	具 体 数 值
内核	GS232
主频	240MHz

续表

参　　数	具体数值
功耗	0.5W
浮点单元	64 位
内存控制器	8/16 位 SDRAM
I/O 接口	8/16 位 SRAM、NAND、I2S/AC97、LCD、MAC、USB、OTG、SPI、I^2C、UART、PWM、CAN、SDIO、ADC
流水线	5
微体系结构	双发射乱序执行 GS232
制造工艺	130nm
一级指令缓存	16KB
一级数据缓存	16KB
引脚数	176
封装方式	QFP

2. 2H

龙芯 2H[22]芯片如图 2-29 所示，是高度集成的系统芯片，专为安全且适用的计算机而设计。其技术规格见表 2-13。

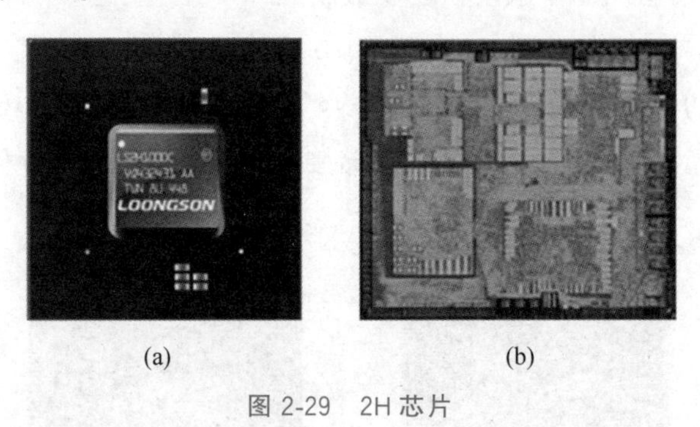

(a)　　(b)

图 2-29　2H 芯片

表 2-13　2H 芯片技术规格

参　　数	具体数值
内核	单核 64 位
主频	1GHz
功耗	5W
浮点单元	64 位
峰值运算速度	4GFlops
高速 I/O	HT1.0

续表

参　　数	具体数值
其他 I/O	3D GPU、VGA、LCD、PCIe 2.0、SATA * 2、USB 2.0 * 6、SPI、LPC、UART、I^2C * 2、NAND、JTAG/EJTAG
流水线	9
微体系结构	四发射乱序执行 GS464
制造工艺	65nm
一级指令缓存	64KB
一级数据缓存	64KB
二级缓存	512KB
内存控制器	64 位 DDR2/3
引脚数	741
封装方式	31mm×31mm FCBGA

3. 3A1000

龙芯 3A1000[23]芯片如图 2-30 所示，是龙芯 3 号多核处理器系列的第一款产品，它采用 65nm 工艺制造，在单个芯片内集成了 4 个 64 位超标量通用处理器核，最高工作主频为 1GHz。其技术规格见表 2-14。

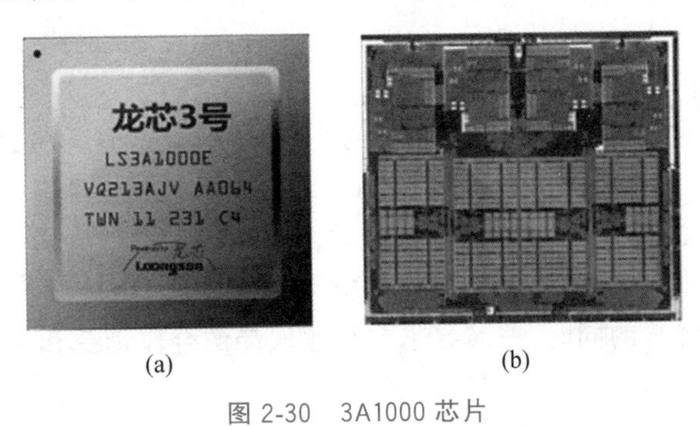

(a)　(b)

图 2-30　3A1000 芯片

表 2-14　3A1000 芯片技术规格

参　　数	具体数值
内核	四核 64 位
主频	1GHz
功耗	15W(支持动态降频)
浮点单位	64 位
峰值运算速度	16GFlops
高速 I/O	HT 1.0 * 2
其他 I/O	PCI 控制器、LPC、SPI、UART、GPIO

续表

参　　数	具体数值
流水线	9
微体系结构	四发射乱序执行 GS464
制造工艺	65nm
一级指令缓存	464KB
一级数据缓存	64KB
二级缓存	共享 4MB
内存控制器	72 位 DDR2/3-800 * 2，支持 ECC
引脚数	1121
封装方式	40mm×40mm FCBGA

2.4.4 兆芯

兆芯[24]是一家国有控股公司，成立于 2013 年，其总部在上海张江。公司拥有许多具有硕士学位和博士学位的专业从事研发的人员。除此之外，公司还掌握了 CPU、GPU 和芯片组 3 项核心技术，具有 3 项核心芯片和相关 IP 的设计和开发能力，并获得"高新技术企业"资质。

基于兆芯平台的多品牌、多形态信息产品拥有可靠的性能和出色的体验，能够极大程度地降低应用迁移转换成本，为党政办公、金融、教育、医疗、交通、网络安全、能源等行业提供优质的解决方案。

凭借卓越的性能表现以及在产业内取得的突出成果，兆芯通用处理器屡获殊荣。兆芯新一代 16nm 3.0GHz 处理器——开先 KX-6000 系列先后荣获各种不同的相关奖项，得到行业的积极认可。除此之外，公司旗下的开先处理器也先后荣获"第十一届(2016 年度)中国半导体创新产品和技术"和"2017 年度大中华 IC 设计成就奖"等奖项。

在发挥自身技术优势的同时，兆芯寻求与行业伙伴的合作创新和共同发展，不遗余力地扩大和改善产业生态和信息产业的整体发展。

公司自主开发的通用处理器产品涵盖"开先"及"开胜"两个系列，具有出色的性能、出色的操作系统以及软硬件兼容性、成熟的生态系统，并支持台式机、笔记本电脑以及一体机，云终端和其他类型的台式机以及服务器，存储和其他产品。

这些不同形式的计算产品可以为党政机关、网络安全、教育、金融、医疗、交通、能源等行业的用户提供出色的应用效果以及高性能、高可靠性的解决方案，并有效地帮助关键行业信息产品和技术应用程序向本地化平稳迁移，极大地节省了用户的时间、人力和资本成本。

图 2-31　开先 KX-6000 系列处理器

1. 开先 KX-6000 系列处理器

开先 KX-6000 系列处理器[25]如图 2-31 所示，是公司独立自主研发的最新一代通用 SoC CPU 产品，它是中国第一款采用16nm CMOS工艺技术的处理器芯片。其技术规格见表2-15。

表2-15　开先KX-6000技术规格

参　　数	具体数值			
工艺	16nm			
处理器型号	KX-U6880A	KX-U6780A	KX-U6580	KX-6640A
内核数/线程数	8核心/8线程			
处理器频率	3.0GHz	2.7GHz	2.7GHz	2.5GHz
缓存	8MB二级缓存			
最大内存容量	64GB			
最大内存频率	DDR4-2666MHz			
内存类型	UDIMM,SODIMM			
最大内存通道	双通道			
封装方式	HFCBGA			
封装大小	35mm×35mm			

开先KX-6000系列CPU核心可支持64位系统,与此同时,开先KX-6000系列还能支持SM3/SM4国密算法,可提供基于硬件的数据加密保护。此外,它还可以满足多种市场的应用需求,主要面向高性能桌面、便携终端、嵌入式等应用领域。

2. 开先ZX-C系列处理器

开先ZX-C系列处理器[26]如图2-32所示,是专为高性能计算而设计的四核处理器。4个CPU内核集成在一个芯片封装中,并且在相同功耗的电源封装下具有很高的多线程优化性能。它的CPU内核采用超标量,多发射,乱序执行架构设计,与x86指令兼容,可以支持原生64位系统,并支持CPU虚拟化技术(VT)。开先ZX-C系列处理器主频覆盖(1.2~2.0)GHz,可以满足各个领域的应用需求。其技术规格见表2-16。

图2-32　开先ZX-C系列处理器

开先ZX-C系列处理器采用先进的28nm CMOS工艺制程技术,并采用尺寸为21mm×21mm的FCBGA封装技术。

开先ZX-C系列处理器具有独特的安全引擎,可以提供基于硬件的运行数据加密,是内容保护和系统安全的重要工具。

表2-16　开先ZX-C技术规格

参　　数	具体数值		
工艺	28nm		
处理器型号	ZX-C C4600/C4610	ZX-C C4400/C4410	ZX-C C4200/C4210
内核数/线程数	4核心/4线程		

续表

参　数	具体数值		
处理器频率	2.0GHz	1.67GHz	1.2GHz
指令集	x86 和 x64(64-bit)		
缓存	2MB 二级缓存		
封装方式	FCBGA		
封装大小	21mm×21mm		

3. 开胜 KH-30000 系列处理器

开胜 KH-30000 系列处理器[27]如图 2-33 所示，是最新一代服务器通用 SoC 处理器产品，是兆芯独立研发的国内率先采用 16nm CMOS 制程工艺的处理器芯片，它采用尺寸为 35mm×35mm 的 HFCBGA 封装技术，8 个 CPU 内核集成在一个芯片封装中，双通道 DDR4 内存控制器（可支持 ECC UDIMM/RDIMM），以及 PCIe 3.0、SATA、USB 等通用外设接口，可良好兼容市场主流的硬件配置环境。其技术规格见表 2-17。

图 2-33　开胜 KH-30000 系列处理器

开胜 KH-30000 系列 CPU 核心支持 SM3/SM4 国密算法，可提供基于硬件的数据加密保护。

表 2-17　开胜 KH-30000 技术规格

参　数	具体数值			
工艺	16nm			
处理器型号	KH-38800	KH-38800D	KH-37800	KH-37800D
内核数/线程数	8 核心/8 线程			
处理器频率	3.0GHz		2.7GHz	
缓存	8MB 二级缓存			
最大内存容量	64GB	128GB(双路)	64GB	128GB(双路)
最大内存频率	DDR4-2666MHz			
内存类型	UDIMM/RDIMM			
最大内存通道数	双通道	四通道(双路)	双通道	四通道(双路)
封装方式	HFCBGA			
封装大小	35mm×35mm			

4. 开胜 ZX-C+系列处理器

开胜 ZX-C+ FC-1080/1081 处理器[28]如图 2-34 所示，是针对高性能运算而设计的新一代处理器。在同等的功耗封装下，开胜 ZX-C＋ FC-1080/1081 处理器拥有较高的多线程优化性能，具体技术指标见表 2-18。其 CPU 核心支持 CPU 虚拟化技术。

图 2-34　开胜 ZX-C＋ FC-1080/1081 处理器

表 2-18　开胜 ZX-C＋系列技术指标

参　数	具体数值	
工艺	28nm	
处理器型号	ZX-C＋ FC-1080	ZX-C＋ FC-1081
内核数/线程数	8 核心/8 线程	
处理器频率	2.0GHz	
指令集	x86 和 x64(64-bit)	
缓存	4MB 二级缓存	
封装方式	FCBGA	
封装大小	21mm×21mm	

开胜 ZX-C＋ FC-1080/1081 处理器具有独特的安全引擎，支持 SM3 与 SM4 国密算法，可以提供基于硬件的数据加解密功能，这些特性是保护内容和系统安全的重要工具。

2.4.5　申威

成都申威科技有限公司[29]（以下简称“公司”）成立于 2016 年 11 月 25 日，注册资本为 1 亿元。公司旗下的处理器是由上海高性能集成电路中心在国家“核高基”重大项目的支持下开发的国产处理器。

申威系列的国产芯片已有多次在重要领域成功过的记录，为国家信息安全战略以及信息产业的升级与发展做出了积极贡献。

1. 申威 111

申威 111[30]处理器如图 2-35 所示，是基于第三代“申威 64”内核的国产嵌入式处理器，主要用于高密度计算嵌入式应用，集成了 PCI、Ethernet、USB、UART、I^2C、LBC 等标准 I/O 接口，这些 I/O 接口可以根据系统应用需求配置成两种不同的模式，其结构如图 2-36 所示，其技术规格见表 2-19。

申威111处理器的主要特点如下。

(1) 采用新一代"申威64"核心技术,核心流水线升级为4译码7发射结构,一定程度上提升了单核的性能(整数性能提高62%,浮点性能提高53%)。

(2) 采用低功耗流片工艺,实现更低功耗,典型课题下芯片的整体运行功耗为3W以内。

(3) 为了适应多种不同的应用场景,集成了大量的I/O外设接口。

(4) 为了增强芯片适应范围而应用宽温度范围的设计。

(5) 达到国军标B级标准,有资格面向军工、工控等领域应用。

图2-35 申威111处理器

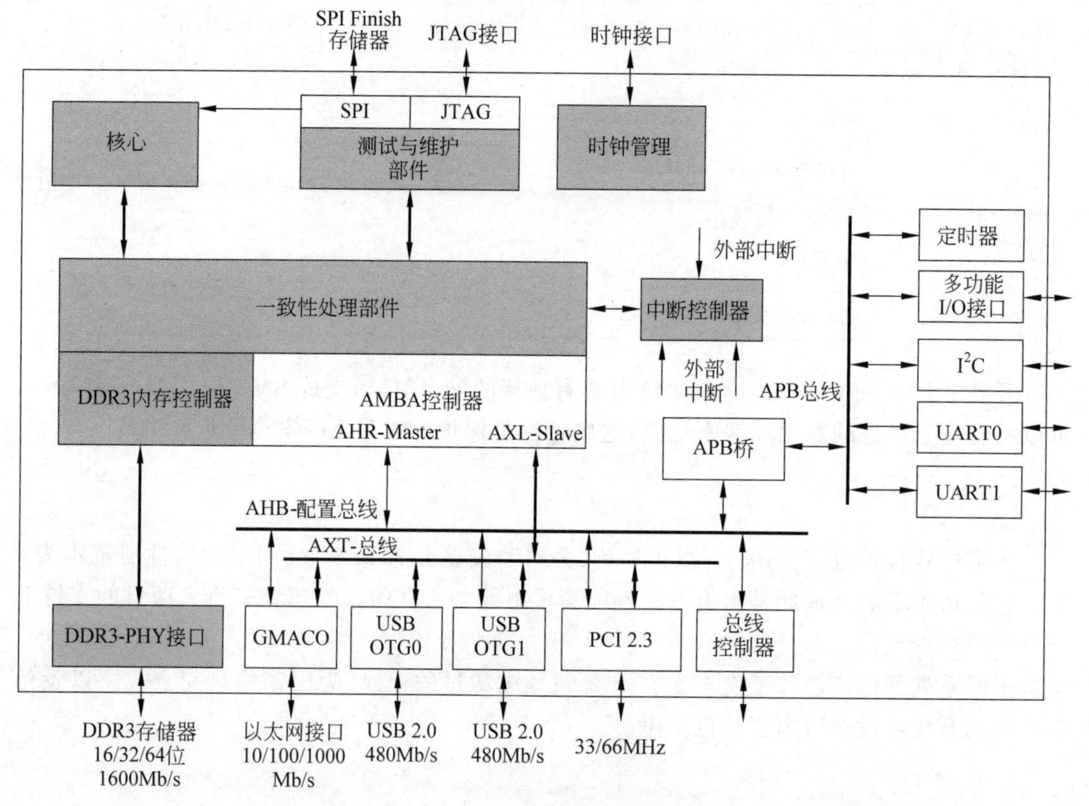

图2-36 申威111处理器的结构

表 2-19　申威 111 技术规格

参　数	具体数值
核心数量	1
核心频率	典型工作频率：800MHz～1.0GHz
峰值运算速度	浮点：每秒 32 亿次双精度浮点结果@800MHz；整数：每秒 24 亿次整数结果@800MHz
工艺特征	40nm
电压参数	申威 111 LL：内核电源 0.95(1±5%)V；申威 111 G：内核电源 1.1(1±5%)V
Cache 容量	核心包含两级 Cache，Cache 行长度为 128B；一级 Cache：指令与数据分离，容量分别为 32KB，均采用 4 路组相联结构；二级 Cache：指令与数据混合，容量为 512KB，均采用 8 路组相联结构
存储空间	支持 64 位虚地址空间，实际实现 43 位虚地址；支持 40 位物理地址
存储器接口	16、32 或 64 位可配置的 DDR3 存储器接口，支持可配置的纠单错、检双错 ECC 校验，最大传输率为 1600MB/s；支持的总存储器容量为 1GB、2GB、4GB 或 8GB；支持连接 DDR3 SDRAM 芯片、UDIMM 和 RDIMM 存储器条
I/O 接口	GMAC 接口：3 路，支持 1000/100/10Mb/s 自适应以太网接口；USB 2.0 接口：2 路，符合 USB-OTG 2.0 协议，支持 Host 和 Device 工作模式；PCI 接口：1 路，符合 PCI 2.3 接口协议，支持 66MHz、33MHz 总线频率；LBC 接口：异步局部总线扩展接口，可外接 Nor-Flash、SRAM 等 IO 设备；I^2C 接口：符合 I^2C 2.0 接口协议，最大传输率可达 3.4MB/s；UART 接口：符合 16550 编程模式的异步串行接口，最大传输率可达 115.2KB/s，支持数据字长、停止位、校验位可编程；基于 JTAG 的维护与调试接口
封装特性	采用 BGA 封装，引脚数为 744；芯片面积：31mm×31mm
功耗	热设计功耗：5W；典型运行功耗：3W@800MHz(含 I/O 功耗，与具体应用相关)

2. 申威 221

申威 221 处理器[31]如图 2-37 所示，是基于第三代“申威 64”核(增强版)的国产高性能多核处理器，主要面向高密度计算嵌入式应用，它采用的是对称的多核结构和 SoC 技术。单个芯片的目标设计频率为 2GHz，其技术规格见表 2-20。

图 2-37　申威 221 处理器

表 2-20　申威 221 技术规格

参　数	具体数值
核心数量	2 个通用 64 位核心
核心频率	设计频率为 2.0GHz
峰值运算速度	浮点：每秒 640 亿次双精度浮点结果@2.0GHz；整数：每秒 360 亿次整数结果@2.0GHz
工艺特征	28nm
电压参数	内核电源：0.95(1±5%)V； I/O 电源：1.5(1±10%)V，1.8(1±10%)V
Cache 容量	每个核心包含两级 Cache，Cache 行长度为 128B；一级 Cache：指令与数据分离，容量分别为 32KB，均采用 4 路组相联结构；二级 Cache：指令与数据混合，容量为 512KB，采用 8 路组相联结构；2 个核心共享三级 Cache，容量为 8MB，采用 32 路组相联结构
存储空间	支持 64 位虚地址空间，实际实现 43 位虚地址；支持 40 位物理地址
存储器接口	单路 64 位 DDR3 存储器接口，支持纠单错、检双错的 ECC 校验，最大传输率为 1866MB/s；支持的存储器容量为 2GB、4GB、8GB、16GB 或 32GB；支持连接×8 和×16 位结构的 DDR3 SDRAM 芯片，也支持连接单 Rank、双 Rank 或四 Rank 的 DDR3 UDIMM 或 RDIMM 存储器条
I/O 接口	单路 PCIe 3.0 ×8 接口，单链路有效带宽为 8Gb/s；维护接口支持兼容 JTAG 标准的芯片调试与维护
封装特性	采用 FC-BGA 封装，引脚数为 528；封装尺寸为 27mm×27mm
功耗	热设计功耗：20W@2.0GHz；18W@1.8GHz；典型运行功耗：15W@2.0GHz；13W@1.8GHz

3. 申威 411

申威 411 处理器[32]如图 2-38 所示，是基于第三代“申威 64”核心的国产高性能多核处理器，主要用于中低端的服务器和高端台式计算机应用。申威 411 在网络安全性、安全存储、高端工业控制和家用办公台式机领域中被批量应用，其结构如图 2-39 所示，其技术规格见表 2-21。

图 2-38　申威 411 处理器

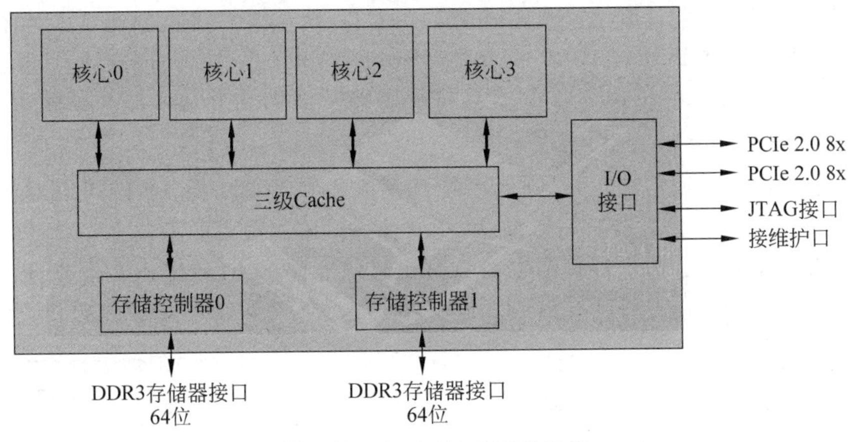

图 2-39　申威 411 处理器结构

表 2-21　申威 411 技术规格

参　数	具体数值
核心数量	4
核心频率	典型工作频率：1.0～1.6GHz
峰值运算速度	浮点：每秒 1024 亿次双精度浮点结果@1.6GHz；整数：每秒 704 亿次整数结果@1.6GHz
工艺特征	内核电源：0.95(1±5%)V； I/O 电源：1.5(1±10%)V，1.8(1±10%)V
Cache 容量	每个核心包含两级 Cache，Cache 行长度为 128B；一级 Cache：指令与数据分离，容量分别为 32KB，均采用 4 路组相联结构；二级 Cache：指令与数据混合，容量为 512KB，采用 8 路组相联结构；4 个核心共享三级 Cache，容量为 6MB，Cache 行长度为 128B，采用 24 路组相联结构
存储空间	支持 64 位虚地址空间，实际实现 43 位虚地址；支持 40 位物理地址
存储器接口	双路 64 位 DDR3 存储器接口，支持可配置的纠单错、检双错 ECC 校验，支持单路存储控制器，最大传输率为 1600MB/s；可配置为单路使用，每路支持的存储器容量为 1GB、2GB、4GB、8GB，两路总存储器容量最大为 16GB；支持连接 DDR3 SDRAM 芯片、UDIMM 和 RDIMM 存储器条
I/O 接口	双路 PCIe 2.0×8 接口，单链路有效带宽为 5Gb/s；可配置为单路；维护接口支持芯片调试与维护
封装特性	采用两种封装方式：LGA 封装、FC-CBGA 陶瓷封装； LGA 封装：引脚数为 1156，封装尺寸为 37.5mm×37.5mm； FC-CBGA 陶瓷封装：引脚数为 1144，封装尺寸为40mm×40mm
功耗	热设计功耗：35W；典型运行功耗：25～30W@1.6GHz(含 I/O 功耗，与具体应用相关)

申威 411 处理器的主要特点如下。

(1) 采用的结构为 4 译码 7 发射，单个核心的整数性能提高约 62%，浮点性能提高约 53%。

（2）双精度浮点性能达到 102.4GFlops@1.6GHz；在 SPEC 2000 的测试条件下，浮点性能达到 1503 分，整数性能达到 1017 分，是第一款超过 1000 分的国产处理器。

（3）I/O 性能优异，经过相关检测，I/O 性能大致达到 Intel 中端 Xeon 水平，并支持更加丰富的 I/O 虚拟化。

（4）对于不同的应用需求，为了降低系统开发成本和系统功耗，CPU 可以对核心数量、存储控制器和 PCI-E 接口数量进行裁剪，并相应地提供不同规模的配置。

（5）提供的陶瓷封装版本符合国军标 B 级水平标准；为了方便用户升级设计，另一个封装版本为 LGA，它与申威 410 引脚兼容。

4. 申威 421

申威 421 处理器[33]如图 2-40 所示，是基于第三代“申威 64”核（增强版）的国产高性能多核处理器，主要用于中低端服务器，以及高端台式计算机应用。

申威 421 处理器的技术规格见表 2-22，其主要特点如下。

图 2-40　申威 421 处理器

（1）基于第三代“申威 64”核（增强版）的四核通用处理器，采用 28nm 代工工艺技术，工作频率设计目标为 2GHz。

（2）四个内核在 CC_NUMA 模式下共享片上三级缓存，三级缓存容量达到 8MB。

表 2-22　申威 421 技术规格

参　　数	具体数值
核心数量	4
核心频率	设计目标频率为 2.0GHz
峰值运算速度	浮点：每秒 1280 亿次双精度浮点结果@2.0GHz；整数：每秒 720 亿次整数结果@2.0GHz
工艺特征	内核电源：0.95(1±5%)V； I/O 电源：1.5(1±10%)V，1.8(1±10%)V
Cache 容量	每个核心包含两级 Cache，Cache 行长度为 128B；一级 Cache：指令与数据分离，容量分别为 32KB，均采用 4 路组相联结构；二级 Cache：指令与数据混合，容量为 512KB，采用 8 路组相联结构；4 个核心共享三级 Cache，容量为 8MB，Cache 行长度为 128B，采用 32 路组相联结构
存储空间	支持 64 位虚地址空间，实际实现 43 位虚地址；支持 40 位物理地址
存储器接口	2 路 64 位 DDR3 存储器接口，支持纠单错、检双错的 ECC 校验，最大传输率为 2133MB/s；支持的总存储器容量最大可达 64GB；支持连接 DDR3 SDRAM 芯片、UDIMM 或 RDIMM 存储器条
I/O 接口	两路 PCIe 3.0 ×8 接口，单链路有效带宽为 8Gb/s；维护接口支持兼容 JTAG 标准的芯片调试与维护
封装特性	采用 FC-BGA 封装，引脚数为 1156
功耗	热设计功耗：20W(4 核心)；典型运行功耗：待实际测量

(3) 当主频为 2GHz 时,双精度浮点性能高达 128GFlops。

(4) 集成了 2 通道 64 位 DDR3 存储控制器,最高传输率可以达到 2133MB/s,支持 ECC 验证;存储容量高达 64GB。

(5) 集成了 2 路 PCIe 3.0×8 接口,双向聚合有效带宽增加到 32Gb/s。

(6) 升级 I/O 虚拟化技术,以支持 SR-IOV 处理机制。

5. 申威 421M

申威 421M 处理器[34]如图 2-41 所示,是基于第三代"申威 64"核心(增强版)的国产高性能多核处理器,面向中低端桌面计算机应用。

图 2-41　申威 421M 处理器

申威 421M 处理器的技术规格见表 2-23。其主要特点如下。

表 2-23　申威 421M 技术规格

参　数	具 体 数 值
核心数量	4
核心频率	设计目标频率为 2.0GHz
峰值运算速度	浮点:每秒 1280 亿次双精度浮点结果@2.0GHz;整数:每秒 720 亿次整数结果@2.0GHz
工艺特征	内核电源:0.95(1±5%)V; I/O 电源:1.5(1±10%)V,1.8(1±10%)V
Cache 容量	每个核心包含两级 Cache,Cache 行长度为 128B;一级 Cache:指令与数据分离,容量分别为 32KB,均采用 4 路组相联结构;二级 Cache:指令与数据混合,容量为 512KB,采用 8 路组相联结构;4 个核心共享三级 Cache,容量为 8MB,Cache 行长度为 128B,采用 32 路组相联结构
存储空间	支持 64 位虚地址空间,实际实现 43 位虚地址;支持 40 位物理地址
存储器接口	单路 64 位 DDR3 存储器接口,支持纠单错、检双错的 ECC 校验,最大传输率为 2133MB/s;支持的总存储器容量最大可达 32GB;支持连接 DDR3 SDRAM 芯片、UDIMM 或 RDIMM 存储器条
I/O 接口	单路 PCIe 3.0×8 接口,单链路有效带宽为 8Gb/s;维护接口支持兼容 JTAG 标准的芯片调试与维护
封装特性	采用 FC-BGA 封装,引脚数为 532
功耗	热设计功耗:20W(4 核心);典型运行功耗:待实际测量

(1) 基于第三代"申威 64"核心(增强版)研制的 4 核心通用处理器,采用 28nm 代工工艺,工作频率设计目标为 2GHz。

(2) 4 个核心以 CC_NUMA 方式片上三级共享 Cache,并且三级 Cache 容量达到 8MB。

(3) 双精度浮点性能最高可以达到 128GFlops,这在主频 2GHz 中可以被测量到。

(4) 集成单路64位DDR3存储控制器,最高传输率可以达到2133MB/s,支持ECC校验,可支持内存容量最大可以达到32GB。

(5) 集成单路PCIe 3.0×8接口,双向聚合有效带宽提高到16Gb/s。

6. 申威1621

申威1621处理器[35]如图2-42所示,是基于第三代"申威64"核心(增强版)的国产高性能多核处理器,主要应用领域为高性能计算和高端服务器,芯片集成了8个DDR3内存控制器和2个PCIe 3.0标准I/O接口。现在,申威1621已实现量产,其技术规格见表2-24。

图2-42 申威1621处理器

表2-24 申威1621技术规格

参　数	具体数值
核心数量	16
核心频率	设计频率为2.0GHz
峰值运算速度	浮点:每秒5120亿次双精度浮点结果@2.0GHz;整数:每秒2880亿次整数结果@2.0GHz
工艺特征	28nm
电压参数	内核电源:0.95(1±5%)V; I/O电源:1.5(1±10%)V,1.8(1±10%)V
Cache容量	每个核心包含两级Cache,Cache行长度为128B;一级Cache:指令与数据分离,容量为32KB,均采用4路组相联结构;二级Cache:指令与数据混合,容量为512KB,采用8路组相联结构;16个核心共享三级Cache,容量为32MB,Cache行长度为128B,采用32路组相联结构
存储空间	支持64位虚地址空间,实际实现43位虚地址;支持40位物理地址
存储器接口	8路64位DDR3存储器接口,支持纠单错、检双错的ECC校验,最大传输率为2133MB/s;支持的总存储器容量最大可达256GB;支持连接DDR3 SDRAM芯片、UDIMM或RDIMM存储器条
I/O接口	两路PCIe 3.0×8接口,单链路有效带宽为8Gb/s;维护接口支持兼容JTAG标准的芯片调试与维护
封装特性	采用FC-BGA封装,封装引脚数为2597
功耗	热设计功耗:90W(16核心); 典型运行功耗:待实际测量

第3章 图形处理器

3.1 图形处理器的定义

GPU(graphic processing unit,图形处理器)通常称为显卡,就像大脑对于一个人的重要性一样,GPU是显卡的大脑,是显卡中最为重要的部件,它决定了显卡的档次和大部分的性能。GPU拥有上百颗甚至上万颗运算核心,比如RTX2080Ti的GPU的核心数量多达4352个,相比于CPU只有个位数的核心数,GPU的运算能力极强。GPU类似于流水线,几千个工人干着无差别的劳动,他们不需要统一调配、互相牵制合作,而是每个人只做自己手头上的工作,每个运算核心计算着自己的工作,不用担心计算结果的调配、计算结果的转移等复杂操作。所以,GPU的主要功能是并行运算,帮助我们做一些计算量大、重复量大的工作,例如图形渲染等。GPU的目的是协助CPU完成高密度的复杂任务。

在图3-1中可以看到,对于GPU来说,它的控制单元Control(黄色部分)与缓存单元Cache(红色部分)比例较小,而运算单元ALU(绿色)部分比例最多。GPU采用了流式并行计算的模式,对每个数据在ALU中进行独立的并行计算,不依赖于其他同类型数据。举一个简单的例子,在一张图的渲染中,不同的ALU负责不同像素点的计算,即有的ALU计算图片的左上角部分,有的ALU计算图片的右下角部分,不同部分的数据互不影响,最终将生成的整张完整的渲染图片呈现于计算机屏幕上,这便是GPU的特点,即不断做一些重复量大、运算量大且关联性不大的工作。

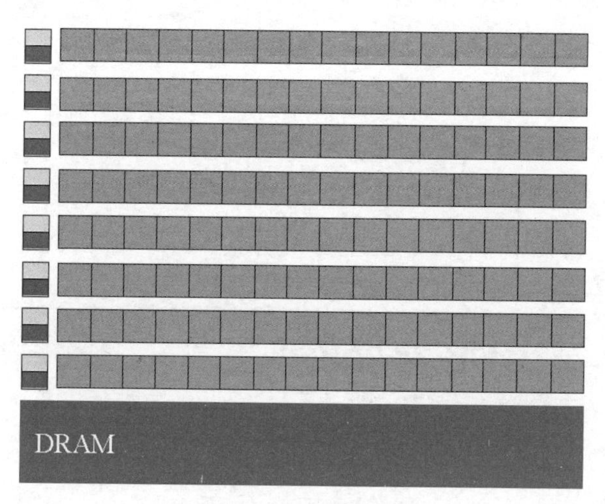

图 3-1 GPU 结构图

彩图 3-1

3.2 图形处理器的发展史

3.2.1 GPU 的前世

1962 年，麻省理工学院的博士伊凡·苏泽兰发表的论文以及他的画板程序奠定了计算机图形学的基础。这促进了 GPU 雏形的形成。20 世纪 70 年代末到 80 年代初，GPU 概念首次被提出，使用单片机集成电路作为图形芯片，用于视频游戏和动画方面，仅能很快地对几张图片进行合成。如图 3-2 所示，1977 年发布的 Atari 2600 是史上第一部真正意义上的家用游戏主机系统。1984 年，SGI 公司推出面向专业领域的高端图形工作站，才有了图形加速器。它们开发的图形系统引入了许多经典的概念，比如顶点变换和纹理映射。在随后的 10 年里，SGI 又不断研发出一系列性能更好的图形工作站。不过，其因为价格较为高昂，在消费级市场的普及度不高，只拥有很小的用户群。这段时期，在消费级领域，还没有专门的图形处理硬件推出，只有一些 2D 加速卡。1991 年，S3 Graphics 公司研究出第一个单芯片 2D 加速器，在 1995 年，3DFX 公司发布了消费级领域史上第一款 3D 图形加速卡 Voodoo，

图 3-2 1977 年发布的 Atari 2600

这也是第一款真正意义上的消费级 3D 显卡。随后几年,AMD 公司发布了 TNT 系列显卡,ATI 公司发布了 Rage 系列显卡。无论是 TNT 系列显卡还是 Rage 系列显卡,这些显卡在硬件上实现 Z 缓存以及双缓存,可以进行光栅化之类的操作,同时也实现了 DirectX 6 的特征集。从此之后,CPU 开始从繁重的像素填充任务中脱离出来,将更多的精力放在其他任务上。

3.2.2　GPU 的今生

1998 年,由 NVIDIA 公司研发的 modern GPU 宣告成功,这一时刻成为 GPU 研发史上的划时代的时刻,宣告着 GPU 研发成为现实。当时研制的 GPU 是图形芯片 Geforce 256,如图 3-3 所示。对于图形芯片领域来说,这是一款史无前例的产品,是第一款提出了 GPU 概念的新兴产品。一般将 20 世纪 70 年代末到 20 世纪 90 年代末这段时间称为 pre-GPU 时期,而将 Geforce 256 诞生后,即 1998 年之后的 GPU 称为 modern GPU。在 pre-GPU 时期,一些图形厂商如 Evans 与 Sutherland,也都在研发自己的 GPU,这些 GPU 现在还没有被淘汰。

图 3-3　Geforce 256 芯片

2001 年,微软公司研发的 DirectX 8 宣告成功,在这一版本中包含了 Shader Model(优化渲染引擎模式)的 1.0 标准。遵循其标准的 GPU 具备顶点和像素的可编程性,从这时候开始,微软便引领图形硬件的标准。同一时间,NVIDIA 和 ATI 也各自发布了新的 GPU,对于他们发布的这两款 GPU,其都可以支持顶点编程,可以通过应用程序指定指令序列来处理顶点。但不足的是,这一时期的 GPU 还不支持像素编程,对于像素编程工作只能提供简单的配置功能。

2002 年年底,微软发布了 DirectX 9.0b,Shader Model 更新到 2.0 版本,让 Shader 成为其标准配置。2003 年发布的 OpenGL 1.4 中开始正式提供对于 GPU 的编程接口规范。也正是从 2003 年开始,无论是 NVIDIA 发布的产品还是 ATI 发布的产品,都开始同时具备可编程顶点处理和可编程像素处理器的特点,有良好的可编程性。从这时开始,程序员终于可以根据自己的需要灵活控制 GPU 的渲染过程,无须关注其他硬件特性。也正是从这时开始,可编程成为 GPU 的一个特性。

2006 年,Shader Model 4.0 发布。Shader Model 4.0 不同于以往的版本,它采用了一种

统一渲染架构，使用了统一的流处理器。流处理器可以很大程度地提高工作效率，GPU 从单纯的渲染转向通用计算领域，并且扩充了几何编程这一概念，主要用于快速处理一些几何图元和创造新的多边形。

3.2.3 GPU 的摩尔定律

摩尔定律是由英特尔创始人之一戈登·摩尔提出来的。该定律指出，当价格不变时，集成电路上可容纳的元器件数目，约每隔 18～24 月增加一倍，性能也将提高一倍，相同价格下能买到的计算机性能，将每隔 18～24 月翻一倍以上。GPU 的发展最开始的时候也遵循摩尔定律，在一段时间之内性能会翻倍，处理速度和计算能力也会呈指数上升。

在 GPU 发展的历史中，一开始发展速度非常快，基本上 GPU 的计算能力和运算能力呈翻倍增长，21 世纪初为飞速发展阶段。在 CPU 发展陷入瓶颈的现在，GPU 性能提升的潜力是非常巨大的，按照 NVIDIA 公司的预测，从 2005 年开始到 2025 年，GPU 的计算性能将会提升 1000 倍。总的来说，GPU 发展到现在的阶段，十分遵循摩尔定律的规律，在未来的发展阶段将具有非常大的潜力。

3.3 图形处理器的分类

GPU 的分类如图 3-4 所示，具有两种不同的分类方法：一种是根据与 CPU 的关系，可以分为独立 GPU 和集成 GPU，其依据是是否具有自己的独立板卡；另一种是根据应用终端的不同，GPU 可以分为 PC GPU、服务器 GPU 以及移动 GPU。PC GPU 既有独立的 GPU，也有集成的 GPU，服务器 GPU 则是专门为了计算加速和深度学习领域的独立 GPU，而移动 GPU 一般来说是集成 GPU。

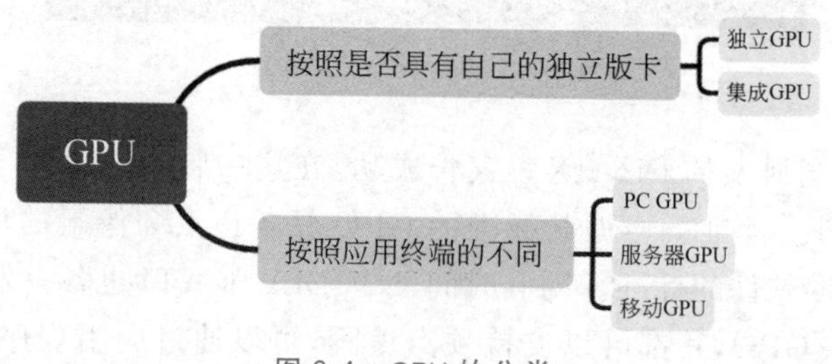

图 3-4 GPU 的分类

第一种分类方法，GPU 分为独立 GPU 和集成 GPU 两部分，在现在的消费市场上，很多计算机供应商会以独立 GPU 为噱头吸引用户购买，使得市场上普遍形成一种风气——独立 GPU 一定是好的，其实这两种类型的 GPU 各有特点，应该根据不同的需求选购不同的 GPU。

首先是集成 GPU。由集成 GPU 的名字可以看出，它是将 GPU 集成，那么集成在哪呢？集成在 3.2 节介绍的 CPU 上。集成 GPU 具有价格低、供电好、兼容好、升级成本低的特点，价格低主要因为 GPU 集成在 CPU 上，节省了空间上的位置，如图 3-5 所示。而且，集成 GPU 没有显存，因此占用计算机其中一部分内存进行运行，这个特点大大减少了制作难度，使得我们制造集成 GPU 的成本要比独立 GPU 低。供电好的特点是因为独立 GPU 需要单独供电且其运算能力更强大，消耗也更大，所以会造成计算机上的负担。集成 GPU 只要 CPU 供电，就可以满足所需的电量要求，这也使得集成 GPU 更加节约能耗。对于兼容性好、升级成本低的特点，是因为很多计算机厂家在生成计算机时就在 CPU 上安装了集成 GPU，集成 GPU 的升级只更换主板便可，使得升级更简单。而且，因为集成 GPU 和 CPU 配套，所以很少碰到兼容性的问题。但因为其占用 CPU 的空间和内存，没有自己独立的空间和内存，所以一方面集成 GPU 会影响计算机性能，另一方面会出现计算能力不足，渲染某些画面吃力等现象。集成 GPU ARM 公司占据大部分份额，而国产 GPU 在集成 GPU 上也逐渐占据一席之地。

独立 GPU 如图 3-6 所示，是专门用来处理图像的硬件，通过 PCI-Express 扩展插槽与主板连接。正好相反的是，集成 GPU 的优点是独立 GPU 的缺点。独立 GPU 价格昂贵，功耗大。举一个例子来说，一块华硕 GTX1080Ti 尊享版价格达到万元，而相对应的，独立 GPU 具有非常巨大的优点，总结来说就是性能高、画质强、大型游戏运行流畅，具有非常强大的图像处理功能，一般支持高性能游戏的计算机都采用独立 GPU，应用于 VR/AR、人工智能等领域的高性能 GPU 也是独立 GPU。在独立 GPU 领域，英伟达和 AMD 占据大部分市场份额，而在 2020 年，国产 GPU 开始正式向独立 GPU 领域发起进攻的号角。集成 GPU 和独立 GPU 的区别见表 3-1。

图 3-5 Intel 首款集成 GPU

图 3-6 NVIDIA 的独立 GPU

表 3-1 集成 GPU 和独立 GPU 的区别

区　别	集成 GPU	独立 GPU
价格	低	高
兼容性	强	弱
性能	较差	较好
升级成本	低	高
耗能	低	高
是否占用内存	是	否
应用领域	移动计算市场，例如笔记本和手机	高性能游戏计算机、人工智能、VR/AR

所以，在选择 GPU 时，并不一定选择独立 GPU，而应该根据需求选择。配置高和轻薄是难以双全的两个条件，若想配置高，去做一些图像处理、游戏开发工作，则需要选购独立 GPU，这也导致计算机体积增大、耗电量变大、质量增大等不方便携带的问题。若不需要那么强的图像处理功能时，例如只用于办公和视频浏览等用途，则可以选择集成 GPU，一方面机身更加轻薄，容易携带，另一方面能耗降低，不会造成选购独立而浪费资源的问题。

对于独立 GPU 和集成 GPU 来说，评价指标有所不同，但其运算能力和功耗还是评价这两种 GPU 的两大重要指标。其中，独立 GPU 的厂商将 GPU 芯片、显存、散热器、显卡接口等包装成一个独立的 GPU。其中运算能力、数据传输能力和数据存储能力共同决定了独立 GPU 的运算性能。而功耗和散热可以从散热设计功耗和散热设计两方面考察。而集成 GPU 的评价在独立 GPU 的基础上还要额外考虑内存带宽。集成 GPU 一般用在移动端，不配置专门的独立显存，而是和 CPU 共用内存，因此内存带宽代替显存带宽成为其的一个重要指标。评价独立 GPU 的方法见表 3-2。

表 3-2　评价独立 GPU 的方法

独立 GPU	具体能力	性能指标	指标意义
性能方面	计算能力	核心数目	数目越多，单位时间内可以执行的运算越多
		时钟频率	时钟频率越高，运算的速度越快
	数据传输能力	显存位宽	指的是显存在一个时钟周期内所能传输的数据的位数，目前主流的有 64 位、128 位和 256 位
		显存带宽	指 GPU 与显存之间的数据传输的速率，是影响深度学习性能的最重要的因素
	数据存储能力	显存容量	类似于计算机内存，决定着 GPU 处理过的或者即将提取的数据量的大小
功耗方面	功耗和散热	散热设计功耗	即 TDP，是芯片在真实运行时所散发的最大热量，TDP 越大，越费电
		散热设计	有风冷和水冷散热两种类型。水冷散热效果好、噪声低、价格贵。而风冷散热有普通风扇和涡轮风扇两类

最后，这两种 GPU 都具有非常巨大的市场和发展潜力，国产 GPU 将在这两种不同类型的 GPU 领域齐头并进，不断发展，抢占市场，形成自己的 GPU 配置的生态圈。

3.4　图形处理器与中央处理器的对比

对比 GPU 与 CPU，它们在结构上有非常大的差异[36]。图 3-7 展示了 GPU 和 CPU 的结构对比。从图 3-7 可以看出，CPU 的大部分面积为控制器（黄色部分）和寄存器（红色部分 Cache），与之不同的，GPU 则拥有更多的 ALU 用于数据处理，对于 GPU 来说，它可以处理更加复杂的运算数据，所以 GPU 逐渐应用于机器学习等一系列需要大量计算的应用领域。

相比于 CPU,GPU 并没有特别良好的控制体系,所以无法处理一些复杂多样化的问题,类似于一些需要知道数据相关性的算法,在 GPU 上很难实现。

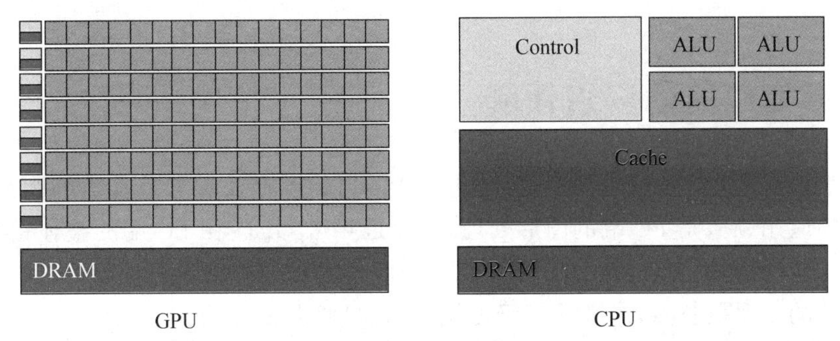

彩图 3-7

图 3-7 GPU 和 CPU 的结构对比

如果举一个例子进行对比的话,CPU 类似于公务员体系中的一个部门,不同职位间的工作人员互相帮忙,互相协作,做自己不同的工作,不断地开会、总结,最终形成一套完整的解决方案,然后每个部门负责不同的工作,不同部分之间可以进行沟通,开会讨论,最终解决一个复杂的问题。而 GPU 类似于加工厂,每个人做着自己的工作,不用担心其他人做什么工作、工作进度如何,只专注于自己手头上的工作,甚至大多数人做着一样的工作。他们不需要开会,不需要总结,很多时刻很多人只干着同一份工作。最终,各个厂房的人做出来的东西被集中在一起,工作进度就算完结。尽管两方的工作模式差异特别大,但我们可以知道的是,在社会上,公务员团队和加工厂团队都是不可或缺的,只有两个团队好好配合,才能完成社会上各种各样的工作,这也是计算机运行的一个准则。总的来说,GPU 与 CPU 各方面数据的比较见表 3-3。

表 3-3 GPU 与 CPU 各方面数据的比较

对 比 项	处理器	
	GPU	CPU
高速缓冲存储器	多	少
线程数	少	多
寄存器	多	少
单指令多数据流	快	慢
控制器	少	多

可以看出,由于 GPU 中的控制器少于 CPU,因此在控制流方面 GPU 弱于 CPU。控制器的主要功能是取指令,并指出下一条指令的位置,协助计算机各部分有条不紊地工作。但因为 GPU 具有更多的寄存器计算单元等,所以 GPU 运算的速度显著大于 CPU,适合对大量数据进行计算。GPU 上的数据不需要依赖其他数据进行计算,例如渲染一张图片,CPU 需要不断通过循环语句遍历像素,所以代码的量和考虑的逻辑语句较多。而在 GPU 上,只通过一条代码即可完成,不需要过多地考虑其他像素点的属性。

当认识了 GPU 和 CPU 之后，我们会产生一个疑问，什么程序适合在 GPU 上运行呢？根据 GPU 独特的结构特征，可以得出计算密集型的程序与易于并行的程序更适合在 GPU 上运行。

3.5 图形处理器的应用领域

GPU 应用最广泛的领域是图形渲染，包含 PC 端的图形处理和移动端的图形处理。最开始 GPU 的应用领域是 PC 端的图形处理，虽然近年来 GPU 在 PC 端的整体销量下滑，但仍有游戏硬件市场这个增长的亮点。而移动 GPU 作为提升智能手机性能的核心部件，是过去几年 GPU 的主要增长点，未来几年仍可能是 GPU 增长的主力。

对于 PC GPU 来说，受到全球 PC 出货量降低的影响，游戏领域成为其增长的主力。最开始，GPU 伴随着 20 世纪 90 年代 PC 的大范围普及而迎来其发展的黄金时期。但随着 2012 年开始 PC 的出货量持续下滑，PC GPU 的出货量也持续下滑。2018 年一季度 PC 端 GPU 出货量同比增加 3.4%，环比下滑 10.4%。图 3-8 反映了近几年市场需求的平淡。而与之相比的是，游戏持续火爆，带动了 PC 游戏硬件市场的飞速增长。截至 2018 年年底，我国游戏产业用户的规模已经达到 5.83 亿人，对比 2009 年增长了将近 8 倍。2016 年，全球 PC 游戏硬件市场首次超过 300 亿美元，这是一个非常巨大的突破，在原本的预测中，该规模只有到 2018 年才有可能突破。而游戏需求的上涨推动着独立 GPU 的增长。2015 年，PC GPU 比重为 27%，此后份额将持续增长[37]。

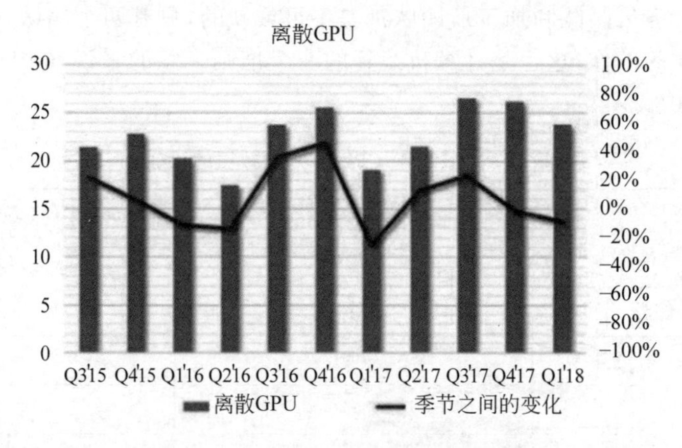

图 3-8 PC GPU 出货量及其环比增长

对于移动 GPU 来说，其崛起于智能手机的浪潮，持续受益于存量替换。移动 GPU 是提升手机性能的一个核心部件，其能决定设备的流畅程度、游戏的顺畅程度等参数。其应用领域的火热程度取决于智能手机行业的景气度。根据 IDC 统计，2017 年全球智能手机出货量为 14.72 亿台，增速首次转为负值，在手机市场需求较为饱和的情形下，未来移动端 GPU 市场将主要受产品迭代的存量替换需求驱动[37]。

今后，人工智能将为 GPU 的发展提供新兴的需求。GPU 在人工智能领域的应用包括云端以及终端。云端有云平台和超级计算机，而终端有机器人和智能汽车。这些领域是近期 GPU 发展最为迅猛的领域，也将是 GPU 发展的一大前景。

对于云平台来说，GPU 已经成为最主流的芯片，技术服务的形式非常多元化。GPU 非常适配云端深度学习的过程，其良好的可编程性、成熟的技术体系能使得开发更加便捷、开发周期更加短暂。目前，GPU 已经成为云端最主流的 AI 芯片，亚马逊、微软、腾讯、百度、华为等 IT 巨头的云平台均采用 GPU 进行云平台上的深度学习计算。

对于超级计算机来说，我们可以使其搭载 GPU 从而成为人工智能超级计算机。以前没有搭载 GPU 的超级计算机的优势主要是强大的计算能力，而现在搭载 GPU 的人工智能超级计算机的优势主要是可以应用在人工智能领域。所以，深度学习就成为超级计算机和人工智能最为紧密的结合点。一方面，神经网络的训练需要大量的超级运算性能；另一方面，超级计算机借助其强大的计算能力训练模型，让神经模型具备更好、更快、更加准确的识别和推理的能力。所以，如图 3-9 所示，搭载了 GPU 的人工智能超级计算机具有非常巨大的发展前景和发展优势，其可以缩短数据处理时间，加速深度学习框架，并设计出更加复杂的神经网络，获得更快速的速度、更巨大的模型，以及更精准的结构，是未来超级计算机的一个重要的发展方向。

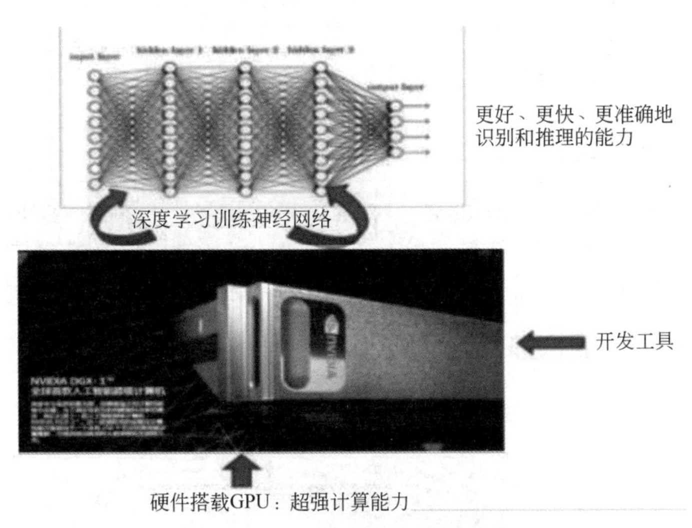

图 3-9 人工智能超级计算机示意图

对于机器人的终端应用，2017 年 GPU 巨头公司 NVIDIA 发布了高性能、低功耗的计算机平台 NVIDIA Jetson TK2，成为机器人、无人机、智能摄像头等计算密集型终端的一个理想的深度学习平台。在该平台上，用户可以通过其提供的开发套件和教程构建属于自己的平台投入生产，该系统应用于机器人凌云的 Fellow、快递机器人领域的 Marble 等国外企业以及海康威视、京东等国内企业。

对于智能汽车的应用，GPU 主要应用于 AI 自动驾驶领域。如图 3-10 所示，智能驾驶汽车是通过从摄像头、超声波等收集的信息感知道路的情况，自动规划汽车行车路线，并控制车辆安全。对于自动驾驶来说，车辆必须快速处理传感器传输的海量数据，这便需要高效快速的 GPU 的支持。NVIDIA 推出了自动驾驶车载计算机 Drive PX 2，其单精度计算能力等同于 150 台苹果 MacBook Pro，是上一代速度的 4 倍，而深度学习速度可以达到每秒 24

万亿次操作，是上一代的 10 倍之多。随着自动驾驶概念的不断普及，人工智能 GPU 需求有望实现持续的增加。

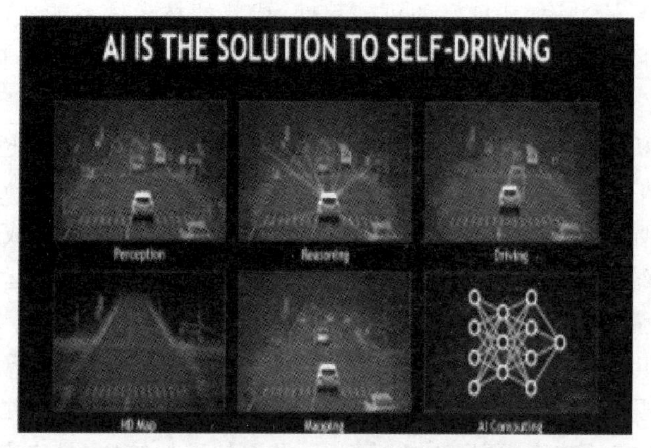

图 3-10 人工智能技术应用于自动驾驶

3.6 经典图形处理器

3.6.1 超高性价比的 Radeon 9550

在 Radeon 9550 出现之前，Radeon 9700 的口碑在市场上极其成功，但其还是很难在市场层面上击败竞争对手，因为其属于少数人的旗舰架构。所以，这时需要研发一款适合大众的可以攻占市场份额的中端产品，可以有效占据市场大量份额，这时候 Radeon 9550 芯片如图 3-11 所示，横空出世，强势攻占市场。

图 3-11 Radeon 9550 芯片

Radeon 9550 不仅继承了 Radeon 9700 的全部优点，而且其处于中端，甚至中低端的售价也非常受消费者欢迎[38]。但这些都不是其最大优点，其最大的优点是它不可思议的可超频能力以及超频后性能。在当时普遍 CPU 超频都不超过 50%的时代，Radeon 9550 具有 250MHz 的“超高默认核心频率”，而且每一块甚至都能达到 400MHz，这种超过 60%的超频幅度非常不可思议，超频之后的芯片具备了接触旗舰级边缘的实力。所以，对于这种价格与定位不相称、“超高性价比”的超频，Radeon 9550 占据了大量的市场，在当时基本上与“性价比显卡”这个词等价。许多显卡爱好者人生中的第一块 GPU 都是 Radeon 9550，这足以说明其在显卡历史中的地位。

3.6.2 SweetSpot 的前身——GeForce 9600GT

GeForce 9600GT 芯片如图 3-12 所示，对于现代显卡来说具有非常重要的意义，在当时市场上，它是一款风靡全球的经典终端游戏显卡，占据市场很大份额，赢得了消费者的欢迎[38]。而且对后面 GPU 的影响也是非常巨大的，其是炙手可热的 SweetSpot 级显卡的雏形，对后面显卡的发展影响巨大。

图 3-12 GeForce 9600GT 芯片

在 DirectX 末期时，当时人们对显卡的架构发展争论了很长一段时间，对于负责直接图元操纵的后端与负责 Shader Program 运算的 ALU 谁更为重要陷入了争执，两派不同意见的人争论不休。当时，不同的公司在这两个方向上分别进行尝试，GeForce 9600GT 是其中最为经典的一个。

GeForce 9600GT 基于 G94 的架构，拥有 64 个流处理器，16 组 ROP 单元以及 256bit 显存位宽。对比旗舰版的 G80/92，其 ALU 削减了一半，但 GeForce 9600GT 的后端规模却与其相同水平。其后端规模为其带来优秀的带宽和处理能力，因此使得 GeForce 9600GT 具有非常优秀的性能，超越了当时市场上的很多中端显卡。

GeForce 9600GT 拥有更小的芯片面积、更低的功耗以及发热表现，使得其可控性成本更优，大大提高了游戏性能和使用体验，对当时争论不休的问题给出了自己的答案——后端对于游戏显卡非常重要。它所取得的结论性经验不仅影响了 NVIDIA 后续中高端显卡的研发，还一定程度上改变了 NVIDIA 公司的发展轨道和发展方向，而且也成为后来众多 SweetSpot 显卡借鉴的一个对象。

3.6.3 亘古未有的经典——Radeon HD 4850

对于 AMD 公司来说，R600 的失败使得其在显卡领域大受打击，AMD 公司需要一款性能上具有独特优势的显卡作为主打产品来重新占据市场、树立信心，于是在当时发布了RV770。出乎意料的是，作为RV770开路先锋的Radeon HD 4850居然成为一块名留史册的显卡。

RV770在当时取得了巨大的成功，它不仅弥补了之前R600失败带来的损失，还通过其惊人的性能和极高的性价比在市场上大受欢迎，重新使得市场恢复了对AMD图形部门的信心。后来，研究显卡历史的人说，“整个AMD都要感谢Radeon HD 4850”。

Radeon HD 4850是真正意义上的前无古人，它具有与旗舰RV770相同的800个流处理器，40个TMU单元以及16组ROP阵列，尽在显卡端采用了带宽较低的GDDR3颗粒，使得其成功拥有铁剑Radeon HD 4870的性能，并且凭借其超高的性价比成为了显卡历史上最具“良心”的芯片之一。不仅如此，其在通用计算领域也开始了初步的尝试，为后来的RV970的追赶打下了基础。其芯片面积远低于NVIDIA即将到来的架构，这让其背负了很大的压力。其载入史册的最大原因是它把小芯片策略、多芯片互联手段以及成功的市场切入点和运作结合在一起，最终在市场竞争中取得了巨大的成绩。其通过优秀的架构设计带来优秀的成本控制，将价格控制在市场和公司都能接受的位置，填补了该市场位置的空白。Radeon HD 4850的横空出世，使得AMD公司在短时间内夺回了市场的主动权。Radeon HD 4850是人类历史上第一块将性能、架构、工艺、特性支持、市场策略和运作手段等显卡的全部有关属性都发挥到极致的显卡。其经典程度前无古人。所以，当我们回顾GPU的历史时，Radeon HD 4850(见图3-13)无疑是最耀眼的一颗明星，是一个亘古未有的经典。

图3-13　Radeon HD 4850芯片

3.6.4　幸运时代的幸运产物——GeForce GTX 680

对于如图3-14的GeForce GTX 680芯片，它有一个史无前例的评价——具备7个“更”的显卡：更小、更短、更轻、更凉、更省电、更便宜，同时也更快。与前面的GPU不同，该显卡是一款旗舰级显卡，但其又不具备旗舰显卡的一些特点，它仅达到Tahiti架构80%的芯片面积、75%的单元规模和75%的显存带宽。

它在历史上的幸运大多是竞争对手赋予的。其由NVIDIA生产，而且凭借其一款产品对抗了AMD的整条产品链，因为当时AMD架构研发的积弊而背负了太多不该背负的负担，使其定价以及推广策略都非常糟糕，从而使得GeForce GTX 680在当时风靡一时，获得了极高的市场占有率，并在当时为NVIDIA获得了极为丰厚的利润回报。

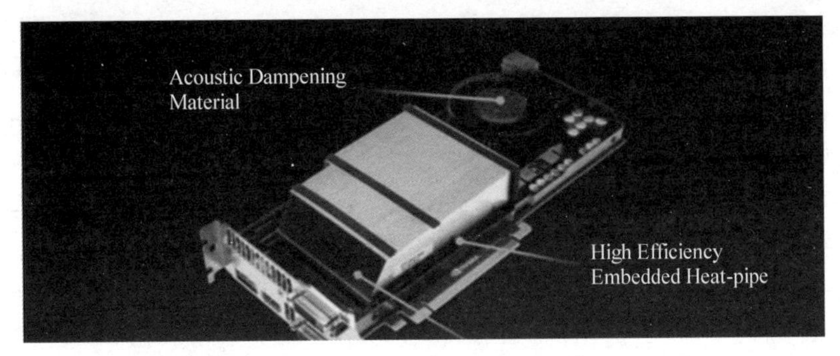

图 3-14　GeForce GTX 680 芯片

GeForce GTX 680 身上有许多令人瞩目的优点——极高的性能功耗比、超高性价比、非常优秀的显卡性能、运转时良好的温度，以及低分贝的噪声等[38]。但对于该显卡来说，在显卡历史上，其最特别的无法复刻的特点便是它的"幸运"，它的幸运成为显卡历史上一道有趣的风景线，成为一种不可复刻的经典。

3.7　国产图形处理器

从前面可以看出，GPU 对于计算机来说是非常主要且必不可少的一部分。在当今社会各国贸易间不断摩擦，竞争逐渐加剧，贸易壁垒不断提升的情况下，发展国产 GPU 是刻不容缓的一件事。只有自己掌握核心技术，把握科技发展，才能应对复杂多变的国际形势，才能更好地发展自我国家的实力，建立属于自己的国产计算生态圈，在未来发展领域拥有自己的一席之地。

在国外封锁技术且不断打压的情况下，我们国家还是涌现出一批优秀的国产 GPU 制造商，他们突破重围，投入大量资金，研制属于我们国家自己的 GPU。其中业内公司可以分为 3 种类型。

1. 自主研发系

自主研发系的内涵指企业从 GPU 的架构和算法等底层的 GPU 领域着手，采取自主研发的产品进行一些产品开发。这些公司能对自主开发的 GPU 进行升级以及迭代的操作，这些能力保证其产品有一个完整的循环链，有能力进入军事或者民用市场与国外 GPU 进行竞争。其主要包括景嘉微和中船系。景嘉微发布的首款 GPU JM5400 有力填补了国内高端 GPU 市场空白，它的出现打破了国外芯片在军用领域的垄断。中船系下属 2 个研究所——中船重工 709 所以及中船 716 所则各自研发了一款国产 GPU，有力填补了市场需求，为我国国产计算生态平台的构建注入不可缺少的动力。

2. 学术课题系

该系列以西邮微电为代表，其特点是以学术研发作为主导，多诞生于高校实验室。西邮微电子科技有限公司脱胎于西安邮电大学 GPU 团队。其研制的"萤火虫 1 号"历经 5 年开发，于 2015 年通过陕西省支持的成果鉴定，成为自主研发的 GPU 的雏形芯片。

3. 技术引进系

以中科曙光为代表,其通过与国际上知名的GPU生产商(如AMD)进行合作引进技术用于生产GPU。例如,中科曙光与AMD公司进行合作,并且其还收购了Imagination的凯桥资本以及美国图芯的芯原。

下面主要介绍自主研发系以及学术课题系,这两大系列都研制了属于我们自己的GPU,从0到1打破了国外GPU对国内GPU市场的垄断,帮助有力地建立属于自己的国产生态平台。“中国心,中国芯”,这些国产GPU必将焕发更加巨大的活力,构建属于我们自己的计算生态平台。

3.7.1 景嘉微

景嘉微公司(以下简称景嘉微)是国内率先成功自主研发国产化GPU并且产业化的企业,于2016年成立。其产品主要涉及图形显控、小型专用化雷达和芯片等领域[39]。在2006年成立的时候,刚好是中国军用飞机显控系统慢慢转向GPU升级的时刻,景嘉微把握时机开始投入军用飞机图形显控领域的研究。2010年,公司“图形加速器技术研究”项目荣获“核高基”项目立项,从此走上了自主知识产权图形处理芯片的研发道路。2014年,第一代GPU研制成功,其性能优于军工电子显控领域主流的一些进口芯片。2018年,第二代GPU研制成功,它在第一代的基础上作了重大改进,有了非常巨大的进步。目前,第一代GPU已经运用于各种军用显控系统中,而第二代GPU已经获得党政计算机的意向订单,有望进一步推动党政机关实现自主的国产计算机的全面生态化。

2018年,国家集成电路基金作为国有法人入股景嘉微,成为公司的第二大股东[40]。国有法人股东的加入体现出产品技术水平、发展前景、发展潜力得到了国家的认可,也体现出国家对国产GPU的重视和肯定,这一次入股也进一步提升了景嘉微的市场地位,体现了其作为国产GPU的领军企业的身份。

景嘉微具备高层次科技人才的核心团队,推动了军用图形显控国产化的进程。景嘉微具备高端人才的储备力量,招揽了各大学校的高技术人才。景嘉微的核心团队基本来自中国人民解放军国防科技大学,且都是在各自领域具备丰富研发经验的资深研发专家。由于拥有一批军校科技人才作为核心人员,因此景嘉微更容易把握国内顶尖的科技产品研发的技术方向,更能把握用户的真实需求和未来发展的趋势,更能与国防军用产品进行技术对接,这是其蝉联于军用图形显控产品市场龙头地位的重要支撑。

1. JM5400

JM5400芯片如图3-15所示,是景嘉微第一代GPU,是一个具有重大意义的划时代产品。它的出现打破了国外芯片在军用领域的垄断,关乎国家命脉的军用领域不再受制于他人,也不再担心国家军事的消息遭到泄露,从0到1实现了国产化代替,这款产品于2014年发布,是国内首款具有完全知识产权的图形处理芯片,也是一款高性能、低功耗的优质GPU芯片。JM5400芯片取代了中国军用飞机传统的、常用的多款海外芯片,类似于ATIM9、M54、M72、

图3-15 JM5400芯片

M96等。相比于海外芯片，JM5400的性能更高，工作温度范围更宽，并且功耗更低。JM5400主要指标见表3-4。

表3-4 JM5400主要指标

参 数	具体数值
工艺	65nm CMOS
时钟频率	内核时钟频率最大为550MHz，存储器时钟频率最大为800MHz，软件可配置
主机接口	PCI 2.3规范，33/66MHz
存储器	片上封装两组DDR3存储器，每组位宽为32位，共1GB容量
渲染能力	含4条渲染流水线，像素填充率为2.2G Pixel/s
工作温度	−55～125℃
存储温度	−65～150℃
功耗	功耗不超过6W，内部各功能模块可独立关闭，可进一步减少功耗
封装	FCBGA 1331脚，MCM封装
尺寸	37.5mm×37.5mm

下面根据表3-4介绍芯片的各项指标。首先，其65nm CMOS指的是在最初栅极上留下65nm宽度的光刻胶，是一种极为精细的工艺，通常该尺寸越小，晶体管密度越高，GPU的性能越好。时钟频率则表现GPU的处理速度，时钟频率越高，则GPU速度越快。存储器表现GPU内存大小，表示其可以存储数据的多少。像素填充率是指图形处理单元在每秒内所渲染的像素数量，JM5400芯片每秒可以处理22亿像素。工作温度和存储温度表示其工作于存储环境的限制。功耗则是其工作时每秒消耗的能量。封装和尺寸表示其外型参数，GPU基本上朝着越小越薄的方向前进。

2. JM7200

JM7200芯片如图3-16所示，是景嘉微的第二代GPU，其于2018年9月完成流片、封装阶段工作。其制程工艺28nm，核心频率1.2GHz，搭配4GB DDR3显存，性能跟NVIDIA的GT 640显卡相近。发展国产GPU有一个得天独厚的优势，即可以与国内的CPU操作系统等形成自己的国产生态圈，形成属于我们自己的国产计算平台，不再受制于其他国家的技术限制，而JM7200便完成了适配构建这一步，并且有希望进行大规模推广。根据目前的适配测试，JM7200的产品性能已经能够适配台式计算机，满足国内计算机基础使用的需求，满足计算机市场推广的条件。

图3-16 JM7200芯片

而且，JM7200芯片获党政市场意向订单，景嘉微有望占据民用计算机市场。2019年，景嘉微签署了《战略合作协议》，为了打造战略合作伙伴关系，为政企用户提供基于JM7200芯片的国产图形显卡的以及其一系列的解决方案，湖南长沙在2020年购进10万套基于JM7200的图形显卡，这笔订单标志着该公司正式开拓民用计算机市场，并且在民用计算机市场具有非常巨大的前景和潜力。JM5400与

JM7200 的对比见表 3-5。

表 3-5 JM5400 与 JM7200 的对比

型　号	JM5400	JM7200
发布时间	2014	2018
工艺	65nm	28nm
外存类型	DDR3	DDR3
内核频率	550MHz	1.2GHz
等效运算频率	160GFlops	500GFlops
存储器带宽	12.8GB/s	16GB/s
存储器容量	1GB	2GB/1GB
OpenGL 支持	OpenGL1.3	OpenGL1.5
研发周期	8 年	4 年

从表 3-5 可以清晰地看到,工艺从 65nm 飞跃到 28nm,是一个很大的跨度。晶体管的宽度从 65nm 下降到 28nm,不仅使得一块芯片上可以搭载的晶体管数量大幅增加,也使得每一个晶体管的运算速度呈几何倍增长,芯片的性能突破了一个档次,中国 GPU 开始向国际领先技术靠拢。内核频率的上升表示其一秒能进行更多次运算,在相同时间内,能处理的数据量更加巨大,对于用户来说,简单明了的感觉便是画面更加清晰、流畅,因为其对每一个画面的计算更加迅速、准确。等效运算频率也是相同的道理。存储器带宽增加也表示其存储速度提升,单位时间内从存储器读出和写入的数据更多,与存储器的交互更加迅速,与存储器的交流更加紧密。而存储器容量也表示其能存储更多的数据,方便进行一些大数据的计算和存储。而且,其能支持更高版本的 OpenGL,代表该 GPU 具有更强大的处理能力,具有更加强大的图形渲染功能,能完成更加复杂的图形处理渲染。最后,从研发周期成倍缩短可以看出我国 GPU 研发技术的不断蓬勃发展,更新速度更加迅速代表技术更加娴熟、平台更加完善、政策更加扶持。JM7200 是一个划时代的产品,比起上一代 GPU 有飞跃式的发展,是中国芯片与国际接轨的重要一步。

3. JM9231 与 JM9271

JM9 系列是公司正在研发的第三代 GPU,该 GPU 较第一代 GPU 和第二代 GPU 的性能有很大的提升,有望进入人工智能的市场。公司此前的第二代 GPU JM7200 虽然已经支持可编程的架构,但是其 GPU 内核与国外的 GPU 公司的产品仍具有一定的性能差异。但是,JM9 系列有望弥补国内 GPU 与国外 GPU 的明显差距,其使用与国际公司通用的做法以及业界主流的统一渲染架构,增加了可编程计算的模块数量,与国际上显卡主流的趋势对接。JM9 系列如果研发成功,将有望追赶上国外主流 GPU 产品 2016—2017 年的性能水平,这将成为国产 GPU 的一个里程碑。国产 GPU 和国外 GPU 差距一直在十年左右,该芯片研制成功将可以追赶上 GPU 的中低端市场水平,将能占据世界 GPU 市场的一席之地,有能力与国外 GPU 公司竞争。而且该 GPU 缩短了国产 GPU 与国外 GPU 的巨大差距,给国产

GPU 的研发带来了巨大的信心。该系列不逊色于 GTX1080，预期可以达到 2017 年国际高端的显卡水平。其核心频率不低于 1.8GHz，支持 PCIe 4.0 x16，采用 16GB HBM 显存，频宽为 512GB/s，浮点性能可达 8 TFlops，未来可以进一步应用于人工智能等高端应用领域。

目前，JM9 系列正处于测试阶段。表 3-6 是 JM9 系列与 NVIDIA 的 GTX 系列产品的对比。

表 3-6　JM9 系列与 NVIDIA 的 GTX 系列产品的对比

指　标	JM9231	GTX1050	JM9271	GTX1080
API 支援	OpenGL 4.5，OpenGL 1.2	OpenGL 4.6，DX12	OpenGL 4.5，OpenGL 2.0	OpenGL 4.6，DX12
显存时钟频率	1500MHz	1455MHz	1800MHz	1733MHz
PCIe 卡	PCIe 3.0	PCIe 3.0	PCIe 4.0	PCIe 3.0
显存带宽	256GB/s	112GB/s	512GB/s	320GB/s
显存容量	8GB	2GB	16GB	8GB
像素填充率	≥32G Pixel/s	46.56G Pixel/s	≥128G Pixel/s	≥110G Pixel/s
单精度浮点性能	2TFlops	1.862TFlops	≥8TFlops	≥8.873TFlops
影像输出	HDMI 2.0，DisplayPlot 1.3	HDMI 2.0，DisplayPlot 1.4	HDMI 2.0，DisplayPlot 1.3	HDMI 2.0，DisplayPlot 1.4
视频解码	H.265/4K 60FPS	H.265/4K 60FPS	H.265/4K 60FPS	H.265/4K 60FPS
功耗	150W	75W	200W	180W

其中，API 支援表示其应用程序接口版本，兼容版本越高，越能通过应用程序执行更加复杂的操作，可以看到，JMP9 系列与 GTX 系列的 API 版本差距很小，只有 0.1 的版本差距。JM9 系列的视频解码性能已经追赶上 GTX 的指标，而在衡量 GPU 性能的重要参数时钟频率、显存带宽、显存容量以及像素填充率上，JM9 系列普遍比 GTX 快，这是一个质的飞跃，是国产 GPU 追赶上国际先进标准的一个重要信号。国产 GPU 已走上了追赶国际先进标准，甚至超越国际先进标准的道路。而且，值得注意的是，该产品的研究周期为 2～3 年，相比于第一、二代 GPU 的 8 年、4 年的漫长研发周期，第三代 GPU 的研发速度是一个很大的突破。研发周期的不断缩短，有利于产品更快地更新迭代，缩短与国际先进技术水平产品的差距，提升公司产品的竞争力，进一步扩大应用市场空间。而且，缩短研发周期也可以侧面反映出我国研制 GPU 的技术越来越熟练、研发水平越来越精进、研发的流程越来越完善。

4. 三代 GPU 的对比

芯片的研发是一项巨大而复杂的系统工程，景嘉微从数学公式推导开始，在架构设计、算法模型、原理验证、硬件实现、驱动开发等环节全面实现了自主研发，三代 GPU 不断地改进。三代 GPU 的对比见表 3-7。

表 3-7　三代 GPU 的对比

GPU 名称	研发周期	应用领域	国外同类技术水平产品
JM5400	8 年	军用图形显控领域	ATI M96 芯片
JM7200	4 年	主要用于军用市场,拓展至国产化计算机市场	英伟达 GT640
JM9 系列	预计 2～3 年	消费电子领域以及人工智能、安防监控、语音识别、深度学习、云计算等高端应用领域	英伟达 GTX1080

首先,显而易见的是 GPU 的研发周期不断缩短,代表研发技术更加成熟、研发流程更加完善。而在应用领域的拓展上,可以看出 GPU 的应用范围更加广阔,功能更加齐全,更能稳定地占据更多的市场,拓宽自我应用领域。军用图形显控领域的应用如图 3-17 所示。而国产 GPU 从单单占据军用市场开始,一步步走向民用市场;从单单只能处理图形显控领域开始,一步步迈向高端应用。这不仅预示着国产 GPU 实力的不断强盛,也代表着国产 GPU 发展的宏伟蓝图。国产 GPU 势必不断追赶上国外 GPU 的顶尖水平,也要不断占据更加广阔的市场,打破国外 GPU 垄断的现状。而从国外同类技术水平产品对比中可以看到,国产 GPU 和国外 GPU 的差距越来越小,从最开始的 10 年左右到现在的 4 年左右的差距,国产 GPU 正迈着坚毅的步伐不断追赶、不断缩短与国外 GPU 顶尖水平的差距。

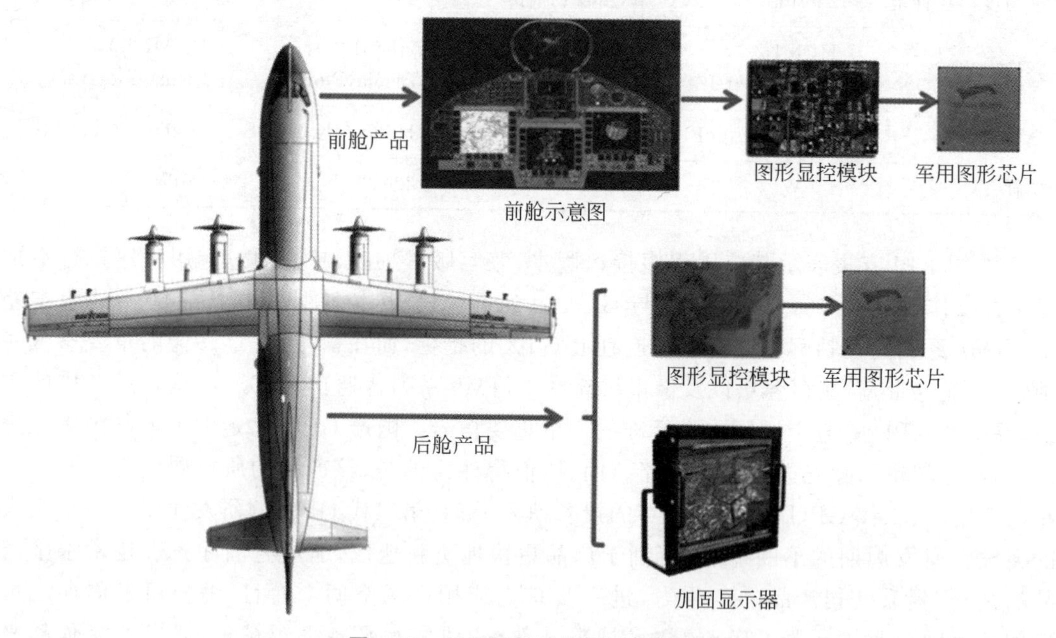

图 3-17　军用图形显控领域的应用

3.7.2　兆芯

兆芯公司(以下简称兆芯)是成立于 2013 年的国资控股公司,总部位于上海张江,在北京、西安、武汉、深圳等地设有研发中心和分支机构。兆芯拥有一大批具备硕士、博士学历的专职研发人员,公司同时掌握了 CPU、GPU、芯片组三大核心技术,具备三大核心芯片及相关 IP 设计研发能力，并获评“高新技术企业”资质[41]。

在 x86 领域上，兆芯是第三大生产厂家，其能跻身前三的原因是其 20 多年的历史，为什么说 2013 年成立的兆芯有 20 多年的历史呢？因为它的前身是台湾威盛电子公司。威盛公司出技术，上海政府出资金，于 2013 年成立兆芯，其发布了众多 CPU，在 CPU 界具有一定的地位。

而在 GPU 上，兆芯宣布了 GPU 独立显卡发展计划，将帮助其成为国内少数的同时掌握 GPU、CPU、芯片组核心技术的公司，也将使其具有一个较为完善的国产硬件生态圈，帮助该公司更好地跻身国产计算生态平台，建立起属于中国的一个较为完善的计算机生态平台。

兆芯的优势在于，其具有较为完备的硬件生产技术，其生产 CPU 的技术已经较为娴熟。因为 GPU 和 CPU 的部分相似性，该公司生产 GPU 将具有一定的技术基础和生产经验。兆芯对 GPU 的生产也将互补于 CPU 生产线，使得整个公司的计算生态硬件平台更加完善，产品更加全面，可以进一步占据市场。

IDC 预测，到 2023 年中国 GPU 服务器市场规模将达到 43.2 亿美金，未来 5 年整体市场年复合增长率(CAGR)为 27.1%。国内 GPU 市场非常火热，而中美贸易战的前景下我国自主研发的独立显卡将具有非常巨大的发展前景和发展潜力。并且，因为兆芯在 CPU 这块早已在市场上有很高的评价，在消费者人群中有很高的认同感，所以推出该独立显卡将可以有力挺进 GPU 市场，为建设我国自主的计算生态平台添砖加瓦。

兆芯在 2020 年官方视频中宣布了 GPU 独立显卡，其宣传图如图 3-18 所示，表示其最快于 2020 年年底发布，慢则在 2021 年发布，该显卡一经问世，将填补国内 GPU 独立显卡的空白，帮助国产芯片进一步完善属于自己的计算生态的硬件平台。

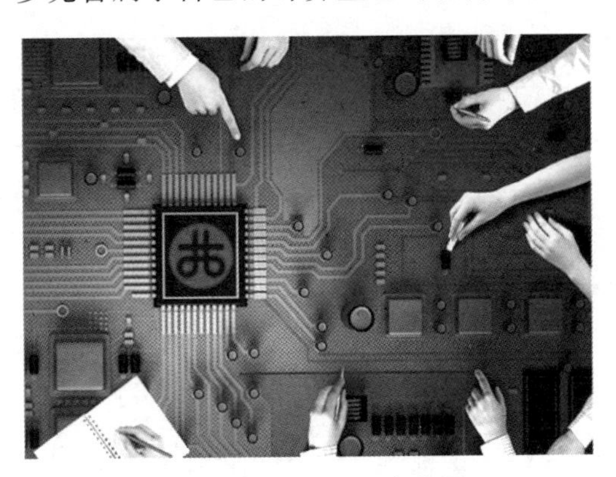

图 3-18　兆芯 GPU 宣传图

其中公布了 GPU 的一些参数，首先，该 GPU 采用相对较低的 70W TDP，功耗相对较低。而在规模上采用了台湾积体电路制造股份有限公司的 28nm 制程[42,43]，采用 28nm 的工艺大多考虑到中美贸易战，美国可能会阻止台湾积体电路制造股份有限公司向中国客户提供 16nm 以及更小的工艺，因为这些较新的工艺涉及一部分美国知识产权。

兆芯现有的 iGPUs 支持 DX11、OpenCL 1.1 和 OpenGL 3.2，并支持硬件加速的视频编码和解码，但细节很少，GPU 监控应用无法获取架构组件的更多细节。集成显卡支持 DisplayPort、eDP、HDMI 和 VGA 接口，可以同时输出到两个 4K 分辨率的屏幕上。

3.7.3 浪潮信息

浪潮电子信息产业股份有限公司(以下简称浪潮)具有非常悠久的历史。浪潮的前身是20世纪50年代成立的山东电子设备厂。1970年发射的人造卫星“东方红一号”就采用了其生产的晶体管。1988年,浪潮信息公司成立,并在2000年上市。2000年,浪潮服务器打破世界纪录,这也是国产服务器首次打破世界纪录。

浪潮拥有三家上市公司,现今向全球超过100个国家和地区提供IT产品和服务。浪潮服务器销售额非常巨大,全球前三,中国第一。由图3-19可知,在2019年上半年,浪潮以50.8%的市场份额占据中国市场第一,是国内GPU服务器的龙头企业。

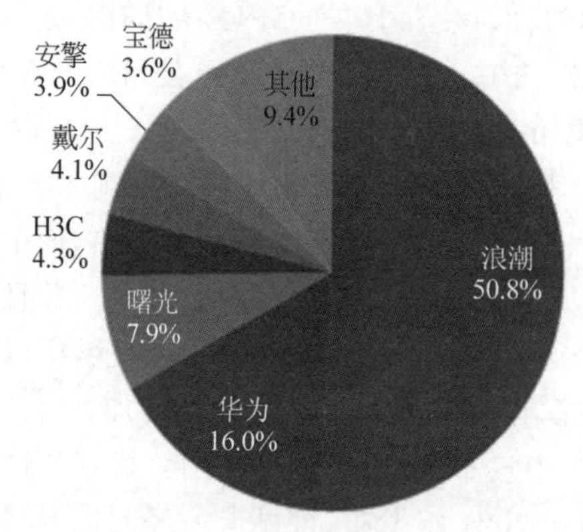

图3-19 2019年中国GPU服务器厂商销售额占比

浪潮推出GPU服务器在市场上广受好评,在2019年服务器市场持续走低的情况下,浪潮持续领涨势头。2019年,浪潮销售额和出货量增速分别为18%及11%,均实现了两位数的快速增长,这归功于公司不断增加的研发投入。一家优秀的研发公司对研发经费的投入非常重要,只有重视研发,掌握核心科技,才能凭借过硬的技术立足市场,这也是浪潮能立足世界服务器领域的一个重要原因。

1. NF5488A5

NF5488A5服务器如图3-20所示,是浪潮信息全新发布的五款支持NVIDIA A100 GPU的AI服务器中的其中一款,该服务器取得了巨大的成绩。在全球首个AI测试标准Mlperf的测试下,性能排行全球第一。NF5488A5提供非常强大的单机训练性能和超高的数据吞吐,对于众多AI应用具有非常好的应用。其具备非常多的优点,如极致的AI训练性能,最高可提供5 petaFlops AI算力[44],而且其具备非常极致的通信速率,对比上一代的带宽翻倍,可极大降低数据延迟,是一个巨大的飞跃。并且其具备非常优秀的硬件设计,在4U空间中,模块化设计,适用于更加广泛的数据中心环境,可以在极大程

图3-20 NF5488A5服务器

度上降低部署成本，提高运行的效率。最后，其适用面非常广，可适用于图像视频、语音识别、金融分析、智能客服等 AI 应用，帮助用户开发不同的应用，加速创新开发的速度。NF5488A5 服务器技术规格见表 3-8。

表 3-8 NF5488A5 服务器技术规格

参 数	具体数值
处理器类型	2 颗 AMD® EPYC 7742 处理器，TDP 225W
内存类型	最大支持 32 条 DDR4 内存，速率最高支持 3200MT/s RDIMM，最大支持 4TB 容量
USB 接口	前置 2 个 USB 3.0 接口，后置 1 个 SUV 串口(包含 2 个 USB 2.0 接口)
VGA 接口	1 个前置 VGA 接口、1 个 SUV 串口(包含 1 个 VGA 接口)
网络	前后各 1 个 RJ45 IPMI 管理口，可支持板载 10G 光口以太网卡
PCIe 卡	支持 4 个 PCIe 4.0 x16 卡
管理	板载 Aspeed 2500 BMC 管理模块，支持 IPMI、SOL、KVM Over IP、虚拟媒体等管理特性
硬盘	最大支持 8 个 2.5 寸普通硬盘(或者 4 * NVMe+4 个普通硬盘)，支持 4 * NVMe M.2，同时主板支持 2 * SATA M.2
SAS/RAID 卡支持	支持 3508 RAID 卡
GPU	1 * HGX A100 8-GPU
CRPS 电源	3+1 冗余，3000W_80Plus 铂金 PSU
热插拔风扇	N+1 热插拔冗余风扇
操作系统	Red Hat Enterprise 7.8 64bit；Ubuntu 18.04；CentOS 7.8
外箱尺寸	W(宽)448mm；H(高)175.5mm；D(深)850mm
重量	净重 62kg(毛重：95kg)
环境参数	工作温度：10～35℃ 贮存温度：-40～60℃ 工作湿度：20%～80% R.H. 贮存湿度：20%～93% R.H.

对于该服务器来说，下面介绍一下技术规格中比较重要的参数，见表 3-8。首先可以看到，其使用的是具备高性能的处理器 AMD® EPYC 7742，其内存的容量非常大，最大支持 4TB 的容量。4TB 的容量非常大，可以装下海量的内容。而服务器可支持前沿版本的 Linux 系统，如 Ubuntu 18.04；CentOS 7.8 则可以帮助我们很好地入手服务器进行操作，使用最新的操作命令和最方便的操作指令。从环境参数中可以看出，其工作环境的温度和湿度范围很广泛，能适应非常恶劣的环境工作而不出问题，不用担心因为环境的变化导致服务器死机，影响业务的发展。

2. NF5488M5-D

浪潮人工智能服务器 NF5488M5-D 如图 3-21 所示，在服务器里集成了 8 颗 GPU[45]，这

8 颗 GPU 为第三代 NVLink 全互联的 NVIDIA A100 GPU，搭载两颗主流通用的第二代英特尔至强可拓展处理器，可以提供领先的 AI 计算技术和一个成熟的生态支持，适用于多种 AI 应用，例如最新型的智能客服、金融分析智慧城市等。其技术规格见表 3-9。它具有强大的功能，首先是强劲的计算机性能，可以提供 300 倍于通用双路服务器的浮点算力，适用于更大、更复杂的一些训练场景，能训练出更加优秀的模型。其次，其具有极致的硬件设计，可以帮助 AI 用户高效完成所需的任务，例如一些 AI 基础设施的搭建和开发环境的构建，使得开发者在享受上面所提到的高计算机性能的同时，降低部署和运行成本。然后，该服务器还具有成熟的生态支持，基于 NVIDIA CUDA 的应用生态，无缝地移植了 Delta 系统，让我们可以基于 Intel 平台进行开发，对于这些成熟平台来说，其已经部署了所有所需的程序和支持，所以可以大大减少和避免业务的移植成本，帮助用户满足快捷部署的需求。最后，其可以使得我们开发更具挑战性的 AI 应用，适用于智能客服、金融分析、智慧城市、自然语音处理等一些 AI 应用，加速应用的创新。

图 3-21　NF5488M5-D 服务器

表 3-9　NF5488M5-D 服务器技术规格

参　　数	具体数值
产品型号	NF5488M5-D
处理器类型	2 颗第二代英特尔®至强®可扩展处理器，TDP 205W
内存类型	最大支持 24 条 DDR4 内存，速率最高为 2933MT/s RDIMM，最大支持 3TB 容量
USB 接口	前置 2 个 USB 3.0 接口，后置 1 个 SUV 串口(包含 2 个 USB 2.0 接口)
VGA 接口	1 个前置 VGA 接口、1 个 SUV 串口(包含 1 个 VGA 接口)
网络	前后各 1 个 RJ45 IPMI 管理口，可支持板载 10G 光口以太网卡
PCIe 卡	支持 4 个 PCIe 4.0 x16 卡
管理	板载 Aspeed 2500 BMC 管理模块，支持 IPMI、SOL、KVM Over IP、虚拟媒体等管理特性
硬盘	最大支持 8 个 2.5 寸普通硬盘(或者 4 * NVMe+4 个普通硬盘)，支持 4 * NVMe M.2，同时主板支持 2 * SATA M.2
SAS/RAID 卡支持	支持 3108 RAID 卡

续表

参　数	具体数值
GPU	1 * HGX A100 8-GPU
CRPS 电源	3+1 冗余，3000W_80Plus 铂金 PSU
热插拔风扇	N+1 热插拔冗余风扇
操作系统	Red Hat Enterprise 7.6 64bit；Ubuntu 16.04；CentOS 7.6
外箱尺寸	W(宽)448mm；H(高)175.5mm；D(深)850mm
质量	净重 62kg(毛重：95kg)
环境参数	工作温度：10～35℃ 贮存温度：－40～60℃

3.7.4 中船重工

中国船舶集团有限公司是按照党中央决策，经国务院批准，于 2019 年 10 月 14 日由原中国船舶工业集团有限公司与原中国船舶重工集团有限公司联合重组成立的特大型国有重要骨干企业，简称中船重工。其拥有强大的开发研究能力，共有科研院所、企业单位和上市公司 113 家，资产总额 8400 亿元，员工 34.7 万人[46]。

中船重工的两个研究所各自研制开发了国产 GPU。其中第一个所是中船重工 709 所，创建于 1965 年，其研制的 GP101 GPU 在 2018 年流片成功，使得国产 GPU 在漫长的发展进程上又迈进了关键的一步。另一个所是中船重工 716 所，其创建于 1965 年 5 月，是中船重工所属的一个以军为本，集科研、生产、经营于一体的大型企业集团，主要业务有电子信息和智能装备，建有良好的经营管理体系、科技创新体系以及人才培养体系，总部位于连云港。其研制的 JARIG12 芯片于 2018 年 7 月在“2018 年自主可控计算机大会”亮相，并且获得了多家公司以及单位(如中电集团、国防科技大学)的试用和需求意向。

1. 凌久 GP101

凌久 GP101 GPU 如图 3-22 所示，是中船重工 709 所研制、具备完全知识产权的图形处理器芯片。2018 年 2 月，凌久 GP101 GPU 流片成功，这一成功标志着我国自主研发 GPU 芯片的技术逐渐成熟。这也为后续 GPU 的研制和开发以及国产化应用、构建国产生态平台奠定了坚实的基础。

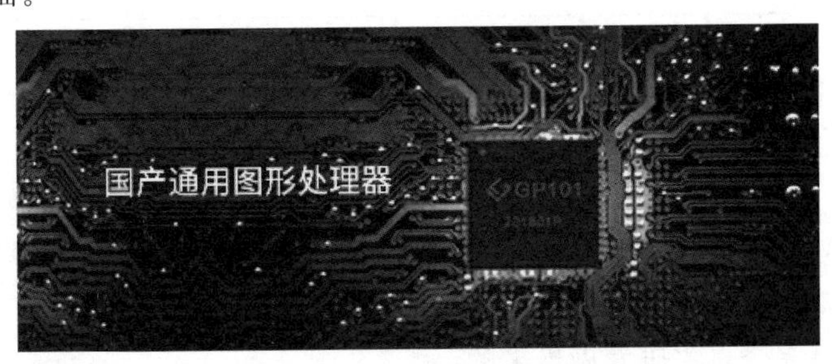

图 3-22 凌久 GP101 GPU

凌久 GP101 GPU 支持 2D/3D 图形加速、二维矢量图形加速、4K 分辨率、视频解码和硬件图层处理等功能。其研发成功具有非常大的意义，它实现了我国通用 3D 显卡零的突破，可以有效保障我国信息安全以及供货能力。一方面可以应用于军事领域，保障我国军事安全；另一方面可以应用于民用领域，构建我国自主的国产计算生态平台。凌久 GP101 GPU 不仅可以有效支持 Linux、Windows 等国外操作系统，也支持中标麒麟等国产操作系统，并且还可以支持龙芯、飞腾等国产 CPU，进一步保障和促进了国产计算生态平台的建立。

从表 3-10 可以看出，该芯片对标景嘉微 JM5400 芯片，在核心频率上 600MHz 与 JM5400 芯片的 550MHz 相近，工作温度、存储容量等参数也与其相同，两种芯片各方面都非常相近。不过，对于 GP101 芯片来说，它不仅具备一系列 2D 特性（如色彩扩展、硬件窗口旋转、窗口平滑滚动、窗口裁剪、像素屏蔽、硬件光标等），还实现了一些 3D 特性，实现了我国通用 3D 显卡零的突破，它支持 OpenGL ES 2.0、OpenGL 2.0，其像素填充率和纹理填充率均为 2.4G Pixel/s[47]。其可以广泛应用于军民两用电子设备、工业控制、电子信息等领域。

表 3-10 GP101 产品特性

参 数	具体数值
产品型号	GP101
兼容标准	兼容 IBM VGA 标准、VESA 标准
色彩模式	支持 8 位色、16 位色、24 位色、32 位色多种色彩模式
操作系统支持	支持 VxWorks、Linux、Windows 等通用操作系统
CPU 支持	支持龙芯、飞腾、申威等国产处理器
核心频率	核心频率 600MHz
总线标准	PCIe 2.0 x4 总线
显存标准	1GB 64-bit DDRIII 显存，1333Mb/s
接口输出	VGA/DVI/HDMI/数字显示接口输出
显示输出	支持双屏 4K(3840×2160 像素)分辨率显示输出
图形加速	支持 2D/3D 图形加速； 支持二维矢量图形加速，OpenVG 1.1 标准
视频解码	支持 H.264 等格式视频解码
芯片功耗与环境参数	芯片功耗<7W，工作温度范围−55～125℃

2. JARI G12

JARI G12 是中船重工 716 所自主研制的 GPU，其架构示意图如图 3-23 所示。它于 2018 年 7 月在“2018 年自主可控计算机大会”亮相，获得了众多的关注。据官方报道，JARI G12 是目前性能最强的国产通用图形处理器。相较于其他自主研发的 GPU 支持的标准，这款 GPU 支持的标准较新，就各自产品参数来说，该 GPU 非常强悍，甚至有媒体评论“该 GPU 看起来不像是完全自主研发做出来的”。

中船重工在其发布的报道中披露了该产品的参数。首先，该处理器采用混合渲染的架

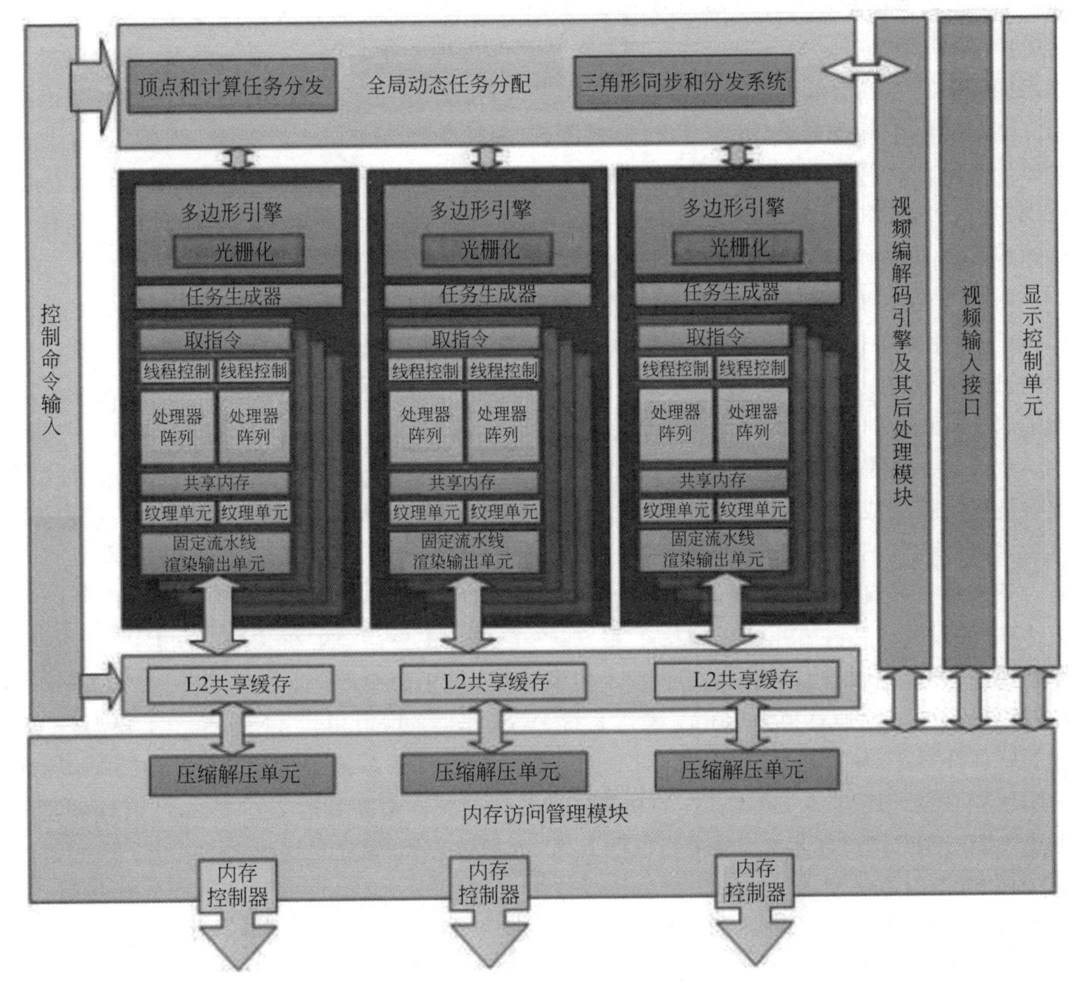

图 3-23　JARI G12 架构示意图

构，兼顾了资料频宽和渲染延时需求，极大地增强了晶片的灵活性和适应性；提供 PCIe 3.0 汇流排，支援 x86 处理器和龙芯、飞腾等国产 CPU；支援 4 路数位通道和 1 路 VGA 输出，单路数位通道最大输出解析度为 3840×2160@60f/s，支援扩展、复制显示和“扩展＋复制”显示模式；内建视频编解码硬核，支援 2 路 3840×2160 像素解析度视频的编解码功能；支援 OpenGL 4.5 和 OpenGL ES 3.0，满足高性能 3D 加速和 VR 显示需求；支援 OpenGL 2.0，满足平行计算和云计算的使用需求[48]；集成张量加速计算硬核，支援 AI 计算加速。对于主流的操作系统（如 Windows、Linux 等），其可以很好地支持。与此同时，它还支持中标麒麟、JARI-Works 等国内国产操作系统，具备一个完整的国产生态环境体系。根据披露的信息可以判断，该 GPU 支持 PCIe 3.0，支持 DP、HDMI、DVI 输出，支持 2 路 4K 视频编解码，支持 AI 运算。从披露的参数可以看出，该芯片的技术以及规格比景嘉微的 JM7200 系列更先进。

3.7.5　西邮微电

在上述介绍的公司中，景嘉微、兆芯以及中船重工属于自主研发系。自主系的内涵是企业从 GPU 的架构和算法等底层领域出发，采取一些自主研发的方法进行开发，对自主开发的 GPU 有能力进行更新和迭代。而西邮微电属于另外一个 GPU 公司的类型，通常称之为学术课题系。西邮微电是学术系最经典的代表。其公司成立前身就具有非常浓厚的学术色彩。西邮微电子科技有限公司简称西邮微电，其脱胎于西安邮电大学 GPU 团队，具有非常浓厚的学术范围。其团队领导为李涛教授，2009 年其从美国返回受聘于西安邮电大学工作，是陕西省百人计划特聘专家，现任西安邮电大学陕西省通信专用集成电路设计工程技术研究中心总工程师。

西邮微电公司成立于 2016 年 2 月，其位于西安邮电大学。公司经营项目为集成电路芯片，电子专用设备，光电机一体化设备的研发、制造、销售；集成电路芯片及系统应用软件的开发、设计、销售及技术服务等。其研发的萤火虫 1 号 GPU 是一个嵌入式 GPU，该项目填补了国内空白，总体技术达到国内领先水平。

萤火虫 1 号是西邮微电前身西安邮电大学自主研发的 GPU，其在 2015 年通过了陕西省科技厅主持的成果鉴定。该委员会对其表现进行称赞，表示其有力填补了国内的空白，总体技术已经达到国内的领先水平[49]。

萤火虫 1 号自主设计并实现了染色器指令系统和图元装配器、背面消隐器等多种硬件加速单元；设计了一种专用命令解析单元，加快了 OpenGL 命令解析速度；提出了一种命令环和反馈环双环新结构，显著提高了命令传输速度，易于命令跟踪；开发了完整的 OpenGL 1.3 软件库，并成功地移植到 Linux 操作系统、VxWorks 和 Windows 操作系统上；建立了完整的软件开发平台。萤火虫 1 号 GPU 通过了 400 多个图形程序的测试验证，支持国际标准的图形程序设计接口 OpenGL 1.3 的功能。芯片运行频率最高可达 250MHz，峰值计算速度可达 2.5～3GFlops。萤火虫 1 号主要包括 Ieon3 开源处理器、独立自主研发的 GPU Firefly，其 3D 图形渲染引擎采用传统的图形渲染管线技术，包含 14 个渲染核以及若干硬件加速器，芯片运行频率最高可达 250MHz，峰值计算速度可达 2.5～3GFlops，其总体技术达到国内领先水平。该芯片研发成功对于我国具有非常重大的意义，特别在我国信息安全方面具有非常大的贡献。

而且，该实验团队还设计完成了萤火虫 2 号的原型样片，并将对萤火虫 2 号进行多方面的改进，采用先进的工艺，研发新一代 GPU 萤火虫 3 号，这将推动我国国产 GPU 进一步发展，并进一步缩小与国际先进 GPU 的差距。

第4章 存储器

4.1 存储器的定义

存储器是计算机的重要组成部分,其属于硬件范畴,主要功能是存储计算机中的执行程序和交互信息[50]。存储器和I/O设备(输入设备和输出设备)、运算器、控制器的关系如图4-1所示。

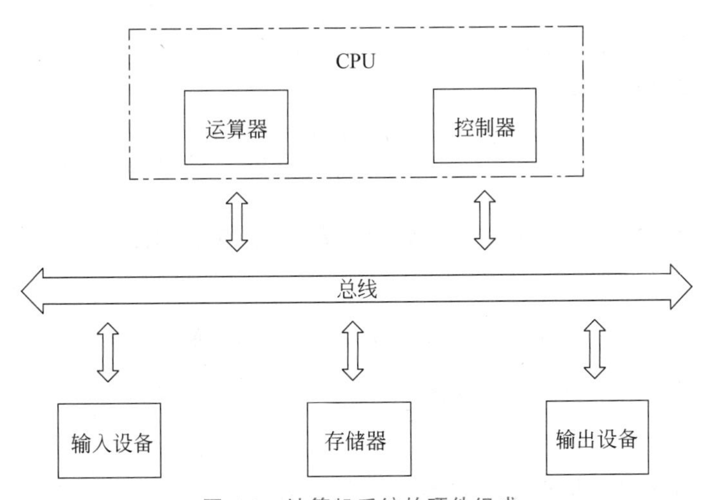

图4-1 计算机系统的硬件组成

如图4-1所示,用户通过输入设备输入原始数据,中央处理器(控制器、运算器)对原始数据进行处理,并和存储器不断地进行数据交换,直到运算结束,最后输出设备读取存储器中的数据,并将数据转化为信息反馈给用户。

存储器的主要作用是存储该类用户指令、数据和信息[51]。程序执行时,执行过程中生成的中间数据、结果数据在存储器中均有记录,为用户的使用提供了便利。

4.2 存储器的技术指标

在计算机中,存储器通常具备5项技术指标。

1. 容量

存储器的容量表示计算机系统可以存储的信息数据的字节数量和比特数量。存储器容量大,则表明该计算机系统能够存储更多的数据信息,其数学表达式如式(4-1)。

$$容量 = 存储单元数 \times 单元比特数 \tag{4-1}$$

2. 存取速率

存储器的存取速率则表明在该计算机系统的运行过程中,CPU和存储器之间交换数据信息的速度,其主要有3项参数指标。

1) 访问时间 t

访问时间表示从存储器收到读(写)指令到数据信息被读(写)完成所花费的时间开销。其主要受存储介质的物理性质和寻址部件的结构影响。

2) 存储周期 T

存储周期表示在连续读写过程中,存储器完成一次完整的存取操作所花费的时间(CPU连续两次访问存储器的最小时间间隔)。

3) 频宽 B

频宽也称作数据传送速率,表示单位时间内存储器传送的信息量。若总线带宽为 W,则频宽的计算公式如式(4-2)。

$$B = W/T(\mathrm{b/s}) \tag{4-2}$$

3. 体积

体积表示存储器的占位大小。一般地,体积越小,存储器越优。

4. 功耗

功耗,指存储器在输入过程中的功率消耗和在输出过程中功率消耗的差额。功耗是存储器的重要指标之一,功耗越小,存储器在使用过程中消耗的功耗越小。

5. 可靠性

存储器的可靠性主要依据是计算机的平均故障时间,即相邻两次故障间的平均间隔时间。

6. 其他

对于可以重新写入的存储器而言,存储器可被擦除和重新写入的次数也是重要的指标,如EPROM重写次数在几千甚至几十万次之间。非易失性存储器的数据留存时间也是另一个重要指标,一般在20～100年,甚至时限更长。

4.3　存储器的基本组成结构

基本存储器(半导体存储器)的结构主要是半导体,一般由 4 个部件构成,分别是存储矩阵、地址译码器、控制逻辑电路和输入输出电路[51],其结构如图 4-2 所示。

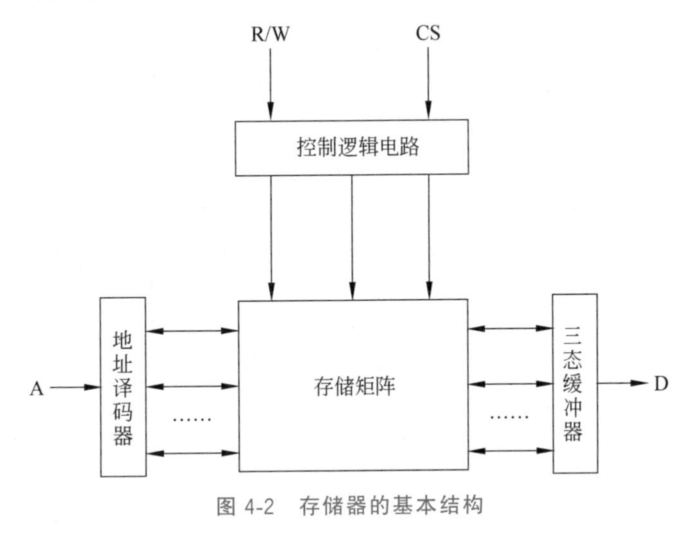

图 4-2　存储器的基本结构

1. 存储单元

存储器是可以存放二进制的物理设备,元单元是存储器的基本存储单元,每个元单元一般存储 0 或 1,但是,不同类型的存储器其存储单元不同。在计算机中,把每个存储信息的最小单位定义为存储单元,1 个字节包含了 8 位基本的存储单元。

2. 存储矩阵

存储器中的存储单元被配置成一定的阵列进行编址,主要由 1 个或者多个基本存储单元组成。

3. 地址译码器

地址译码器的作用是:在收到某个地址信号后,产生对应的地址译码信号,然后在存储矩阵中找到其对应的存储单元。基本的存储电路编址方法有两种:第一,单译码;第二,双译码。

1) 单译码

单译码主要针对存储较小容量的字结构。它只用一个地址译码器对所有地址信息进行译码,存储器中的存储单元呈线性排列,一根地址译码输出选择线对应一个存储单元。

2) 双译码

双译码方式是将地址线按照行线和列线的方式进行译码,适用于大容量的存储器。如果单译码需要用 1024 根译码作为输出线,那么双译码仅用 32 根输出线就可以译码。其原理为:若行译码选择行为 n,列译码选择列为 m,则表示选中第 n 行、第 m 列存储单元。

4. 控制逻辑电路

控制逻辑电路接收的片选信号是来自 CPU 的读写控制信号，形成芯片内部控制信号，控制数据的读出和写入。存储器芯片的片选信号一般用 CS 表示，只有当片选信号有效时，才能对存储器进行读或写操作。

5. 输入输出电路

输入输出电路在存储器和芯片之间发挥了桥梁作用。顾名思义，数据是通过该电路完成传输的，外部电路和存储器之间的信息交换，也是依托输入、输出电路。半导体存储器的输入输出电路多为三态数据缓冲器结构，便于各芯片的输入和输出端能便利地对接三态数据总线。当进行写操作时，数据从存储器中相应的存储单元经三态双向缓冲器传至系统总线。当进行写操作时，数据从系统总线经三台双向缓冲器传至存储器中相应的存储单元。不同性质的半导体存储器芯片其外围电路部分也各不相同。ROM 芯片在正常工作状态下只有输出控制逻辑等。

4.4 存储器的分类

4.4.1 按存储介质分类

存储器可以依据多种方式进行分类，当按照不同存储介质的性质进行分类时，可以分为半导体存储器、磁介质存储器、光介质存储器等。

4.4.2 按存储方式分类

1. 随机存储器

保存在存储介质上的信息可以随机存取，与物理位置无关。

2. 顺序存储器

保存在存储介质上的信息，在存储过程中体现了一定的顺序特点，影响该顺序的因素可能是信息存入存储器的时间等。

4.4.3 按读写功能分类

1. 随机存储器

随机存储器(random access memory，RAM)不仅具有写入数据的功能，而且具有读出数据的功能。根据 RAM 不同的组成元件，半导体 RAM 可以分为 16 种。

1) 动态随机存取存储器

动态随机存取存储器(dynamic random access memory，DRAM)是半导体存储器的一种，它通过电容存储的电荷数量表示 1 个比特的“1”和“0”。在实际使用中，电容存在一定程度的漏电，无法正确地对数据进行判断，最后导致数据信息损失。因此，DRAM 需要阶段性地进行充电，这种定时刷新的特性导致该存储器的动态性。

2) 静态随机存取存储器

静态随机存取存储器(static RAM，SRAM)中每一个位存储单元由 6 个电子管组成，其不包含电容器。对比 DRAM，存储在 SRAM 中的数据信息无须进行阶段性充电，数据可以较长时间存储在存储器中。SRAM 具有速度较快和存储稳定等特点，常被用作高速缓存。

3）视频内存

视频内存（video RAM，VRAM）为了降低显示芯片的负荷，其将视频数据输出至数模转换器。VRAM 具有两个数据口，分别是并行式的数据输入口和串行式的数据输出口。该类存储器一般用于高级显卡中。

4）快速页切换模式动态随机存取存储器

快速页切换模式动态随机存取存储器（fast page mode DRAM，FPM DRAM）在 DRAM 的基础之上增加了快速页切换模式。DRAM 在存取数据（1 个 bit）时，需要分别读行地址和列地址，如果 CPU 需要的地址在同一行内，则需要多次读取行地址，这导致 DRAM 在读取过程中大大增加了时间开销。FRM DRAM 则可以有效避免该缺点，对于读取同一行地址，FRM DRAM 可以连续输出多个列地址。在内存中，数据信息一般按列位置序列连续存储，采用 FRM DRAM 则可以大大减少时间开销。其实现原理是 FRM DRAM，它将内存中的数据按照“页”进行分割和隔离，数据分割和隔离的大小不定，当需要读取连续存储的数据时，快速页切换模式就会按“页”对数据信息进行读取。

5）延伸数据输出动态随机存取存储器

延伸数据输出动态随机存取存储器（extended data out DRAM，EDO DRAM）在存取数据的过程中，不像 FPM DRAM 在输出行地址和列地址之后需要一段时间的稳定期并且需要待上一段数据读写完成后才能读取数据。EDO DRAM 能够有效缩短等待输出地址的时间，其存取速度一般比 FDO DRAM 快近 15%。

6）爆发式延伸数据输出动态随机存取存储器

在 EDO DRAM 的基础上增加爆发功能，就可以获得爆发式延伸数据输出动态随机存取存储器（burst extended data out DRAM，BEDO DRAM），其采用地址计数器记录下一个地址。在数据传输的过程中，每当一个数据地址被送出，读取剩下数据（1bit）的时间仅为一个周期，因此单次就可以实现多组数据的存取。

7）多插槽动态随机存取存储器

多插槽动态随机存取存储器（multi-bank，DRAM）主要由多个小单位矩阵构成，每个存储库之间相互连接，并且以快于外部的数据信息读写速度交换信息，一般应用于高速显示卡或加速卡中。

8）窗口随机存取存储器

窗口随机存取存储器（window RAM，WRAM）的控制线路有一二十组输入/输出控制器，并采用 EDO 的资料存取模式，因此速度相对较快，另外还提供了区块搬移功能，可应用于专业绘图工作。

9）高频动态随机存取存储器

高频动态随机存取存储器（rambus DRAM，RDRAM）采用串行数据传输模式，数据存储位宽是 16 位，在频率方面可以达到 400MHz 以上。

10）同步动态随机存取存储器

同步动态随机存取存储器（synchronous DRAM，SDRAM）是一种内存模式，其特点是能够与外频“时钟”实现同步，一般是具有工作电压 3.3V 的 168Pin 内存模组。“时钟”同步是指内存在存取信息的过程中能够实现和 CPU 的同步。其优点是没有等待周期，为此数据的传输延迟也相应地减少，从而进一步提升了计算机的性能和效率。

11）同步绘图随机存取存储器

对信息的读取和修改，同步绘图随机存取存储器（synchronous graphics RAM，SGRAM）是以每区块 32bit 为基本单位的区块进行的，只涉及相应的区块，这样可以有效地减少内存的读写。此外，它还增加了绘图控制器，并且提供以区块为单位的迁移。

12）同步爆发式静态随机存取存储器

随着硬件设备的不断发展，CPU 的发展速度也在不断提升，同步爆发式静态随机存取存储器（synchronous burst SRAM，SB SRAM）随之诞生。SB SRAM 对 SRAM 进行了优化，改进了非同步的特点，实现了工作时脉与系统的同步。

13）管线爆发式静态随机存取存储器

管线爆发式静态随机存取存储器（pipeline burst SRAM，PB SRAM）主要是为了匹配 CPU 外频速度的不断提升，其可以有效地延长存取时脉，从而有效提高访问速度。

14）二倍速率同步动态随机存取存储器

二倍速率同步动态随机存取存储器（double data rate SDRAM，DDR SDRAM）的特点主要体现在两方面，首先是速率的提升，相较 SDRAM，其速率提升了 1 倍；其次是增加了延时锁定回路，提供数据滤波信号。

15）同步链环动态随机存取存储器

同步链环动态随机存取存储器（synchronize link DRAM，SLDRAM）提供多个独立的内存库，以小规模的管道式突发读取，在金属引脚较少和电压较低的环境中，提供相比 SDRAM 而言更宽的数据宽度。SLDRAM 实现了对 SDRAM 的有限扩展，新增了更加先进的同步电路，同时有效改进了逻辑控制电路。

16）同步缓存动态随机存取存储器

同步缓存动态随机存取存储器（CACHED DRAM，CDRAM）添加了缓存机制，其实现方式是在 DRAM 芯片的外部和内部之间插入二级缓存。二级缓存的优点是对 CPU 的一级缓存进行有效的补充，使得 CPU 的效率得到提升。

2. 只读存储器

只读存储器（read only memory，ROM）顾名思义，只能随机读取其内容，而不能写入。该存储器断电后信息不会丢失，常用来存放固定信息（如 BIOS）。ROM 有以下 5 种类型。

1）掩膜工艺 ROM

掩膜工艺 ROM（mask ROM，MROM）是生产厂家根据客户需求，在元件生产过程中采用掩膜板一次性直接写入。一旦生产出成品，MROM 中的信息即可被读出使用，但不能改，一般用于批量生产，成本比较低。

2）一次性编程 ROM

一次性编程 ROM（programmable ROM，PROM ）是用熔丝制造的，用户通过烧断熔丝实现存储器存储元件之间的互联，从而写入信息。一旦写入之后，信息就会永久地固定下来，只可读出，不可改变其内容。

3）紫外线擦除可改写 ROM

紫外线擦除可改写 ROM（erasable programmable ROM，EPROM）的内容可由用户写入，也允许用户反复擦除重新写入。由于太阳光含紫外线，当程序写好后，要使用昂贵的带有石英窗口的陶瓷封装，避免阳光射入破坏程序。而且在擦除过程中不能选择性地擦除存储字单元，如果用户需要改程序，必须擦除整个存储阵列。

4）电擦除可改写 ROM

电擦除可改写 ROM（electrically erasable ROM，EEROM）是一种在线可擦除可编程 ROM，其热载流子通过隧穿实现写的过程，然后基于热电子的量子力学隧穿效应实现擦除。EERPM 兼有 RAM 和 ROM 的双重功能特点，使用灵活、便捷。

5）快闪 ROM

集成了热载流子编程和隧穿擦除的快闪 ROM（flash ROM），具有读写速度非常快的特点。该芯片的另一特点是，可改写次数达百万次，广泛应用于办公设备、通信设施、医疗器械、家用电器等领域。

4.4.4　按作用分类

1. 主存储器

主存储器（main memory）的主要作用之一是存储用户操作的指令和数据，指令和数据的存储和读取是通过处理器调用主存储器实现的，该类存储器在信息的存放过程中，是按照地址进行存放的，存取的速度与地址无关。

2. 寄存器

可以存储的触发器是寄存器的组成成分，存储二进制代码是其主要功能。存储 1 位二进制代码只需要一个触发器。

根据功能实现，可以将寄存器分为基本寄存器和移位寄存器。基本寄存器的作用是实现对数据的并行输入、输出；移位寄存器较基本寄存器而言，其不仅能够实现并行的输入和输出，还可以实现串行的输入和输出，实现过程为：通过在移位脉冲下依次逐位右移或左移，从而实现数据的存储。

3. 辅助存储器

辅助存储器也称为外存储器。外存储器具有较大容量，一般存储使用不频繁的数据信息，对比主存而言，外存的读取速度比较慢。外存一般存储需要长期保存的信息，和内存之间的信息交换比较频繁。

4.5　存储器的发展史

1. 打孔卡和打孔纸带

1725 年，打孔卡的实现原理为通过打孔的形状存储图形。

1846 年，在电报发送中应用打孔纸带。

1890 年，出现了打孔制表机，这标志着数据处理系统进入了半自动时代。

1896 年，IBM 的前身 Herman Hollerith 成立制表机公司。

2. 磁带

1928 年，Fritz Pfleumer 发明了录音磁带。该发明标志着数据处理系统进入了磁性存储时代，实现了对模拟信号的存储。其原理是：伴随着音频电流的变化，磁力线也会产生对应的变化，这样就能把声音记录在磁带上。

3. 磁鼓内存

1932 年，Gustav Tauschek 发明了磁鼓存储器。它是外表有铁磁的金属圆柱体金属器，可以用作记录。以前，磁鼓内存是计算机的主要存储器之一。

4. 电子数字计算机

1937 年，John Vincent Atanasoff 和其学生发明了电子数字计算机，并于 1942 年测试成功，这是世界上第一台电子数字计算机，也是第一台使用二进制数字表示所有数字和数据的计算机。电子数字计算机使用 IBM 80 列穿孔卡作为输入和输出，使用真空管处理二进制格式的数据，数据的存储则使用再生电容磁鼓存储器。

5. Selectron 管

1946 年，静电记忆管诞生。

1947 年，Freddie Williams 和 Tom Kilburn 发明了威廉姆斯-基尔伯恩管（Williams-Kilburn tube）。早期，它在 IBM 的第一台商用科学计算机中被应用，做内存使用了 72 个该管。

6. 延迟线存储器

1947 年，J.Presper Eckert 发明了延迟线存储器。延迟线存储器的特点是能够实现重刷新，该类存储器在存储过程中是按顺序存取的。

7. 磁芯存储器

1947 年，Frederick Viehe 发明了磁芯存储器。

1948 年，王安发明了脉冲传输控制装置，于 1949 年申请了专利，并卖给了 IBM 公司。

8. 磁带

1951 年，磁带第一次以存储器的方式被用在计算机中，用作 UNIVAC 的 I/O 设备。

9. 只读式光盘存储器

1965 年，美国物理学家 Russell 发明了第一个数字-光学记录和回放系统。1982 年，索尼和飞利浦公司发布了世界上第一部商用 CD 音频播放器 CDP-101，光盘开始普及。

10. DRAM

1966 年，IBM 公司 Thoma J.Watson 研究中心的 Robert H.Dennard 发明了 DRAM，并于 1968 年申请了专利。

1969 年，Advanced Memory System 公司生产了第一款 DRAM 芯片。

1970 年，Intel 公司推出 Intel 1103，这是第一个商用 DRAM 芯片。

至今，DRAM 仍是最常用的随机存取器，作为个人计算机和工作站中的内存。DRAM

内存能够问世,主要基于半导体晶体管和集成电路技术。

11. 软盘

1968 年,IBM 公司的 Alan Shugart 领导的小组开发了只读的 8 英寸软盘。1972 年,Alan Shugart 帮助 Memorex 公司推出了第一款可读写的软盘 Memorex 650。

1976 年,5.25 英寸软盘问世。1980 年,索尼开发了 3.5 英寸软盘,并成为市场标准。从 1971 年后的 3 年内,软盘一直用于存储和交换数据。

12. 闪存

1980 年,闪存问世。并于 1981 年取得了 EEPROM 专利。Intel 把闪存带向全世界。

13. 数字音频磁带 DAT

1987 年,索尼公司推出第一款 DAT 磁带,该技术以螺旋扫描记录为基础,实现了数据的数字化存储。

14. 数字多用途光盘 DVD

1995 年,IBM 公司牵头将高容量光盘标准统一合成 DVD。

15. USB

1989 年,发明了闪存驱动器,它也是如今广为流传的 USB。

16. SD 卡

1999 年,松下、东芝、SanDisk 发明了 SD 卡。SD 卡现在已被广泛应用在电子数码、计算机等领域。

4.6 国产存储器

4.6.1 同有科技

同有科技是通用存储器的专业厂商,在数据存储基础架构研究领域具有一定领先性[53]。其研究内容涉及闪存存储、数据存储和容灾等,目前已形成包括混合闪存、全闪存等传统存储,软件定义的分布式存储和行业应用定制存储的产品体系。

1. 闪存

1) NetStor NCS7000G2F

随着技术的发展和产业的成熟,当今的闪存圈生态体系越来越完善,同时闪存制作工艺也越来越先进。这些良好的促进因素促使闪存介质的价格不再高不可攀,转而成为高性能业务场景需求下的新宠。在当今市场中,终端用户对闪存的认可和接受程度越来越高,需求也越来越旺盛。基于以上背景,该公司发明并推出了新一代全闪存系统(见图 4-3)——NetStor 系列,该系列产品具有较高的性价比。

(1) 安全稳定。为了延长介质的使用寿命,该产品主要基于磨损均衡算法,其数据安全存储周期至少 10 年。同时,NetStor NCS7000G2F 还具有介质寿命报警功能,能够较好地确保数据安全。

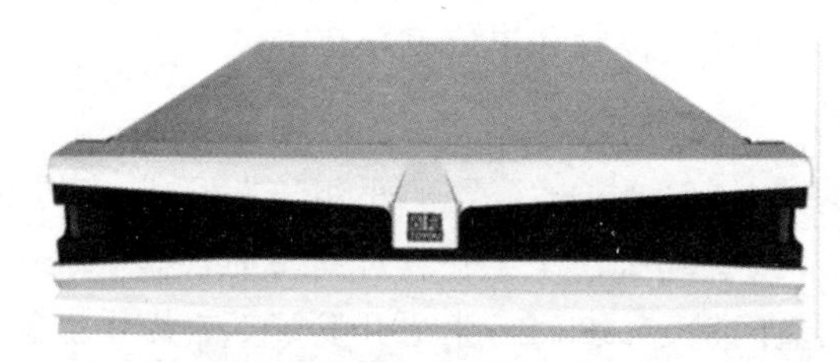

图 4-3 NetStor NCS7000G2F

(2) 性能优良。采用闪存专用硬件架构,突破了传统磁盘阵列架构模式,有效降低了 IO 延时。内置专用数据传输处理电路,使用专用的控制处理芯片,有效缩减数据处理传输路径,大幅提升系统性能;采用增强型 RAID 算法——TRAID,轻松达到百万级的 IOPS(每秒的输入输出量)处理能力,同时将 IO 延时控制在 1ms 以下。

(3) 灵活方便。多种闪存介质都支持,多样化的闪存柜规格,维护无中断。

(4) 海量存储。Scale Out 模式横向扩展和 Scale Up 模式纵向扩展可以相互配合、同时使用。NCS7000G2F 具备横向扩展与纵向扩展能力,用户可以根据实际业务需求选择只扩展全闪存存储模块,或者同时扩展计算模块和全闪存存储模块。最大磁盘数量为 4032。

NCS7000G2F 全闪存存储系统适用于需要高 IOPS、低延迟、大容量的业务应用场景中,例如大型数据库的 OLTP 处理系统、银行的日常交易系统、金融机构的数据分析梳理系统、大型企业的 ERP 系统、游戏公司的后台数据存放处理系统等。基于其具有强竞争力的价格,NCS7000G2F 也可以用于替换传统业务中对于性能有一定诉求的应用场景,例如大型医院的 HIS 系统、VDI、数据分析、数字成像、在线网站等业务。

2) NetStor NCS9000 NVMe 全闪存储

同有科技 NetStor NCS9000 将 NVMe 技术的高速、高效特点融入其中,显著提升数据处理速度,提供功能丰富的企业级存储解决方案,通过全闪存或混合闪存解决方案处理海量数据,支持快速、灵活的云服务部署,还可交付一流的性能,以便企业从最新的 AI 和分析技术获取洞察力,帮助企业以经济高效的方式支持对其业务成功而言至关重要的工作负载和应用。

(1) 统一存储。NetStor NCS9000 具有多控集群架构,横向扩展多样化,能够实现从双控到十六控,通过多样控制,实现了资源的统一管理与调度。

(2) 多控集群。能够实现 2 到 16 控的扩展,实现多控集群架构。在 NetStor NCS9000 多控集群中,系统能够实现资源的统一管理与调度。

(3) 高可扩展、高性能存储。IOPS 可以达到 3600 万,最大带宽达到 360GB/s,响应时间小于 70μs 的极低延迟。单个 2U 机柜有效容量可达 4PB,甚至可扩展到 360PB。

(4) 数据在线硬件压缩、重复删除数据提升效率。可利用率具有较大的提升效果,并且保证了性能的优势。

(5) 数据自动分层。用户可以依托数据自动分层技术,实现高效使用,在性能、成本上均有较大改观。

(6) 企业级数据保护和系统可用性。可用性高达 99.99%、2 站点和 3 站点复制、存储双活、可用性配置跨站点高。

(7) 异构存储资源整合。NetStor NCS9000 具有 500 多种异构存储系统。数据经过虚拟化之后,会和内部数据一样管理。

(8) 在线数据迁移。NetStor NCS9000 提供在线数据迁移功能,有效地削减了迁移成本。

(9) 远程复制。通过远程复制功能,可以减少数据损失的成本。同步复制支持距离:300km;异步复制支持距离:8000km。远程复制可实现 3 个站点复制数据卷。

(10) 基于 AI 的存储可视性、洞察力与可控性。NetStor NCS9000 产品内嵌人工智能与机器学习引擎,通过主动式健康分析,实现智能的监控管理,降低风险并预测未来需求。

(11) 用户权限管理。NetStor NCS9000 能够为用户设置不同的权限,实现不同的管理需求,然后根据操作的权限,为不同的管理者加以不同的限制。

2. 自主可控

现阶段,从硬件到软件的自主研发、生产、升级、维护国内的存储系统还未实现全程可控,第一,存储介质研发成本高,可靠性、兼容性、寿命等性能较国外略落后。第二,国产芯片正在加速发展,但基于国产处理器与发展成熟的 x86 处理器的存储系统相比,还存在较大差距。第三,国内存储系统未标准化,存储生态的不完善导致存储系统中多个部件之间不能有机联系,性能与管理的矛盾难以解决。

1) ACS10000A

ACS10000A 是同有科技自主开发的全国产云存储系统,真正实现了硬件、软件层面完全的自主可控,处理器采用飞腾,操作系统采用银河麒麟,分布式存储软件是其自主研发的。ACS10000A 能够满足数据可靠性、安全性,也可以支持云端的存储需求,用户 IT 建设成本得以降低;智能化 SSD-HDD 分层调度算法是自主研发的,为用户提供良好的性能;多粒度故障域定义,全面保障用户数据安全。

(1) 全分布式架构及统一命名空间。同有 ACS10000A 存储采用全分布式架构,存储节点采用了飞腾 FT-1500A 架构,可以为若干节点提供并行服务,通过全分布式架构,进一步提高了可靠性、可用性和扩展性。

同有 ACS10000A 可以实现多个节点读写的并行操作,组网采用的是万兆以太网,实现了各种应用的高速率存储,以及提供了更多附加的存储功能。

(2) 全接口协议支持及广泛兼容。ACS10000A 具有全接口模式(NFS、CIFS、iSCSI),使用者按需分配存储空间,最大程度地节约成本。

(3) 便捷管理功能及无缝快速扩容。同有 ACS10000A 的管理界面清晰、简洁,能够从中醒目看到节点工作的工作状态、空间占比,以及性能情况,并且该产品具有扩容性,通过分布式切片以及负载均衡技术,充分利用硬盘和网络的性能。扩容对业务运行无影响。

(4) 多种数据冗余保护机制及自动故障探测。同有 ACS10000A 支持副本、纠删码 N+M 等多种数据保护机制,按照用户需求灵活配置保护策略,充分保护用户的数据安全。

ACS10000A 的核心技术基于同有科技的自主研发分布式文件系统,经过多代产品的开发,使得文件系统与飞腾硬件平台的成熟稳定性得到充分保证。ACS10000A 具备超强的数据读写能力和丰富的高级功能,可以满足党派、政府、军队及企业数据中心云化转型的数据业务需求。

2）ACS 5000

同有科技采用飞腾处理器后，主要发展的商用存储器就是该产品。该系列产品实现了在硬件、软件完全的自主可控，国产化全部的核心部件，同有还自主研发存储 I/O 堆栈和管理软件，支持 IP-SAN、FC-SAN、NAS。它专为用户的各种关键应用及高性能应用设计，可以说是国产服务器中首选的存储设备。该产品具有很好的交互性、良好的保密性，以及可靠的稳定性，在行业领域中能够保证性能卓越，存储安全。

(1) 全国产化，数据存储安全无忧。

硬件：自研系统硬件平台。

软件：自主研发，不断优化升级，运行稳定，管理便捷。

结构：标准的模块化设计，在不同形态的产品中实现关键模块共用；全冗余架构由双控制器、冗余电源模块、冗余散热模块组成；支持单独组件热插拔在线更换以及掉电保护技术，确保设备的高可用性。

(2) 功能强大，打造智能存储平台。

具备自动精简、Cache 加速、自动分层等多种存储设备的高级功能；支持双活应用部署。

拥有完善的数据快照及复制技术，保障数据的完整性。

硬盘故障容忍：单 RAID 硬盘组支持任意 3 块硬盘发生整盘永久性故障，数据不丢，业务不中断。

3）NetStor iSUM A1200

NetStor iSUM A1200 是同有科技研发的国产自主可控统一磁盘存储系统。该系列产品的关键部件全部采用国产设备，存储管理软件由同有自主研发，可同时支持 IP-SAN、FC-SAN、NAS 多种应用。它专为用户多种关键性应用而设计，是国产服务器首选的统一存储设备。该产品以良好的互操作性、保密性、卓越的稳定性，为军队、政府机关等提供效能卓越、安全可靠的存储服务。

(1) 全国产化。针对硬件方面，无论是 CPU、主板还是内存以及 I/O 设备，均是国内厂商。针对软件方面，存储软件自主研发，从同有 x86 平台移植而来，运行流畅，管理便捷；使用业界领先的 RAID 算法，进一步增强存储数据的可控性和安全性。

(2) 数据安全。A1200 文件系统将每一个数据块和元数据都放在不同物理位置，校验和算法的双重验证可以确保检测到错误并恢复，同时提供自我修复数据功能，保障数据安全。

(3) 统一存储。不论是存储区域网 IP-SAN/FC-SAN，还是单纯利用网络做文件共享与备份的网络附加存储 NAS，都能利用 iSUM A1200 实现高效存储。用户可以按需选择，构建理想网络存储结构，使用更加灵活，系统可用性更高。

(4) 操作便捷，环保节能。支持全中文图形管理界面，支持国内、国外各主流浏览器存储管理，轻松获得各项系统，信息操作简洁明了，可以帮助判断与解析后续问题。双电源工作形式，在减少功率损耗的同时也减少了热能输出，延长了电源寿命，降低了散热系统能耗支出，满足企业对高品质环保节能产品的需求。

国产生态中 iSUM A1200 是自主研发的存储产品，在存储上能够为党派、政府、军队等提供安全可靠的业务，稳定无忧。

4）NetStor iSUM S1200

(1) 数据安全。S1200 文件系统采用动态条带化技术，防止了传统的 RAID 算法机制产生的写性能下降。使用全条带写入方式可避免传统 RAID 的写漏洞问题。交易型数据写入和 COW 的写入方式保证写入的数据真实、有效、完整。S1200 支持新型 RAID 5、RAID 6，具备多校验位保护机制，解除传统 RAID 写数据时的反复校验，实现读写性能一致，同时可以通过数据多副本方式更进一步地保证数据安全。

(2) 性能优良。采用块级加速算法，不仅可显著提升随机写 I/O 的性能，而且降低了底层磁盘的随机压力，使其能发挥更高的效能。内置高效 MRU 和 MFU 算法，可将热点数据准确预读，并合理有效地在 Read Cache 中存储，保证持续高效的读性能。

(3) 无限制容量扩展。S1200 存储系统采用 128 位文件系统，存储系统中单个文件或者文件系统的最大容量可达 16EB，以及本身 1024 块硬盘的支持。这基本上解除了文件、文件夹和文件系统的容量限制。S1200 存储系统内部集成有自动精简配置、无缝增长和改进的资源利用等服务。

资源除了使用传统 JBOD 扩展柜以外，还可以融合 FC、SAS 磁盘阵列。

(4) 专业化设计，同时支持异构存储备份归档。免工具设计的磁盘 Tray 盒、磁盘顺序加电和热插拔都能够支持，有效提高工作效率，降低运维成本，同时简化管理，提供良好的可靠性。

不仅支持同构设备数据复制，而且还可以将其他存储磁盘阵列的数据复制到 S1200 上备份。

iSUM S1200 是国产自主可控的统一存储产品，其安全的冗余特性可以在党派、政府、军队等有安全自主要求的部门的文件存储业务中发挥作用。

(5) 环保节能，降低使用成本。铂金 1+1 冗余电源，具有更高的电能转化效率。

双电源模式减少功率损耗，减少热能输出，延长电源寿命，降低散热系统能耗支出，满足企业对高品质环保节能产品的需求。

支持散热风扇的自动降速，进一步降低使用成本。

(6) 操作便捷，简化运维管理。其界面的管理采用了汉语表述方式，并且可以通过浏览器实现存储管理。也可以通过管理界面获取系统信息。

ACS 5000 系列的特点如下：第一，交互性；第二，保密性；第三，稳定性。ACS 5000 系列可为各行业领域（如军工、政府、科研院所等）提供安全可靠的存储。

3. 企业级存储

同有科技企业级存储包括 NetStor NCS7300G3、NetStor iSUM R6000、NetStor NCS7500G2、NetStor NCS7550G2、NetStor NCS7500G2L、NetStor NCS7700G2、NetStor iSUM790L、NetStor NCS3800、NetStor iSUM420G5、NetStor iSUM420E，这里主要对 NetStor NCS7300G3、NetStor iSUM420G5、NetStor iSUM420E 进行介绍。

1）NetStor NCS7300G3

(1) 统一存储。该产品通过一体化的管理平台，实现了 SAN 和 NAS 功能的统筹，既能够实现应用系统块级，又能够实现文件级存储。

(2) 配置灵活。通过采用横向和纵向扩展，使容量和性能都得到较大的提升。同时，

NCS 7300G3 可以支持 iSCSI、FC、CIFS、NFS、HTTP、FTP 等多种存储接口协议。

(3) 多控集群。NCS 7300G3 具有多控集群架构,能够统一对资源管理调度,进行横向扩展多样化,能够实现从双控到十六控,通过多样控制实现了资源的统一管理与调度。

(4) 高速缓存。对比前期产品,NCS 7300G3 的缓存速率有了大幅提升,较好地表现出高速缓存的特点。该产品还有双控配置的特点,支持缓存大小为 256G,采用了 1+1 的电源供电模式,当设备断电时,可以确保数据写入不中断,业务功能具有较好的连续性。

(5) 双活架构。更新双活架构,实现控制器、机柜、站点级别的故障切换。同时,NCS7300G3 可提供 RTO=0、RPO=0 方案,该方案能够应对跨中心的应用需求。

(6) 数据分层。该产品采用了数据分层技术,实现了用户对数据访问效率的需求和成本之间的平衡。首先是通过一定技术对数据的访问频率进行记录,被转移至高性能区的都是访问频率较高的数据。

(7) 快速拷贝。将存储池中的数据在别的存储池中迁移时,数据迁移全程在后台完成,不会对应用造成影响。该方案具有较高的安全性,用户可以在正常操作中无感化地完成数据迁移工作。

(8) 存储镜像。通过存储镜像技术,实现了服务的不中断。因此,在面对同时写入和主从卷切换时,用户处于无感知状态,这样保证了业务系统不受影响,同时具有较高的安全性。

(9) 远程复制。通过远程复制功能,可以减少数据损失的成本,可以减少因事故带来的数据破坏,有效降低数据中心发生灾难性事件造成的数据损失。该产品同时可以支持同步远程复制和异步远程复制两种模式。当一端数据遭到破坏时,仍然可以在另一端保留完整数据。

2) NetStor iSUM420G5

NetStor iSUM420G5 提供了机动灵活的 RAID 存储解决方案,以适应用户不断发展变化的需求。基于模块化机箱设计,NetStor iSUM420G5 每个机箱仅占 4U 空间,可容纳 24 块磁盘,小巧的机箱体积大大节省了机柜的有限空间。NetStor iSUM420G5 支持 256 块磁盘,可灵活进行多种配置,以达到用户对容量、性能以及功能的各种要求,从而适应多样化的应用环境。

(1) 绿色节能。系统采用了低功耗的 64 位处理器,采用的风扇为低消耗,进一步优化了系统内部散热结构,全面降低了能耗,有效降低了 50%。采用 80Plus 金牌认证电源,具有更高的电能转化效率,延长了电源的寿命,降低了散热系统的能耗支出,满足企业对高品质环保节能产品的需求。

(2) 功能全面的存储管理。NetStor iSUM420G5 在控制器中嵌入了管理软件。当对存储系统进行本地或者远程的设置、管理、监督时,无须再添加任何的软件驱动。

(3) 增值软件。提供多种软件功能,如快照、配置自动化、远程复制等,对数据安全性有极大的提高,同时还支持 SSD Cache 功能,该功能能够实现性能的极大提升。

3) NetStor iSUM420E

NetStor iSUM420E 支持双控双活的负载均衡架构,是专为 IT 应用环境设计的运转模式,支持视频监控、数据归档和云计算数据中心等不同类型的任务,满足特定业务的应用需求,并提供弹性的扩充能力。

(1) 增值软件。NetStor iSUM420E 提供了多种软件功能,如定时备份、远程复制、自动精简配置,这些功能可以实现远程的数据备份、快照,以及空间利用率的提升,全方位、多角度地提高了安全性,在磁盘阵列性能方面仅产生了较小的影响。此外,面向高性能的 SSD 硬盘,系统支持 SSD Cache 功能,可以让存储的性能得到更大的提升。

(2) 简化管理。NetStor iSUM420E 的产品设计采用更加人性化的简洁管理方式,使操作人员能够实现管理简洁,维护简单。只要通过 Web 界面,即可实现系统的管理。在设备管理端口输入 IP 地址,登录到 Web 管理界面,即可对设备进行应用配置、固件更新、密码重设、故障排查、日志导出等工作。中文图形化的管理界面,可进一步提升系统管理的简易性。

4.6.2 紫光存储

紫光存储科技是隶属紫光集团的有限公司,该公司立足安全存储,打造国内乃至国际的顶级“安全存储专家”公司[54]。其主要着眼点是存储产品安全及提出对应的解决方案,目标是为信息存储提出并设计更加安全的存储产品。紫光存储业务范围广阔,不仅能够设计闪存控制器,而且能够设计高端 SSD 产品,为电子移动产品、IoT、企业级数据中心、云平台等提供能够满足安全需求的高性能、高可靠的存储产品。

1. Raw NAND 颗粒

Raw NAND 颗粒(产品如图 4-4 所示)是符合业界标准的闪存产品。搭配上闪存控制器,Raw NAND 颗粒能够为固态存储提供各类解决方案,并且采用了业界现阶段较为先进的闪存芯片。该类产品分为了 3 种级别:第一,消费级;第二,入门企业级;第三,企业级;其部分参数比较见表 4-1~表 4-3。同时,它支持 ONFI 4.0,读写速率可以高达 667MT/s。可供选择的拓展容量有:32GB,64GB,128GB,256GB 和 512GB。

图 4-4 Raw NAND 颗粒

(1) 存储智选。采用业界领先的 3D TLC 闪存芯片,相比 2D 闪存芯片单位面积下容量大幅提升。

(2) 体积迷你。全系颗粒长宽仅 12mm×18mm,轻量级固态存储方案之选,方便嵌入式类产品内部设计。

(3) 容量丰富。全系列提供 5 种容量:32GB、64GB、128GB、256GB 和 512GB。

(4) 双路可选。提供 FBGA 132Ball 和 FBGA 252Ball 两种封装标准,最高提供 8 通道接口。

（5）游刃有余。消费级颗粒支持1500次擦写寿命，企业级颗粒支持5000次擦写寿命，充分满足各种寿命需求。

表4-1　消费级颗粒

型　号	容　量	密　度	叠　片	封装类型
UNN8GTE1B1AEA1	32GB	256Gb	SDP	FBGA(132Ball)
UNN9GTE1B1DEA1	64GB	256Gb	DDP	FBGA(132Ball)
UNN0TTE1B1HEA1	128GB	256Gb	QDP	FBGA(132Ball)
UNN1TTE1B1JEA1	256GB	256Gb	ODP	FBGA(132Ball)
UNN9GTE1B1AEA1	64GB	512Gb	SDP	FBGA(132Ball)
UNN0TTE1B1DEA1	128GB	512Gb	DDP	FBGA(132Ball)
UNN1TTE1B1HEA1	256GB	512Gb	QDP	FBGA(132Ball)
UNN2TTE1B1JEA1	512GB	512Gb	ODP	FBGA(132Ball)
UNN0TTE1B4QEA1	128GB	256Gb	QDP	FBGA(252Ball)
UNN1TTE1B4LEA1	256GB	256Gb	ODP	FBGA(252Ball)

表4-2　入门企业级颗粒

型　号	容　量	密　度	叠　片	封装类型
UNN9GTE1B1DEB1	64GB	256Gb	DDP	FBGA(132Ball)
UNN0TTE1B1HEB1	128GB	256Gb	QDP	FBGA(132Ball)
UNN1TTE1B1JEB1	256GB	256Gb	ODP	FBGA(132Ball)
UNN9GTE1B1AEB1	64GB	512Gb	SDP	FBGA(132Ball)
UNN0TTE1B1DEB1	128GB	512Gb	DDP	FBGA(132Ball)
UNN1TTE1B1HEB1	256GB	512Gb	QDP	FBGA(132Ball)
UNN2TTE1B1JEB1	512GB	512Gb	ODP	FBGA(132Ball)
UNN0TTE1B4QEB1	128GB	256Gb	QDP	FBGA(252Ball)
UNN1TTE1B4LEB1	256GB	256Gb	ODP	FBGA(252Ball)

表4-3　企业级颗粒

型　号	容　量	密　度	叠　片	封装类型
UNN8GTE1B1AEC1	32GB	256Gb	SDP	FBGA(132Ball)
UNN9GTE1B1DEC1	64GB	256Gb	DDP	FBGA(132Ball)
UNN0TTE1B1HEC1	128GB	256Gb	QDP	FBGA(132Ball)
UNN1TTE1B1JEC1	256GB	256Gb	ODP	FBGA(132Ball)

续表

型　　号	容　量	密　度	叠　片	封装类型
UNN9GTE1B1AEC1	64GB	512Gb	SDP	FBGA(132Ball)
UNN0TTE1B1DEC1	128GB	512Gb	DDP	FBGA(132Ball)
UNN1TTE1B1HEC1	256GB	512Gb	QDP	FBGA(132Ball)
UNN2TTE1B1JEC1	512GB	512Gb	ODP	FBGA(132Ball)
UNN0TTE1B4QEC1	128GB	256Gb	QDP	FBGA(252Ball)
UNN1TTE1B4LEC1	256GB	256Gb	ODP	FBGA(252Ball)

2. 嵌入式存储

1）eMCP

eMCP 嵌入式存储颗粒作为存储产品，具有闪存和内存的功能，能够较好地应用在高集成度的嵌入式存储应用中。该产品的存储控制器：eMMC；闪存芯片：3D NAND(64 层)；内存芯片：LPDDR3 DRAM；符合标准：eMMC5.1；容量：32GB+16Gb，32GB+24Gb，64GB+24Gb 和 64GB+32Gb。eMCP 相关产品如图 4-5 所示，相关产品规格见表 4-4，其特点如下。

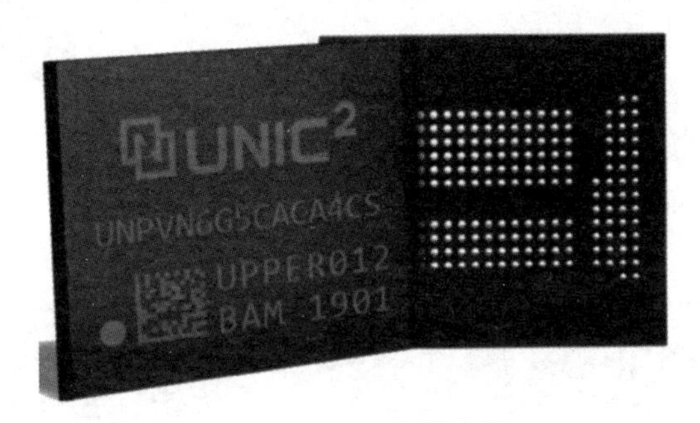

图 4-5　eMCP 相关产品

表 4-4　eMCP 相关产品规格

<table>
<tr><th rowspan="2">型　号</th><th rowspan="2">密　度</th><th colspan="2">内存信息</th><th rowspan="2">PKG 型号</th><th rowspan="2">PKG 尺寸
(mm×mm×mm)</th><th rowspan="2">eMMC
(VCC/VCCQ)</th><th rowspan="2">LP3
(VDD/VDDQ)</th></tr>
<tr><th>NAND</th><th>LP DRAM</th></tr>
<tr><td>UNPVN6GAC
ACA4CS</td><td>64GB+
24Gb</td><td>3D TLC
256Gb</td><td>LP3
1866Mb/s</td><td>221FBGA</td><td>11.5×13×1.2</td><td rowspan="4">VCC:
2.7～3.6V

VCCQ:
1.70～1.95V
或
2.7～3.6V</td><td rowspan="4">VDD:
1.7～1.95V

VDDQ:
1.14～1.30V</td></tr>
<tr><td>UNPVN6G5C
ACA4CS</td><td>64GB+
32Gb</td><td>3D TLC
256Gb</td><td>LP3
1866Mb/s</td><td>221FBGA</td><td>11.5×13×1.2</td></tr>
<tr><td>UNPVN5GAC
ACA4BS</td><td>32GB+
24Gb</td><td>3D TLC
256Gb</td><td>LP3
1866Mb/s</td><td>221FBGA</td><td>11.5×13×1.0</td></tr>
<tr><td>UNPVN5G4C
ACA4BS</td><td>32GB+
16Gb</td><td>3D TLC
256Gb</td><td>LP3
1866Mb/s</td><td>221FBGA</td><td>11.5×13×1.0</td></tr>
</table>

(1) 高度集成。在长宽 11.5mm×13mm 尺寸空间内集成了 eMMC 控制器、NAND Flash 颗粒和 DRAM 颗粒,实现了小空间、大容量。

(2) 先进的硬件纠错引擎。先进的硬件纠错引擎(LDPC ECC)具有高效的数据纠错能力,确保系统安全可靠地运行。

(3) 内部电压侦测系统。当电压偏低时,该系统会采用解决方案,对数据进行保护,确保数据安全、稳定。

(4) 内嵌 32 位的 CPU 系统。为了能够维系固件的运行,内部嵌入了 CPU 系统(32 位),以达到保护 NAND 内部数据安全、稳定的目的。

(5) 高速 LPDDR3 接口。高速 LPDDR3 符合 JEDEC LPDDR3 协议规范,为系统 CPU 实现高效存储提供了必要的接口通道。

2) UFS

UFS 作为嵌入式存储产品,具有以下特点:第一,具有极高的读写速率,节约了耗时成本;第二,具有极低的功耗,能够有效降低设备耗能,提升用户的体验;第三,优于 eMMC 的性能;第四,容量具有 3 个版本,分别是 64GB、128GB 和 256GB。UFS 产品如图 4-6 所示,其相关产品规格见表 4-5。

图 4-6 UFS 产品图

UFS 具有如下几个特点。

(1) 性能卓越。兼容 JEDEC UFS 2.1 标准,最高至 HS-Gear 3/UniPro 1.6 的 MIPI M-PHY 3.0,支持双通道,可以为系统提供极致的存储性能。

表 4-5 UFS 相关产品规格

型　号	容量	NAND 信息	PKG 类型	PKG 尺寸(mm×mm×mm)	VCC	VCCQ
UNMFE06GC2D31AS	64GB	3D TLC 256Gb	BGA153	11.5×13×0.8	2.7～3.6V	1.70～1.95V
UNMFE07GC4D31BS	128GB	3D TLC 256Gb	BGA153	11.5×13×1.0	2.7～3.6V	1.70～1.95V
UNMFE08GC8D31CS	256GB	3D TLC 256Gb	BGA153	11.5×13×1.2	2.7～3.6V	1.70～1.95V

(2) 低功耗。速度的提升缩短了任务处理时间,使功耗降低。

(3) 小封装,高密度。153-Ball BGA 封装,使用 64 层 3D NAND。

(4) LDPC ECC。LDPC ECC 具有高效的数据纠错能力,确保系统安全可靠地运行。

3) eMMC

eMMC(Embedded Multi-media Card)产品图如图 4-7 所示,即嵌入式多媒体存储卡,是适用于手机、平板电脑和机顶盒等产品的内嵌式 NAND Flash 存储产品。

图 4-7 eMMC 产品图

eMMC 产品的特点如下：第一，具备 3D NAND 工艺；第二，卓越的电源解决方法和性能；第三，HS400 模式，兼容 JEDEC eMMC 5.1 规范；第四，小尺寸封装，空间占比小；第五，支持快速接口的行业标准。eMMC 相关产品规格见表 4-6。

表 4-6　eMMC 相关产品规格

型　　号	容量	NAND 信息	PKG 类型	PKG 尺寸 (mm×mm×mm)	VCC	VCCQ
UNMEN05GC1C31AS	32GB	3D TLC 256Gb	BGA 153	11.5×13×0.8	2.7～3.6V	1.70～1.95V 或 2.7～3.6V
UNMEN06GC2C31AS	64GB	3D TLC 256Gb	BGA 153	11.5×13×0.8	2.7～3.6V	1.70～1.95V 或 2.7～3.6V
UNMEN07GC4C31BS	128GB	3D TLC 256Gb	BGA 153	11.5×13×1.0	2.7～3.6V	1.70～1.95V 或 2.7～3.6V

(1) 移动装置智能算法。针对移动装置，专门设计控制模块中的硬件和软件，存储表现出较好的兼容性。

(2) 动态电源管理技术。电源管理方案灵活机动，芯片的功耗低。

(3) LDPC ECC。LDPC ECC 具有高效的数据纠错能力，确保系统安全可靠地运行。

(4) 内部电压侦测系统。当电压偏低时，该系统会采用解决方案对数据进行保护，确保数据安全、稳定。

(5) 内嵌 32 位 CPU 系统。为了能够维系固件的运行，内部嵌入了 CPU 系统(32 位)，以达到保护 NAND 内部数据安全、稳定。

3. SSD

1) P8160E

P8160E(见图 4-8)的控制器为 TAI，该控制器由紫光得瑞开发，存储芯片是 3D TLC NAND 和 NVMe 固态硬盘，符合 NVMe 1.2.1 标准，支持 PCIe Gen3x4，支持 NAND 通道的上限为 16 个，为 SSD 提供了良好的、高强度的吞吐量。内部数据的接收和输入因为双通道 40bit DDR 控制器变得更可靠。完整端到端 CRC 保护、RAID、带有 ECC 功能 SRAM、强大

图 4-8　P8160E 产品图

ECC 的使用让用户数据更加可靠。根据设备运行的情况，温度实时监控反馈系统，能够规避设备的散热缺陷造成的损失和数据丢失，实现了动态调整业务的处理能力。该固件实现了SSD 高速、高可靠性的特性，是因为硬件与固件间完美的结合。QoS 要求的高稳定性也能确保满足客户的各类需求。P8160E PCIe NVMe SSD 提供了更精细的容量选择：1TB/2TB/4TB，AIC 和 U.2 两种产品形态接口，为企业数据中心、云计算中心提供了全面灵活的存储支持。P8160E 具有如下特点。

(1) 软硬件协同设计。立足可靠性保障、性能聚合、闪存管理等企业级数据核心技术，集成专用计算硬件加速单元的数量庞大。

P8160E 通过高效调度 FTL 管理软件实现了较高的可靠保证、较高的性能数据存储功能。

(2) 数据可靠性。高强度 ECC 硬件编解码单元由控制器芯片集成，检测并且纠正NAND 介质访问的数据错误。在此基础上，提供了更多的保障，如自适应冗余保护机制、对完整数据通道的端到端保护，以及 NAND 意外掉电检测和保障数据完整性。P8160E 在运行过程中动态监测盘片温度并实时处理，避免因散热条件不足导致设备损坏，丢失数据，降低了运维复杂度。

(3) 平稳的性能。P8160E 的管理算法充分预计了高压力下的极端情况和工作负载的多变性，对前端 I/O 请求和后台行为进行了精细的调度和控制，确保在任何情况下性能表现都能平稳。P8160E 在负载压力较高时，随机读写功能也可以维持超过 90%的一致性。

2) S6110

企业级 S6110 SATA SSD(见图 4-9)采用的纠错算法较为先进。SATA SSD 的寿命有效地提高了，降低了存储设备升级的成本。企业级 S6110 SATA SSD 具有较高的可靠性以及业界主流产品的性能，除此之外，它还提供多种容量，让客户在性能和成本之间灵活选择。S6110 具有以下特点。

图 4-9　S6110 产品图

(1) 降低运营成本的同时保留基础设施投资。标准的 SATA 3.0 接口，6Gb/s，与现有SATA 存储基础设施兼容，并提供各种容量。

(2) 两种封装，任您选择。为了灵活地适配存储系统，可供选择的有 2.5 英寸和 M.2 两种外形。

(3) 断电保护功能。自动断电保护功能，可以保证系统平稳运行。

(4) 支持 MPECC。数据容错算法强，数据安全得以保证。

3) S5170

S5170属于消费级固态硬盘,如图4-10所示,该产品基于MAS0902控制器和TLC 3D NAND Flash。S5170外形有多种容量方案,存储升级有更多的选择。S5170具有如下特点。

图4-10 S5170产品图

(1) 性能高,性价比高。S5170采用了3D NAND Flash,提供多种容量规格,能够灵活适配存储系统。

(2) 稳定性、可靠性。RAID数据保护技术、LDPC数据保护技术、动态/静态磨损均衡算法等保证了稳定性和可靠性。

(3) 兼容性强大。S5170兼容SATA Revision 3.1,支持ATA-8命令设定。

(4) 管理智能。支持坏块管理、垃圾回收、WriteBooster技术、TRIM、S.M.A.R.T自检。

4) P5160

P5160固态硬盘属于高性能存储设备,专门为台式机和笔记本定制,其产品图如4-11所示。P5160具有吞吐量高、IOPS高、延时低等特点,采用了PCIe Gen 3×4、NVMe 1.3接口,NVMe SSD;支持LDPC、RAID、端到端保护功能,让系统更顺畅地运行,数据传输更安全、稳定,用户体验得到进一步完善;此外,P5160还有5年质保,具备优良的可靠性。

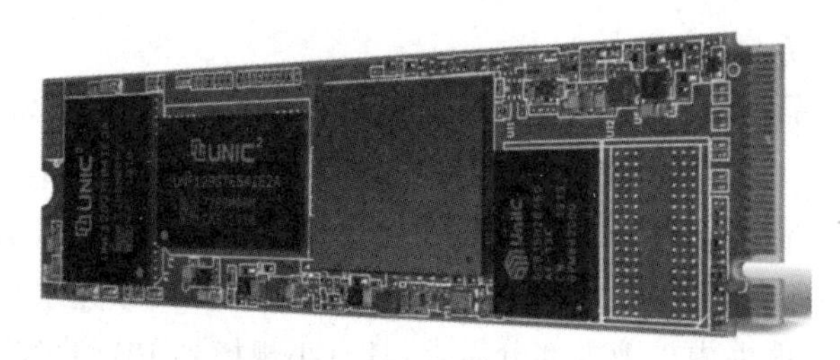

图4-11 P5160产品图

(1) PCIe Gen 3×4接口,符合NVMe 1.3。为了让您的PC更流畅地运行,使用的传输速率上限为3500MB/s。

(2) 3D NAND Flash。高容量、高效率、使用时间更长。

(3) M.2 2280-S2-M外形。兼容性更强,适配采用主流平台的笔记本和台式机。

5）P400

P400是专门为高端游戏平台设计的高性能存储设备，其产品图如图4-12所示，选用的接口有PCIe Gen 4×4、NVMe 1.3两种，这两种结构赋予P400高吞吐、高IOPS和低延时等特点。P400还支持LDPC、RAID、端到端保护功能，实现了系统的流畅运行，用户体验感较好。此外，优质的3D TLC NAND具有领先的主控方案。P400具有如下特点。

图4-12　P400产品图

（1）PCIe Gen 4×4接口，符合NVMe 1.3。为了让PC运行得更流畅，传输速率上限最高可达4500MB/s、600000 IOPS。

（2）3D NAND Flash。高容量、高效率、更耐久。

（3）M.2 2280的外形。小巧轻薄，节省空间。

4.6.3　紫晶存储

紫晶存储成立于2010年，是国内领先的光存储高科技企业，也是大陆地区唯一BD-R低层编码策略通过国际蓝光联盟认证的光存储企业，具备底层蓝光存储介质技术科技创新实力[55]。其公司全系列蓝光数据存储系统均为自主研发。光存储产品具有存储寿命长、安全、可靠性高、绿色节能、单位存储成本低等独特优势，并且介质、软件、硬件都可达到自主可控。

1. ZL系列光存储系统

ZL系列有多种产品型号，能够满足绝大多数的市场需求。ZL系列产品特点突出，能够实现高扩展、海量存储。ZL中磁光电一体的产品，能够实现长久保存数据，以及防数据篡改。ZL产品具有冗余恢复码能力，数据可靠性提升10～24级，保证了数据的安全。第二代存储产品在存储量、数据传输方面具有明显的优越性，是业界的领先水平，其特点如下。

（1）产品线完整。能够满足绝大部分需求，具有小规模到PB级的海量存储。

（2）安全、可靠。RRC数据的校验技术，单盘可读，拥有超过50年的保存年限，且不可被篡改。

（3）磁光电一体化存储。能够实现超长时间的数据存储。

（4）无缝集成。集成多种方案，实现数据归档、备份、分层、容灾。

ZL系列光存储系统产品对比见表4-7。

表4-7 ZL系列光存储系统产品对比

产品型号	ZL600	ZL1800	ZL2520	ZL6120	ZL12240
容量	60TB	180TB	504TB	1224TB	2448TB
光盘装载量	600MB	1800MB	2520MB	6120MB	12240MB
最大光驱数	6	6	12	24	48
网络接口	1Gb/10Gb Ethernet				
平均抓取时间	14s	14s	60s	60s	60s
最大传输速率	162MB/s	162MB/s	324MB/s	648MB/s	1296MB/s
电源电压	100～240V AC/47～63Hz				
尺寸	标准19英寸 24U机柜	标准19英寸 37U机柜	19英寸 25U机架	标准19英寸 42U机柜	1000mm×800mm× 2090mm
满载质量	150kg	240kg	180kg	454kg	1028kg
工作环境	温度：10～35℃；湿度：20%～80%				

2. MHL系列光存储系统

MHL产品利用了RRC(冗余恢复码)技术，能够进一步提升数据保护程度，将数据可靠性提升到10～24级，让客户的数据无忧保存。与此同时，我们保留了“单盘可读”的产品特性，在系统层保证每张光盘的数据独立有效，只要光盘介质没有被损坏，数据依然可以被恢复。其特点如下。

(1) 光盘竖置。符合国家档案馆对数据光盘的存放要求。

(2) 模块化设计。模块为可扩展的4U存储节点。

(3) 磁光电一体化存储。能够实现超长时间的数据存储。

(4) 无缝集成。集成多种方案，实现数据归档、备份、分层、容灾。

(5) 安全、可靠。50年以上保存年限，不被篡改，RRC数据校验技术，单盘可读。

MHL产品参数见表4-8。

表4-8 MHL产品参数

参数	具体数值	参数	具体数值
产品型号	MHL50/MHL100	支持光驱数	12/节点
架构	Scale-Up纵向扩展	最大传输速率	216MB/s节点
最大支持节点	10/机柜	平均抓取时间	30s
可装载盘片数	500张/节点	协议	标准NAS接口，支持CIFS、NFS
单盘容量	100GB/200GB	网络接口	6×1GbE/节点
最大存储容量	100TB/节点		

3. MBD 系列光盘摆渡机系统

软硬件一体化的单向信息的光盘摆渡机在网络间设置组织，内部为物理隔离，确保各网络间设备独立，通过光盘介质进行单向数据传输，网络间实现数据摆渡。另外，它还提供了防病毒、数据完整性校验、内容关键字过滤等功能。MBD 功能实现如图 4-13 所示。

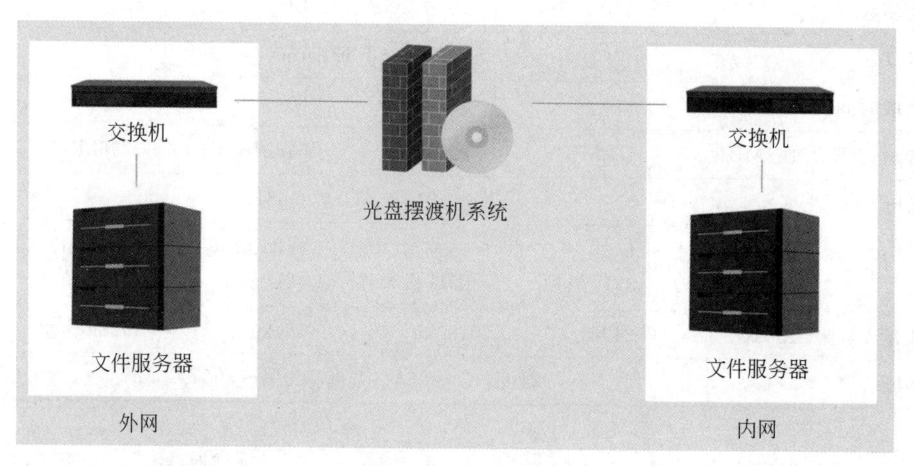

图 4-13　MBD 功能实现图

MBD 系列光盘摆渡机在两个网络间(物理隔离)传输数据是单向的、安全的；数据传输既是可以控制、追踪、审查，且符合安全规定的，又是方便、快捷的；部署两套系统可以实现数据双向传输；支持文件、数据库、邮件等多种文件格式传输等特点。MBD 产品的部分参数见表 4-9。

表 4-9　MBD 产品的部分参数

参　　数	具体数值
产品型号	MBD50
光驱数量	刻录光驱 x1；只读光驱 x1
最大光盘数量	50
光盘规格	25GB；100GB
网络服务器接口	CIFS/SMB；NFS；FTP；数据库接口
电源	＋100～＋240 VAC
工作环境	＋15～＋35℃(工作温度)；－30～＋55℃(存储温度)
尺寸	614mm×220mm×503mm(长×宽×高)
质量	≤50kg

4.7 国外存储器

1. 三星

1982年，三星踏入半导体存储器领域，仅用十余年，它就成为该领域的世界第一。此后20多年至今，三星没有从这个位置退下来过，还逐步扩大了与后发企业间的差距，目前三星在全球存储器的市场占有率超过40%[56]。

1）动态随机存储器

（1）双倍数据率同步动态随机存储器。双倍数据率同步动态随机存储器重点应用在台式机、笔记本电脑、高性能服务器及其他设备中的三星DDR（双倍数据传输率存储）解决方案中，结合高带宽和同样高的能效，使性能加倍。

三星业界先进的DDR3于2005年开发而成，是应用极为广泛的系统解决方案，无论是在PC和家用电器还是在汽车设备中，都得到广泛应用。三星DDR3在笔记本电脑、台式机和工业解决方案（包括汽车）等设备中得到广泛应用，且速度均为DDR2的两倍。能耗更低的是三星业界先进的30nm级DRAM，它较前一代产品的能耗，降低了30%，使总体拥有成本减少了。

速度出色的四代双倍数据率同步动态随机存储器能传输更多的数据，为降低交错延迟，它提供了4个储库组（共16个储库），1TB/s内存，3200Mb/s带宽，可以实现工作的快速处理。DDR4（见图4-14）具有高性能、低成本的特点。

（2）高带宽存储器。三星HBM（高带宽存储）解决方案已对高性能计算（HPC）进行优化，提供支持下一代技术——如人工智能（AI）所需的性能，这些技术将改变人们的生活、工作和连接方式，其产品图如图4-15所示。

图4-14 DDR4产品图

图4-15 高带宽存储器产品图

（3）显存。凭着业界内相对高速的数据传输速率，三星GDDR6（见图4-16）具有高带宽、高速率，相对于使用同等密度配置的8Gb解决方案，其节省功耗能力显著。

（4）低功耗双倍数据率同步动态随机存储器。速度1.5倍于上一代产品的三星五代低功耗双倍数据率同步动态随机存储器（见图4-17），引脚速度为6400Mb/s，实现了51.2GB/s的强大传输能力。三星五代低功耗双倍数据率同步动态随机存储器节能高达20%，设备电池可以维持一整天。低功耗双倍数据率同步动态随机存储器的高速度和低能耗使移动和车载设备能够跟上人工智能技术以及自动驾驶、5G 网络、优质显示屏选择和下一代相机创新的发展。

图 4-16　三星 GDDR6 产品图

图 4-17　低功耗双倍数据率同步动态随机存储器

2）固态硬盘

三星固态硬盘包括企业级固态硬盘、消费级固态硬盘、数据中心级固态硬盘、Z-固态硬盘、NF1 固态硬盘。

(1) 企业级固态硬盘。由三星 PCIe 第 4 代驱动的 PM1733 SSD 有第 3 代 SSD 的两倍吞吐能力。2.5 英寸和 HHHL 两种规格由两种 NVMe SSD 系列提供，0.8TB 至 30.72TB 为其容量，能够满足全球 OEM 的需求。这些硬盘还能保证承受硬盘每日写入量(DWPD)一次到三次，可使用寿命长达五年。

(2) 消费级固态硬盘。能够给 PC 提供性能卓越的 SSD 功能的 PM981a，支持加速写入以及 PCIe 接口标准，在省电模式下，也可实现高速率的性能。

凭借球栅阵列封装(BGA)方式 PM971a 提供不同于一般的灵活性设计。它是适用于超薄笔记本电脑的高质量存储器解决方案。PM971a 结合紧凑性、高能效与通过提升的强大性能，在小型封装中实现了高性能。

(3) 数据中心级固态硬盘。PM983 借助应用 PCIe Gen 3 为读取密集型数据中心提供了十分出色的性能，实现了读写操作的次数(IOPs)每秒进行 540K 的随机读取和 3200MB/s 的顺序读取速度。PM983 在规格(2.5 英寸，M.2)中使用超低功耗，为混合数据工作负载提供了高效的 SSD 解决方案。

MLC NAND 技术开发是 SM883 的基础，SM883 提供每日整盘写入 3 次可靠性。SM883 具有多种容量类型——240GB 到 3.84TB，存储速度为 520MB/s。

(4) Z-固态硬盘。Z-固态硬盘(见图 4-18) 可保证 5 年内最高每日 30 次整盘写入，800GB 容量的驱动器总计可写入 42PB。换算之后就是，在 5 年的期限中总计可写入 840 万部 5GB 的全高清电影。对于工作负载需要较高准确性的关键任务型应用，这种可靠度将为其提供强有力的保证。

图 4-18　Z-固态硬盘产品图

(5) NF1 固态硬盘。NF1 固态硬盘不需要进行很大的更改，也能轻松地用在现有的服务器配置中。前加载能力、热交换以及功率损耗保护(PLP)等功能，使 NF1 固态硬盘轻松可靠地替换现有的 2.5 英寸和 M.2 驱动器。

3）嵌入式存储器

（1）嵌入式多媒体卡。三星的 eMMC 产品阵容非常先进且极具竞争力，能够以更快的处理速度为当今体积更小、更轻薄的智能手机和平板电脑提供卓越性能。eMMC 5.1 可轻松处理繁重的工作负载，实现高达 330MB/s 和 200MB/s（基于 64GB）的顺序读/写速度。

为使移动用户体验提升，三星闪存 eMMC 致力于提升电源管理功能和使用性能，eMMC 功耗仅为 0.5W，比现阶段性能出众的 SDD 还低。

自 4GB 到 256GB，三星的各种小封装尺寸和快速接口的行业高标准能够在 eMMC 解决方案中得到满足。eMMC 的产品管理为移动市场提供了稳定且可靠的发展，为迅速响应客户需求提供了可靠的支持。

（2）通用闪存。UFS 3.1 能够满足 5G 设备，具有速率超过上一代 3 倍以上通用闪存存储的特点。此设备的速度为 1200MB/s，实现了 5G 的低延迟连接性。

2. 西部数据

1970 年，西部数据成立，位于美国加利福尼亚州，在世界各地设有分支机构，为全球用户提供存储产品[57]。

1）闪迪至尊极速™移动固态硬盘

闪迪至尊极速™移动固态硬盘可提供高性能传输，其读取速度最高可达 550MB/s，且能够迅速移出文件，用于存储分辨率高的照片、视频，音频文件高速存储高达 2TB，是多种创意活动的理想之选。其带有 USB 3.1 Type-C 接口，并且随附 USB Type-C 连接线及 Type-C 转 Type-A 适配器，这表示这款固态硬盘兼容的 Windows PC 和 Mac 电脑不止包括过去和现在，也包括了未来。

2）WD Red™ SA500 NAS SATA SSD

NAS 系统的性能和响应速度通过 WD Red™ SA500 NAS SATA SSD 得到了大幅提升。与普通的 SSD 不同，WD Red NAS SATA SSD 保持了全天候的工作。该类产品具有较高的耐久性和高效缓存。

3）Nintendo™ Switch™专用存储卡

闪迪 microSDXC 存储卡是 Nintendo™ Switch™游戏系统专用的存储卡，可以为 Nintendo™ Switch™增加高达 256GB 的存储，并且其仅需要数秒便可完成。其传输速度高达 100MB/s，Nintendo™ Switch™专用的闪迪 microSDXC 存储卡能够提供的高强性能始终如一，包含了 SDSQXAT-064G-ZNCZN、SDSQXAO-128G-ZNCZN、SDSQXAO-256G-ZNCZN 3 种产品。

3. 希捷[58]

1）BarraCuda 内部硬盘驱动器

基于成熟的可靠性和创新性，BarraCuda 硬盘具有容量和价格选项的多功能组合，适用于笔记本电脑存储、移动存储、多合一存储、外部存储、台式机存储、家庭服务器、高性能台式机、创意专业台式机应用程序、游戏、DAS 设备。从 500GB 到 2TB 的海量存储中选择，纤巧的 7mm 尺寸体验最大容量、最薄的 2.5 英寸硬盘驱动器、在 3TB、4TB 和 5TB 容量中使用 2.5 英寸、15mm 尺寸的驱动器。该驱动器将为外部硬盘驱动器、一体式或超薄 PC 提供出色的升级解决方案。

2）IronWolf 固态驱动器

全球首款专用于 NAS 的 SSD。每个驱动器均包含 AgileArray™ 固件，以使您的 NAS 机柜在要求苛刻的 24×7 和多用户环境下保持最大化，并可以在全闪存阵列（AFA）或能够分层缓存的 NAS 中使用。

3）FireCuda 520 SSD

FireCuda 520 SSD 专为专业级游戏而打造，并产生 PCIe 4.0 x4 的速度，比前几代产品快近 45%。该固态游戏驱动器与新的 X570 芯片组兼容，并可以直接插入任何 PCIe Gen 4 主板，以紧凑的性能提升您的 PC 机种。

4. 东芝

1984 年，东芝开发了一种新型半导体存储器，并命名为闪存（NOR），引领存储产业进入了新时代。NAND 市场迅速发展，不久 NAND 就成为国际标准的存储器件[59]。

1）BiCS FLASH

BiCS FLASH 较之前最先进的技术——二维（2D）闪存，有更高的单位面积芯片密度。此外，通过优化电路设计和生产工艺，BiCS FLASH 进一步缩小了芯片尺寸。2017 年 6 月 28 日发布的 96 层 BiCS FLASH 在单位面积内可以提供的存储容量大约是 64 层 BiCS FLASH 的 1.4 倍。

在 BiCS FLASH 中，存储单元之间的空间远大于 2D NAND 闪存，这可以通过增加单次编程序列（one-shot programming sequence）中的数据量使编程速度提升。和 2D NAND 闪存相比，BiCS FLASH 单次编程序列写入的数据更多（即具有更快的编程速度）。

2）SLC NAND 闪存

SLC NAND 利用其快速的读写性能和高可靠性，广泛应用于消费类到工业的各种产品中。与 NOR 型闪存相比，SLC NAND 可以为设计带来显著成本优势。

SLC NAND FLASH 产品中，除 SLC NAND 闪存外，内建 ECC 的 SLC NAND——BE NAND™ 和串行接口的 SLC NAND 也已面市。由此，客户根据设计中主控的 ECC 能力和存储器接口，可灵活选择 SLC NAND 产品。

BE NAND™（内建 ECC 的 SLC NAND）是内部带有硬件 ECC 引擎的 SLC NAND 存储器。通过 BE NAND，即使在平台方案不支持更高的 ECC 数值的情况下，用户也可以使用最新的 24nm SLC NAND 闪存。

串行接口 NAND 是具有串行外设接口（SPI）的 SLC NAND 存储设备。SPI 是当今 SoC 中最常见的接口之一，并以小封装（WSON）的形式提供。关于串行接口 NAND 的 ECC 功能，用户可以选择打开或关闭。

3）XG 系列固态硬盘

利用 KIOXIA 的 3D 闪存 96 层 BiCS FLASH™，XG6-P SSD 提供了最大的 2048GB 容

量，优化了数据中心和可组合的基础架构。

XG6NVMe™ SSD选用最新的96层BiCS FLASH™ 3D闪存，在效率以及性能方面都能替代其上一代XG5，性能导向型和功率敏感型PC都能适用。

NVMe™ SSD具有KIOXIA最新的64层BiCS FLASH™，可为超薄高性能笔记本电脑以及需要数据安全性的商业应用(例如商用PC)提供高性能服务。

第三篇

基础软件

第5章 操作系统

5.1 操作系统的定义

一个完整的计算机系统由软件和硬件两部分组成,如图5-1所示。操作系统(Operating System,OS)是所有软件中最基础、核心的部分,是计算机用户和计算机硬件之间的中介,它为用户执行程序提供更方便、有效的运行环境。

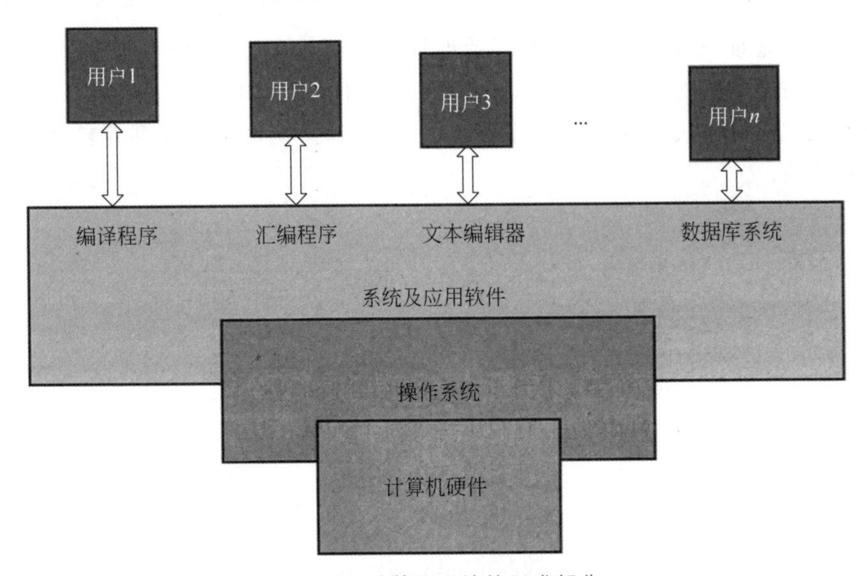

图5-1 计算机系统的组成部分

计算机系统的基本目标是执行用户程序并使解决问题变得更加简单,为了实现这一目标,科学家和工程师创造了计算机硬件;单纯的硬件不便于使用,因此开发了应用程序;这些程序需要某些通用操作，例如控制 I/O 设备的操作；最后，将这些控制和分配资源的通用功能整合到一个软件中就成了操作系统。操作系统的引入使得用户能拥有更方便使用的计算机系统。

5.2 操作系统的功能

操作系统是计算机系统的重要组成部分。计算机系统解决问题时需要用到如 CPU、内存空间、文件存储空间、I/O 设备等多种资源，操作系统是这些资源的管理器。面对多个程序对这些计算资源的请求，操作系统需要决定如何将它们分配给特定的程序和用户，以便其可以高效、公平地操作计算机系统[60]。在多用户访问同一台大型机或小型计算机的情况下，资源分配尤其重要。同时，操作系统还要控制各种 I/O 设备、用户程序、管理用户程序的执行，以防止程序出错和计算机的不当使用。

以 Linux 操作系统为例，其内核主要有以下 5 个功能：内在管理、进程管理、文件系统、设备控制、网络接口。

5.2.1 内存管理

在早期的计算机中，程序会通过物理地址直接操作计算机内存。假如程序设计出现错误，有可能导致内存的非法访问，如访问不存在的地址，或者对系统程序所使用的内存进行读写，造成程序崩溃；同时，由于程序直接访问物理地址，有可能在多进程时导致不同作业对相同的内存进行读写，甚至导致系统崩溃。

Linux 内核提供了一种名为动态重定位的内存管理功能，如图 5-2 所示，允许程序装入内存时使用相对地址，程序在内存中的起始地址记录在重定位寄存器中；程序执行时，系统会调取重定位寄存器中的起始地址，将其与程序的相对地址相加，得到真正访问的内存地址。动态重定位可以解决内存物理地址暴露产生的问题，使每个程序都有自己的内存空间而不会互相干扰。

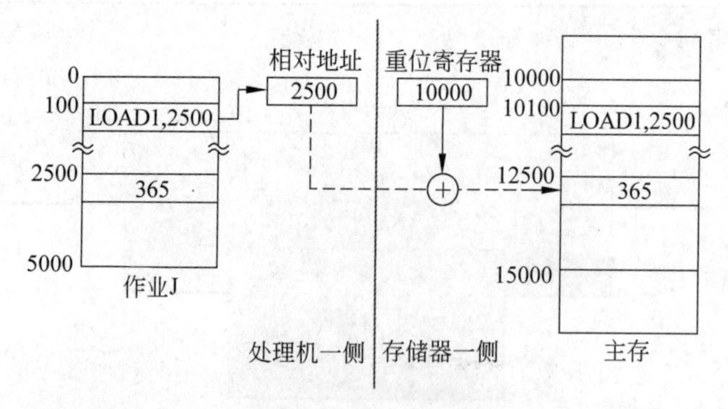

图 5-2 内存动态重定位

Linux 内核还实现了虚拟内存管理业务。一个程序需要将其整体装入内存才能运行，但是由于物理内存容量有限，因此会出现程序过大不能完全装入内存的情况，导致运行失败；或是由一个程序占用大量内存，导致大量程序在外存等待执行的问题。虚拟内存技术将内存分页,先将当前需要访问的页放入物理内存,暂未使用的部分仍存放在外存中;程序执行期间,若需要的页存放在内存中,则继续运行;否则触发缺页中断,将相应的页调入内存中。虚拟内存技术解决了由于物理内存限制而可能产生的问题,通过虚拟内存从逻辑上扩充内存容量,允许程序使用超过物理内存大小的内存。

5.2.2 进程管理

进程(Process)是操作系统资源调配的基本单位。进程管理是操作系统最基本的功能之一[61]。每一个程序至少对应一个进程。程序是一系列指令的有序集合,是一个静态实体;当程序被编译为可执行文件运行时,处在执行状态的程序称为进程,是一个动态的实体,有自己的生命周期。进程管理的任务是为进程分配资源,选择使用 CPU 的进程并控制使用的时长。

一个进程基本包含 3 种状态(就绪状态、执行状态、阻塞状态)和两种常见的状态(创建状态、终止状态)。如图 5-3 所示,在进程创建时,系统会为其分配一个进程控制块,记录进程所需的资源信息,由操作系统为其分配,当除 CPU 外所有资源需求得到满足时,进程进入就绪状态,在就绪队列中进行等待;操作系统会以一定的进程调度算法为就绪队列中的进程分配 CPU 资源,得到 CPU 资源后,进程变为执行状态。在操作系统分配的时间片用完后,进程会暂停并重新进入就绪队列,等待操作系统调度;若因 I/O 请求等事件之行受阻,则进入阻塞状态,待事件完成后重新进入就绪队列;若进程执行完成,则进入终止状态,系统会将其删除并释放资源。

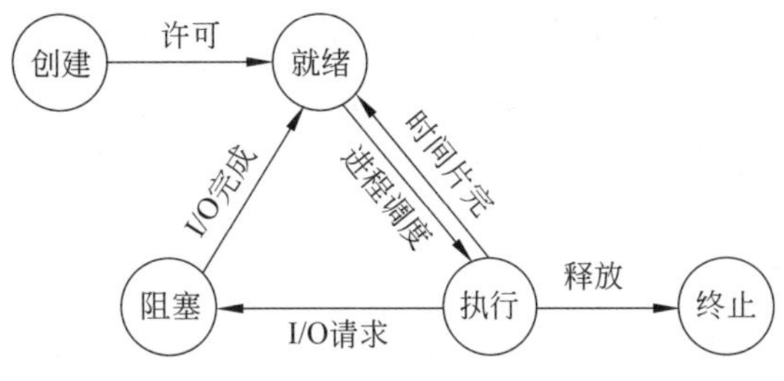

图 5-3 进程的 5 种基本状态及转换

5.2.3 文件系统

Linux 系统的一大特点是"一切皆文件"——将系统中的数据和硬件抽象为文件进行管理。Linux 将资源抽象为文件的做法十分清晰、优雅:文件系统需要提供 API 给系统调用,以方便对文件系统的内容进行操作。由于"文件"的操作只有读和写,因此将设备等进行字节流输入输出的对象统一抽象为文件,便可使用一组通用的 API 和工具对 Linux 的资源进行读写。

Linux 一共有以下 7 种文件类型。

(1) 普通文件。包括视频、文档、图片等应用层面上的文件,可以进行查看、修改和删除等操作。

(2) 目录文件。就是将文件夹描述为文件,通过打开目录文件可以查看里面包含的内容。

(3) 符号链接。类似于快捷方式,通过访问符号链接文件即可访问链接的目标文件或目录。

(4) 套接字。一般用于网络通信,利用套接字的相关函数可以完成网络的通信过程。

(5) 块设备。如磁盘。

(6) 字符设备。如键盘、鼠标、打印机、硬盘和光驱等设备。

(7) 管道文件。是一种特殊的文件,用于进程间的数据交换。

Linux 通过挂载点"/"对这些文件进行结构化管理,如设备文件一般存储在"/dev"目录中,套接字文件则主要存储在"/var/run"目录中。通过文件的抽象模型,Linux 可以对系统数据及设备进行结构化管理。Linux 系统的目录结构如 5-4 所示。

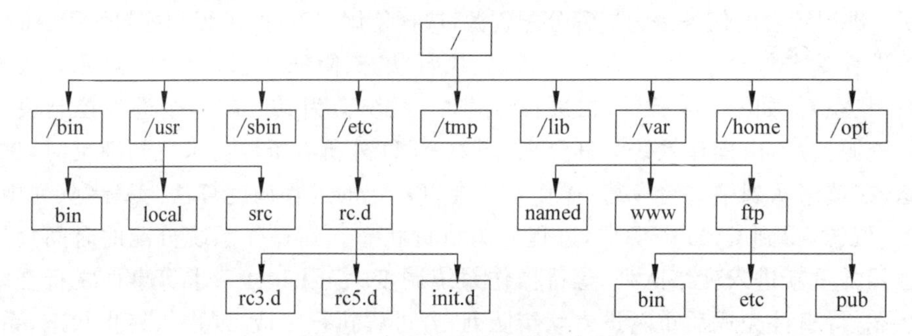

图 5-4 Linux 系统的目录结构

Linux 文件系统还提供了一个十分安全的树形目录结构模型。一般用户只能访问其"/home"目录下所拥有的文件,对于其他不属于该用户或者处于其父目录的文件,要求该用户属于超级用户,并使用超级用户权限进行访问。

5.2.4 设备控制

驱动硬件是 Linux 内核最重要的功能之一。操作系统内核有微内核与宏内核之分,如图 5-5 所示。微内核一般只包含基础 IPC、虚拟内存和调度等基本功能,而 Linux 使用的宏

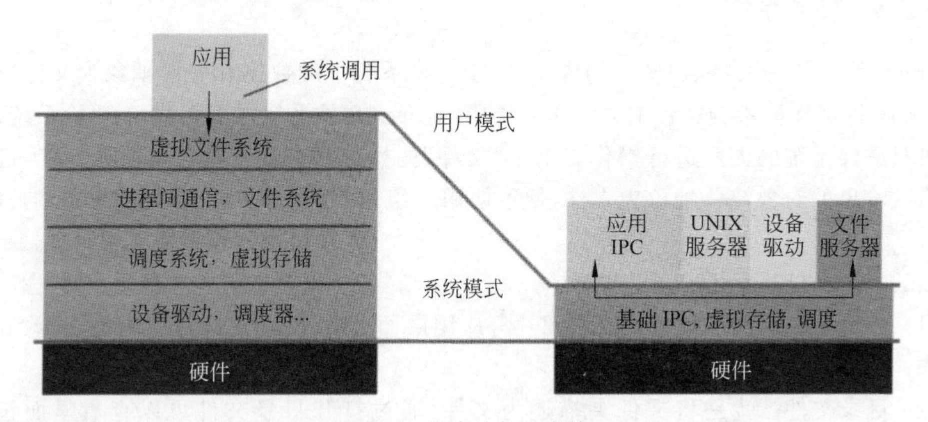

图 5-5 微内核与宏内核

内核将所有的驱动与服务打包在内核里。一般来说，内核版本越高，支持的硬件越多，计算机中的声卡、显卡、鼠标、键盘等硬件都需要依靠内核进行驱动。驱动程序相当于硬件的接口，实现了操作系统对硬件的有效管理，内核只有通过驱动程序才能访问硬件。

在有硬件接口之后，内核通过硬件抽象将硬件接口封装为系统调用接口，面对不同的硬件，程序员只需针对系统提供的 API 进行开发，而无须理会硬件操作的细节。例如，Linux 内核将鼠标、键盘、打印机和硬盘等设备抽象为文件，访问设备时只需调用对设备文件的读写操作。这使得计算机硬件对程序员透明，使得开发过程更简单。

5.2.5　网络接口

Linux 系统的网络功能，如数据报文的收集、识别、分发、程序与网口间的数据报处理及所有的路由和地址解析，都依靠网络接口实现。网络接口包含网络设备接口、网络接口核心、网络协议簇和网络接口 Socket 层 4 部分。

5.3　操作系统的发展史

计算机硬件和软件共同构成计算机系统。计算机硬件的每一次革新都伴随着操作系统的发展。操作系统的发展大致分为 4 个阶段，如图 5-6 所示。第一代的电子管计算机诞生于 20 世纪 40 年代，当时操作系统尚未出现，程序员直接与硬件打交道；第二代的晶体管计算机始于 20 世纪 50 年代，为了提高计算资源的使用效率，减少空闲时间，提出了单道批处理系统；20 世纪 60 年代，随着小规模集成电路的发展，出现了多道批操作系统，以进一步提高资源的使用效率；20 世纪 70 年代，大规模集成电路飞速发展，操作系统百家争鸣，涌现出 UNIX、DOS、Windows、Mac OS、Linux 等著名的操作系统。

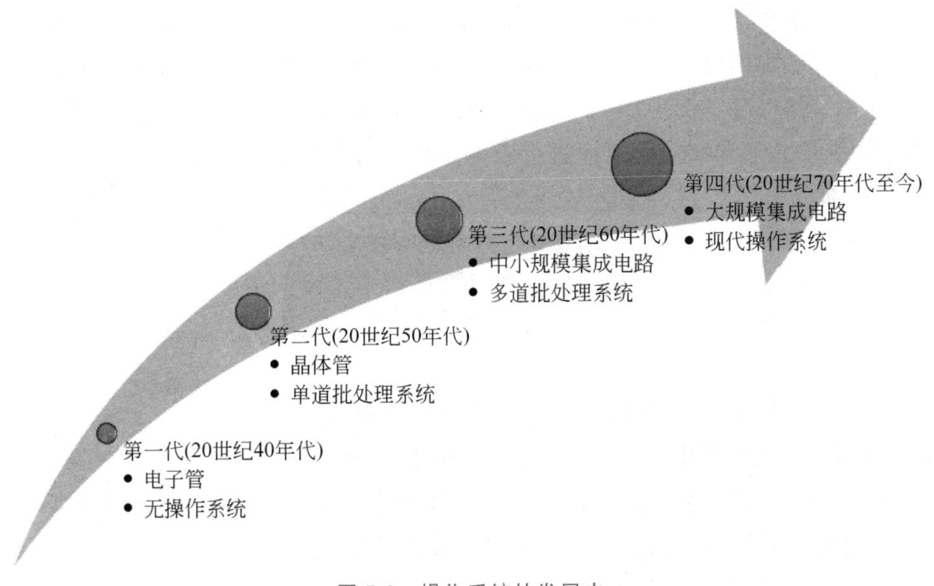

图 5-6　操作系统的发展史

5.3.1 第一代操作系统

早期计算机的功能十分简单，如图 5-7 所示，使用者（程序员）通过人工操作的方式直接与硬件打交道，程序作为控制器的一部分，编程需要硬件化操作。当需要进行计算时，程序员通过插件板和电缆直接连接计算机的各个部件实现基本计算功能；在计算完成后，下一位使用者需先将原来的线缆拔出，再按照需求重新连接电路，以完成其他任务。

图 5-7 程序员通过插拔电缆进行编程

显然，这种通过插拔电缆进行编程的方法效率太低，于是工程师尝试寻求一种可以将程序与数据统一存储在存储器中的方法，以提高执行效率。1945 年，数学家冯·诺依曼通过数学语言系统地阐述了这个思想，提出存储程序型计算机模型，将程序编码为数据一同存放在存储器中。存储程序型计算机模型的提出是计算机领域的一大突破，从此计算机变得可以编程。在冯·诺依曼结构中，内存被划分为内存单元，如图 5-8 所示，每个内存单元都有唯一的地址进行索引。每个内存单元分为两部分，一部分为操作码（ADD/MOV 等）或操作数（数字/地址）；另一部分为下一个内存单元的地址。计算机从程序的起始地址开始读取内存单元中的指令并执行，然后根据指令给出的地址读取下一个内存单元中的内容。自此，程序的执行变为依次从存储器中取出指令并执行。

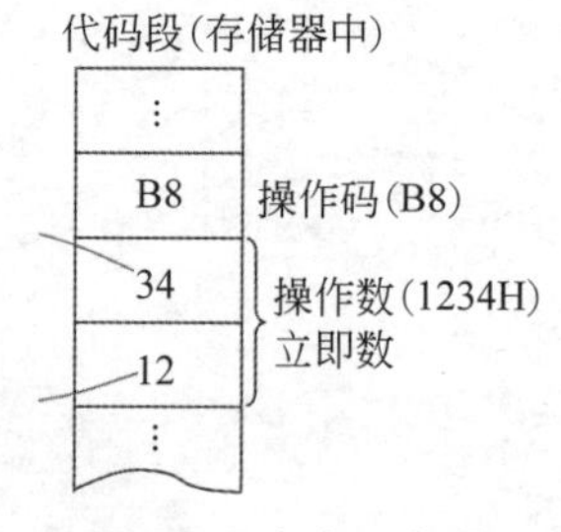

图 5-8 内存示意图

1949 年 8 月，第一台冯·诺依曼计算机 EDVAC 交付给弹道研究实验室，并于 1953 年开始运行。由于那个年代还没有键盘、屏幕等 I/O 设备，程序员会通过打孔机的键盘将代码转录到穿孔卡片中，最后将卡片放进输入设备进行加载，程序执行完成后，将结果输出到打印机进行打印。

总的来说，第一代计算机尚未使用操作系统，程序员直接使用硬件系统（通过插拔电缆或打孔卡片编程），这种方式的优点是在预约上机时间内可以独享整台计算机，方便程序员对程序进行调试。但这种方式存在一个不足——浪费计算资源。由于计算资源独占，预约时间内仅有一个人在使用计算机，若使用者提前完成工作则会导致计算资源的闲置；若在预约时间内不能完成工作，计算也会被终止，导致已使用资源的浪费。同时，由于存储介质容量有限，使用者需要频繁地换下已读卡片，换上新的卡片，在切换过程中计算机的 CPU 仍在运行，由此造成资源闲置的问题。

5.3.2　第二代操作系统

20 世纪 50 年代中期，随着晶体管的提出，计算机逐渐从使用真空管转为使用晶体管，从而出现了第二代计算机。由于晶体管的自身特性，第二代计算机更为精简、节能，同时性能和可靠性大幅提高，此时计算机已经拥有推广价值，但由于低效调度造成的计算资源闲置难以令人接受，因此，使用计算机系统的成本仍十分高。

为进一步提高利用率，减少空闲时间，如图 5-9 所示，20 世纪 50 年代人们普遍使用的一种方法是将批处理与脱机输入/输出方式相结合，即程序员将穿孔卡片交由专门的计算机操作员；由操作员将作业(程序)按顺序组织成批读到输入磁带上；由计算机监督程序控制作业顺序执行；将输出结果写入输出磁带。当输入磁带上的作业执行完成后，由操作员更换输入磁带，并将输出磁带的内容进行打印。

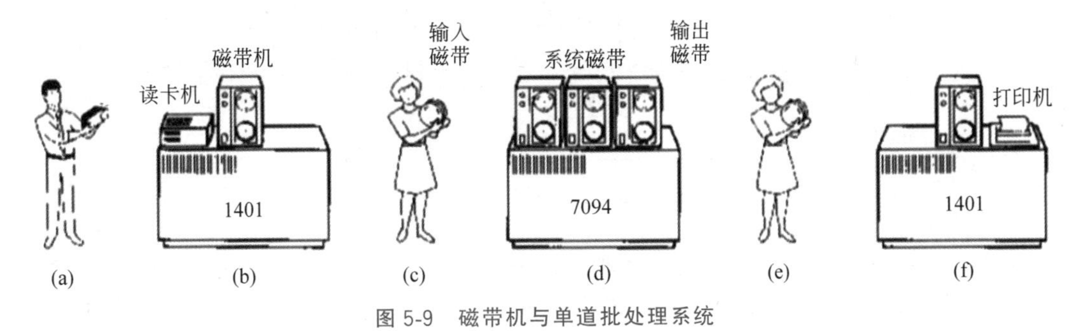

图 5-9　磁带机与单道批处理系统

监督程序在执行过程中会先将磁带上的作业装入内存，编译源程序并检查源程序。若正确，则将计算机控制权交给该作业；作业执行完成后，将控制权交还给监督程序，监督程序再读取下一个作业，直至执行完所有作业。

由于作业按批以流的形式进入内存，因此这种系统被称作单道批处理系统。单道批处理系统的代表是通用汽车公司(General Motors，GM)公司和北美航空(North American Aviation，NAA)公司为 IBM 704 编写的 GM-NAA I/O 系统，该系统的主要功能是在批处理过程中，当一个作业执行完成后，调入一个新的作业。

由于批处理的特点，作业成批进行输入输出，减少了人员调度及装卸卡片所耗费的时间，计算机的执行效率得以提高。但是单道批处理系统仍存在一定问题，磁带中的作业串行执行(只有一个作业)，此时若作业在等待 I/O 操作，会造成计算资源闲置，影响资源使用效率；另外，程序员需要等待一批作业处理完成后，才能得到打印结果，不利于程序的交互及调试。

5.3.3 第三代操作系统

20世纪60年代中期,人们开始利用小规模集成电路制作计算机,生产出第三代计算机。其较晶体管计算机,无论在体积、功耗、速度和可靠性上,都有显著的改善。因此,单道批处理系统的劣势在新一代计算机中被放大——单道使得监督程序每次将一个作业调入内存,当该作业因某些原因如等待外设响应而需要暂停时,将会使得计算资源空闲。

为进一步提升资源的使用率和系统吞吐量,操作系统需具备多作业共享一台计算机的功能,当一个作业因各种原因需要暂停时,系统可以将空闲出来的CPU分配给其他作业,这个思想称为多道,这种操作系统称为多道批处理系统。如图5-10所示,多道系统在外存中设置有后备队列,用户提交的作业都存储在队列中,由调度程序根据调度算法将作业送到内存;处理器会根据需要从一个作业切换到另一个作业,以在保持外设使用的同时保持多个作业的进行。

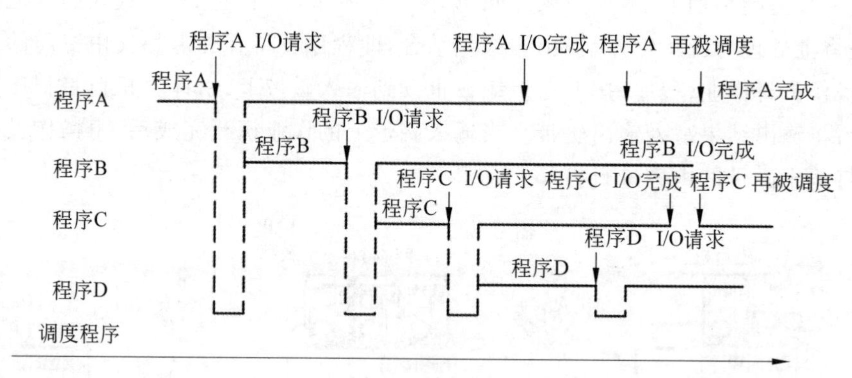

图5-10 多道批处理系统的运行情况

1964年,IBM发布了大型主机的经典之作IBM System/360(360机),与360机一同推出的还有适配整个System/360系列的操作系统OS/360,该系统最多可运行15道程序。早在20世纪60年代,这个系统的开发耗资高达5亿美元,开发难度之高,骇人听闻。最终IBM投入超过2000名工程师,耗费5000人·年,成功开发出OS/360,后被评价为IBM历史上最重要的项目之一。

分时系统是第三代操作系统的另一个代表。多道批处理系统在内存和I/O设备的利用率以及系统吞吐量方面实现了较大的提升,然而其交互能力仍有欠缺:作业一旦被提交,将由系统负责进行调度,在作业完成之前用户都不能与程序进行互动,对修改和调试程序造成了极大的不便。使用者希望能像使用第一代计算机一样,由个人独占计算资源,以便与程序交互及进行调试,这给操作系统提出了一个要求——多名用户同时共享一台计算机。分时系统的出现满足了这个需求:操作系统按照设定的时间周期执行多个用户的作业,当一个时间周期结束而作业尚未执行完成时,系统会将其暂停并执行下一个用户的作业;由于系统切换速度极快,因此用户很难感知系统在切换不同的作业。

同一时期,还出现了外部设备联机并行操作技术(simultaneous peripheral operations on line,SPOOLing),该技术的出现进一步缓和了I/O速度与CPU速度不匹配的问题。SPOOLing技术在高速的磁盘上设置了输入井与输出井,用以模拟脱机输入输出技术中的输入磁盘与输出磁盘，使得可在主机控制下直接实现脱机输入输出的功能，简化人工搬运磁带的步骤。

5.3.4　第四代操作系统

20 世纪 70 年代，随着大规模集成电路的发展，微处理器的性能日益强大，计算机逐渐从大型机发展为微型机，操作系统的发展也进入了个人计算机和工作站时代。两款著名的操作系统占领了大部分 PC 市场：微软公司编写的 MS-DOS 操作系统主要运行在 IBM 个人计算机和使用英特尔处理器的计算机中；UNIX 则主要运行在使用摩托罗拉处理器的大型个人计算机中。

1. UNIX

20 世纪 60 年代初，肯·汤普森(Ken Thompson)和丹尼斯·里奇(Dennis Ritchie)曾参与设计 MIT 的分时操作系统 MULTICS，这个操作系统的设计思路对往后的操作系统造成了深远的影响。1969 年，当时在新泽西州 AT&T 贝尔实验室工作的肯·汤普森希望为他的 PDP-7 计算机编写一个操作系统，以方便使用计算机；为向 MULTICS 致敬，系统起初命名为 UNICS，后来拼写改为 UNIX。UNIX 操作系统如图 5-11 所示，是操作系统的一大里程碑，它因强大的功能受到广大计算机专业人士的喜爱。同时，丹尼斯·里奇正在开发一门以"B 语言"为蓝本的编程语言"C"。1973 年，UNIX 的编写从原来使用的汇编语言改为 C 语言。

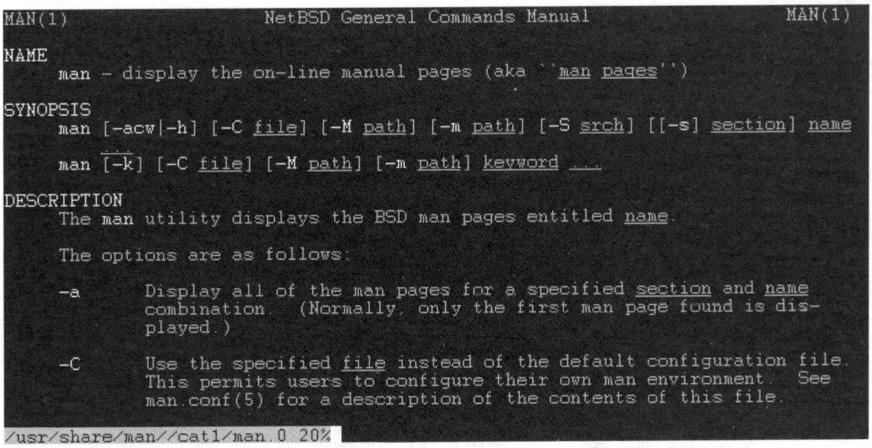

```
MAN(1)                  NetBSD General Commands Manual                  MAN(1)

NAME
     man - display the on-line manual pages (aka ``man pages'')

SYNOPSIS
     man [-acw|-h] [-C file] [-M path] [-m path] [-S srch] [[-s] section] name

     man [-k] [-C file] [-M path] [-m path] keyword ...

DESCRIPTION
     The man utility displays the BSD man pages entitled name.

     The options are as follows:

     -a      Display all of the man pages for a specified section and name
             combination.  (Normally, only the first man page found is dis-
             played.)

     -C      Use the specified file instead of the default configuration file.
             This permits users to configure their own man environment.  See
             man.conf(5) for a description of the contents of this file.
/usr/share/man//cat1/man.0 20%
```

图 5-11　UNIX 操作系统

2. MS-DOS

最早的个人计算机操作系统为加里·基尔德(Gary Kildall)编写的 CP/M(Control Program / (for) MicroComputers)，由于其较好的体系结构设计，因此称之为 8 位 CPU 时代主流的操作系统。受 CP/M 的影响，1980 年西雅图计算机公司的一名程序员蒂姆·帕特森花费 4 个月编写出 MS-DOS 的前身 86-DOS，之后微软将其收购。1981 年，微软发布了著名的 MS-DOS 操作系统，如图 5-12 所示。MS-DOS 是 DOS 系列操作系统中最有名的一个。

在 Windows 95 之前,DOS 是 IBM PC 和兼容计算机中最基本的配备,而 MS-DOS 是个人计算机中最常用的 DOS 操作系统。

图 5-12 MS-DOS 操作系统

3. Mac OS

1984 年,苹果公司发布了麦金塔电脑(Macintosh),与麦金塔一同发布的还有 Mac OS,如图 5-13 所示。Mac OS 被认为是第一款带有图形用户界面(GUI)的操作系统。最早的图形用户界面概念出现在 20 世纪 70 年代,施乐 PARC 的工程师正在打造一款通过鼠标的单击代替命令行操作的产品;1979 年,施乐 PARC 邀请乔布斯等人前去参观,在施乐 PARC 会面结束之后,乔布斯和他的团队将 GUI 变成现实,最终发展出自己的图形化操作系统 Mac OS。如今,许多图形界面最基本的设计要素和操作规则如下拉菜单、桌面图标、双击和拖曳等都源于苹果电脑。

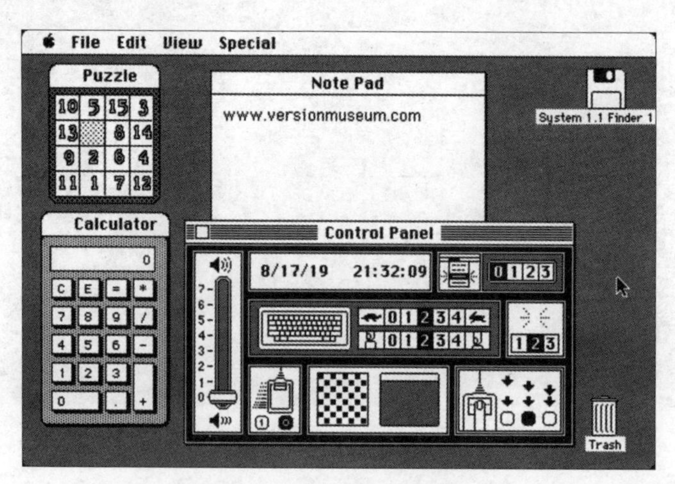

图 5-13 Mac OS 桌面环境

4. Windows

比尔·盖茨和乔布斯因麦金塔电脑而合作,比尔·盖茨和他的团队为麦金塔开发 Word 和 Excel 等应用软件,在此过程中他察觉图形界面将会是未来的方向。1983 年 11 月,微软计划为 IBM 个人计算机开发操作系统。1985 年,Windows 正式问世。Windows v1.01 桌面环境如图 5-14 所示。初版的 Windows 基于 MS-DOS 进行开发,因此和 MS-DOS 一样在功能上有所不足，并没有取得惊人的成功；微软继续开发出 Windows 2.0，终于在 Windows 3.0 版本取得巨大成功。Windows 3.0 是微软第一个在家用和办公室市场上取得立足点的版本；后来，微软又推出 Windows NT、Windows 95/98/2000、Windows XP/Vista/7/8/10 等经典产品，最终以超过 90%的市场份额占领了全球个人计算机市场。

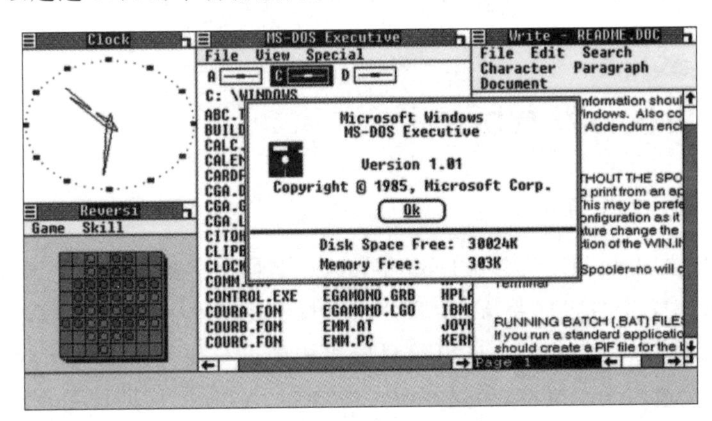

图 5-14　Windows v1.01 桌面环境

5. Linux

在发行的早期，UNIX 系统是免费使用的，由于其强大的功能，UNIX 迅速普及开来且尤为计算机专业人士所喜爱；随后，贝尔实验室意识到 UNIX 系统有巨大的商业潜力，因此对其使用进行收费。1991 年，在赫尔辛基大学就读期间，芬兰学生林纳斯·托瓦兹（Linus Torvalds）（见图 5-15）对操作系统很感兴趣，然而学校使用的 MINIX 仅能用于教学用途，虽代码开源，但由于许可证（License）的限制，不能对其随意改变，因此他开始编写自己的操作系统内核，最终成为 Linux 内核。

图 5-15　Linux 之父林纳斯·托瓦兹

林纳斯·托瓦兹最初使用 MINIX 开发 Linux 内核，同时为 MINIX 编写的应用程序也可以在 Linux 上使用。后来，Linux 成熟了，便在 Linux 系统上进行进一步的 Linux 内核开发。带有 GNU GPL 许可证的程序开源且使用者可以按照自己的意愿运行、修改、分发或修改后再分发该程序，只要它们也以相同或兼容的许可证发布即可。当时，GNU 已具有操作系统所需的许多程序，如 GCC、GDB 等，由于 GNU 项目中的代码是开源的，可以自由使用，因此林纳斯·托瓦兹用 GNU 应用程序替换了所有的 MINIX 组件。全世界的开发人员都致力于将 GNU 组件与 Linux 内核集成在一起，从而创建了一个功能齐全且免费的 Linux 操作系统。

5.4 Linux 内核与发行版

5.4.1 Linux 发展背景

Linux 内核需要从 UNIX 说起。1969 年，AT&T 贝尔实验室的肯·汤普森等人开发了 UNIX，由于当时 UNIX 的拥有者 AT&T 公司因反垄断案件被禁止进入计算机业务，因此 UNIX 的源代码只能以免费的形式许可给科研机构等进行使用及修改。此后 10 年，UNIX 广泛应用于大型企业与学术机构，广受好评。1984 年，AT&T 从贝尔实验室剥离出来，从此贝尔实验室不再受 AT&T 的反垄断禁令影响。意识到 UNIX 巨大的商业价值，贝尔实验室开始将系统以专利产品的形式销售，不再给科研机构免费许可，对 UNIX 的任何修改都是不合法的。

1983 年，理查德·斯托曼（Richard Stallman）发起了 GNU 项目，目标是创建一个完全由自由软件组成的“与 UNIX 完全兼容的软件系统”。1985 年，理查德·斯托曼创立了自由软件基金会，并于 1989 年编写了 GNU 通用公共许可证（GPL）。到 20 世纪 90 年代初，GNU 项目已有 GCC、GDB、GNU Emacs、UNIX Shell 及窗口程序等操作系统所需的程序。然而，尽管系统工具已逐渐完善，底层的开发，如设备驱动程序、守护程序（deamons）及 GNU 的内核 GNU/Hurd 进度的停滞不前。

5.4.2 Linux 内核

Linux 内核是计算机操作系统的核心。Linux 内核的开发者林纳斯·托瓦兹曾表示，如果 GNU/Hurd 内核或 386BSD 内核（FreeBSD 和 NetBSD 的前身）在 1991 年面世，他可能就不会编写 Linux 了。1991 年，林纳斯·托瓦兹在这个“无核可用”的背景下着手开发自己的内核。1991 年 10 月 5 日，林纳斯·托瓦兹在 comp.os.minix 上发表帖子“free minix-like kernel sources for 386-AT”，表示他编写的 Linux 已经可以运行 bash、gcc 等程序，这份著名的帖子标志着 Linux 内核计划正式开始。1994 年，Linux 1.0 版正式发布，共有超过 17 万行代码；内核发布按照完全自由免费的协议，之后转为使用 GPL 协议。

Linux 本质上来说是一个符合 POSIX 标准的内核，它提供了一套接口使用户程序能与内核及硬件打交道。仅 Linux 内核还不能称为操作系统，Linux 操作系统包含大量其他组成完整操作系统的组件。

从表 5-1 可以看到，Linux 内核位于用户与计算机硬件之间，是一个管理系统资源的程序；同时是一个抽象的模型，它将硬件调用接口封装为更友好的系统调用接口。

表 5-1　Linux 内的各种层

<table>
<tr><td rowspan="3">用户态</td><td>应用程序</td><td colspan="20">bash、LibreOffice、GIMP、Mozilla Firefox 等</td></tr>
<tr><td>低层系统组件</td><td colspan="5">系统守护进程：systemd、runit、logind</td><td colspan="5">图形界面：X11、Wayland</td><td colspan="5">其他库：GTK＋、Qt</td><td colspan="5">图像：Mesa、AMD Catalyst</td></tr>
<tr><td>C 标准库</td><td colspan="20">如 open()、exec()、socket()、fopen()、calloc()等子程序</td></tr>
<tr><td rowspan="3">内核态</td><td rowspan="3">Linux 内核</td><td colspan="20">如 stat、splice、read、open、write、close 等系统调用</td></tr>
<tr><td colspan="4">进程调度子系统</td><td colspan="4">IPC 子系统</td><td colspan="4">内存管理子系统</td><td colspan="4">虚拟文件子系统</td><td colspan="4">网络子系统</td></tr>
<tr><td colspan="20">其他组件：如 ALSA、DRI、device mapper、Netfilter 等
Linux 安全模块：如 SELinux、TOMOYO 等</td></tr>
<tr><td colspan="22">硬件(如 CPU、内存、硬盘等)</td></tr>
</table>

5.4.3　Linux 所有权

1. GPL

在 Linux 发展背景部分简要介绍了 GNU 项目发展的历史：1983 年，为创建一个完全由自由软件组成的类 UNIX 操作系统，理查德·斯托曼发起了 GNU 项目，并发起了自由软件运动。但在早期(1984—1988 年)，GNU 项目还没有一个覆盖其所有软件的通用许可证，直到理查德·斯托曼和 Java 之父詹姆斯·高斯林(James Gosling)的一次不愉快合作，促使他起草了第一份 GPL 许可证。

最早的 Emacs(Editor MACroS)编辑器由理查德·斯托曼改进斯坦福大学的“E”编辑器，为其加入宏(Macros)而来；1981 年，詹姆斯·高斯林用 C 语言编写了一个以 Mocklisp 为扩展语言的 Emacs(Gosling Emacs)。早期詹姆斯·高斯林将他的 Emacs 源代码开源并允许进行免费分发，因此吸引了很多人帮助开发它，理查德·斯托曼将其作为基础开发了第一版 GNU Emacs；然而，后来詹姆斯·高斯林决定将 Gosling Emacs 出售给 UniPress，改名为 UniPress 并使其成为专有软件，这深深刺痛了其他开源代码的贡献者。随着所有权的转移，UniPress 要求理查德·斯托曼停止 GNU Emacs 的分发，后来理查德·斯托曼被迫将詹姆斯·高斯林的代码移除，并将扩展语言转为 Lisp，此举相当于将 Emacs 重新开发了一遍。为了避免这种开源代码转为闭源的情况再次发生，理查德·斯托曼起草了 GPL 并于 1989 年发布 GPL v1[62]。

GPL 的全称为 GNU 通用公共许可证(GNU General Public License)，是第一个普遍使用的 Copyleft 许可证。为了表示与传统版权 Copyright 的不同，理查德·斯托曼将它命名为 Copyleft。事实上，Copyleft 就是一种 Copyright，它利用现有的版权制度，保护所有用户和二次开发商的自由。被 Copyleft 许可的软件，用户可以自由地使用、修改和分发，但同时要求二次开发的软件继承 Copyleft 许可证，以同等的方式授权以回馈社会。使用者一旦侵犯了版权(如不按照许可证规定履行义务)，版权拥有者可以以“侵犯版权”为由进行诉讼。

2. Linux 与 GPL

在使用 GPL v2 之前，林纳斯·托瓦兹最初使用的是自己写的许可证，其中主要提到两点：①所有代码必须开源；②不能用于营利。关于金钱部分，是因为林纳斯·托瓦兹在求学时期的经历，当时学校使用的操作系统是 Minix，需要付 169 美元购买使用权，这对他来说是不小的一笔钱，因此他不想其他人再重复他的经历。

但是，几个月后有一群希望分发 Linux 的人找到了林纳斯·托瓦兹，表示虽然许可证要求不可收费，但是分发软件(如用光盘刻录进行分发)需要成本，因此他们希望至少能通过收费来回本。林纳斯·托瓦兹认为对分发成本进行收费是合理的，因此他决定在维持开源的前提下允许对软件进行收费(即在收费的情况下，开源代码仍可免费获得)。在发现 GPL v2 符合他的需求后，林纳斯·托瓦兹将 Linux 内核的许可证换成了 GPL v2[63]。

在 GPL 的许可下，Linux 内核的源代码可以被免费下载，并可自由地对其进行运行、复制、修改、分发，甚至盈利。一旦代码经 GPL 许可，即使以后停止分发，已经开源了的部分内容仍然可以没有风险地继续使用。

5.4.4 Linux 发行版

上文介绍了操作系统的核心 Linux 内核，除内核外，一个完整的 Linux 发行版还包括桌面环境、文件管理器及大量 GNU 工具和库等。每个软件都是一个独立的项目，有专门的开发者对其进行维护；对于使用了大量 GNU 项目工具的系统，有时会称之为 GNU/Linux。Linux 发行版所做的就是将内核与库函数、系统组件和应用软件集成并进行编译，用户拿到发行版安装后便可直接使用。此外，Linux 发行版不仅局限于基于 Linux 内核进行开发，从一个发行版创建分支并基于其进行开发的操作系统(如 Ubuntu 基于 Debian 进行开发)也可称作 Linux 发行版。截至 2020 年，被 LWN.net 收录的 Linux 发行版有 258 个，而未被收录的发行版数不胜数。

Linux 发行版可分为商业发行版和社区发行版。商业发行版的典型代表有 Ubuntu (Canonical)、Red Hat 等，社区发行版的代表有 Debian、Fedora 等。商业发行版与社区发行版的区别是：社区发行版由非营利组织进行开发及维护，可以免费下载并使用；商业发行版则是由商业公司进行开发及维护，如 Ubuntu 与其公司 Canonical。与社区发行版的完全免费相比，商业发行版有可能收取一定的费用，以购买付费的服务。收费的商业发行版的典型代表为红帽企业版 Linux(red hat enterprise linux，RHEL)，从 RHEL5 开始，红帽公司为每个企业发行版提供长达 10 年的支持，包括提供系统升级和补丁及各种安全警报等。类似于 RHEL 发行版的这种做法完全符合 GPL 的要求，用户可以免费获取红帽操作系统的开源代码，但不包括任何 RHEL 已编译的程序、补丁等额外服务，需要用户自行编译代码。用户可以根据实际应用选择社区发行版或商业发行版，对于企业来说，相对于使用社区发行版并雇专人进行维护，付费购买服务是相对合算的。表 5-2 简单比较了几个具有代表性的 Linux 发行版。

表 5-2 几个具有代表性的 Linux 发行版

版 本	免费下载	免费使用	技术支持(商业)
RHEL	否(源代码免费)	否	付费
CentOS	是	是	不提供

续表

版　本	免费下载	免费使用	技术支持(商业)
Fedora	是	是	不提供
Scientific Linux	是	是	不提供
Oracle Linux	要求简单登记	是	付费

通常,Linux 发行版还会根据较为有名的上游发行版进行分类(系),最有名的是 Debian 系和红帽系。

1. Debian 系

Debian 项目是最早的发行版本之一,可以追溯到 1993 年,目前其是最大的社区发行版。Debian 属于通用操作系统(universal operating system,与用途单一的专用操作系统相对),目前已经被翻译成多种语言并编译在许多硬件平台上工作;Debian 有一个包含各种软件包的大型存储库,软件通过 Aptitude(apt)包管理系统进行管理。

Debian Stable 版没有固定的发布时间,准备好则进行发布,但是稳定的发布大约每两年发布一次,并获得大约 3 年的支持。在 Debian 安全团队终止官方支持之后,LTS 团队会为旧稳定版本的少量软件提供安全更新。Debian 测试分支是准备下一个稳定发行版的地方,软件包比稳定版本更具最新性,同时(通常)提供了稳定的桌面。不稳定分支(sid)提供了更多的前沿技术,而尚未准备好 sid 的软件包则会存放于实验分支。

以 Debian 为上游的发行版有很多,其中最著名的是 Ubuntu。官方版 Ubuntu 由 Canonical 公司进行维护,Ubuntu 开发过程会先对 Debian 创建一个快照,然后从不稳定的版本中克隆一个分支进行开发,最后在每年的 4 月和 6 月发布一个稳定的版本;而像 Kubuntu、Xubuntu、Ubuntu Studio、Lubuntu、Ubuntu Kylin(优麒麟)、Ubuntu MATE 和 Ubuntu Budgie 等则是使用了 Ubuntu 仓库和基础结构的社区发行版。其中,Ubuntu 带有 GNOME 桌面,Kubuntu 带有 KDE Plasma 桌面,Xubuntu 带有 XFCE,Ubuntu Studio 集成了用于多媒体创建的软件包,Lubuntu 带有 LXQt 桌面环境,Ubuntu Kylin 已针对中国用户进行了本地化和定制,Ubuntu MATE 具有 MATE 桌面,而 Ubuntu Budgie 具有 Budgie 桌面。

除此之外,Debian 系的发行版还有 Linux Mint、Knoppix、OpenGEU、Elementary OS 和 gOS 等。

2. 红帽系

红帽成立于 1993 年,是一家开源解决方案供应商,其提供的红帽操作系统是世界上最著名的 Linux 发行版之一。红帽 Linux(red hat linux,RHL)系列的最新版本是 2003 年 4 月发布的 RHL 9。2003 年,该公司宣布放弃流行的 Red Hat Linux,以专注于红帽企业版 Linux(red hat enterprise linux,RHEL)系列。红帽企业版 Linux 可以付费为那些需要稳定的受支持系统的红帽客户提供服务和支持。此外,红帽公司还有许多其他用于云环境的产品。红帽公司已于 2019 年 7 月被 IBM 收购,但是未计划对 RHEL 产品和服务或 Fedora 和 CentOS 进行任何更改。

Fedora 项目是 Red Hat Linux 的社区发行版。2003 年，红帽宣布放弃红帽 Linux 后，由开源社区接手并于 2003 年 11 月发布第一个 Fedora Core。Fedora 定位是 RHEL 的测试平台，因此一般会使用最新的内核和软件。对于希望尝试新技术的人来说，Fedora 是一个不错的选择。Fedora 力争每 6 个月发布一个新版本，并且该版本将获得大约 13 个月的支持。Fedora 版本包括 Workstation 和 Server，以及预览的 CoreOS 和 IoT。Fedora 的使用群体有航空航天、设计和科学计算等。Fedora 支持多种平台架构。

CentOS 始发于 2004 年，是从 RHEL 派生的企业级 Linux 社区发行版。红帽是 CentOS 的赞助商，CentOS 是对 RHEL 开源代码进行编译而得的操作系统，CentOS 对上游代码的主要修改是更改软件包，以删除红帽的品牌。因此，对于一些有专门维护团队的企业，可以在服务器上以免费的 CentOS 替代商业版的 RHEL 使用。

红帽系的其他发行版还有 openSUSE、Loongnix(龙芯)、Mageia、PCLinuxOS 等。

主流 Linux 发行版本间的关系如图 5-16 所示。

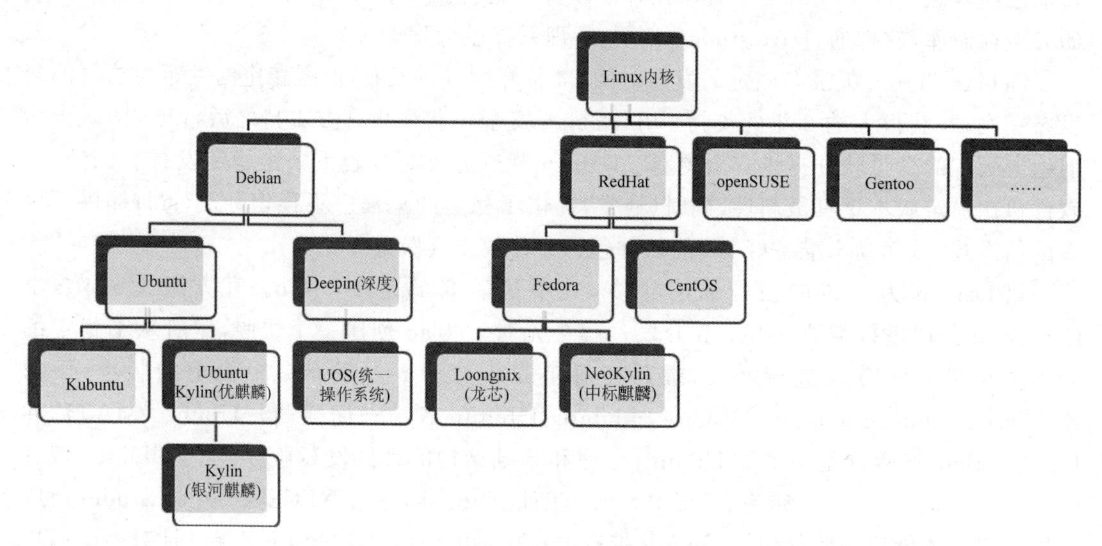

图 5-16 主流 Linux 发行版本间的关系

5.5 操作系统国产化

我国的国产通用操作系统已有超过 40 多年的发展历史，在不同时期，“国产化”有着不同的含义，但国产操作系统的核心——“自主可控”却未曾改变，无论是早期从零开始编写代码的主导级自主可控，还是后来基于 Linux 内核开发的解释级自主可控，都可称作操作系统的国产化。

在 1980 年之前，我国还没有自主通用操作系统，当时主要的工作是汉化 DOS、UNIX 和 Xenix 等操作系统。

早期的国产操作系统强调主导级的自主可控。1989 年开始，由中国软件牵头，联合 20 多家高校及科研院所一起打造中国自主操作系统 COSIX 1.0，开启了基础软件发展之路。

COSIX 的打造以完全自主可控为指导方针，产品的规格定义尽量参照已有的国际标准，但在产品的开发过程中不允许接触任何引进技术，操作系统从零开始由国内开发者编写一行行代码进行开发，以确保产品 100％的版权。但由于产业生态的不配套，尽管在产品方面有所成就，但这种“闭门造车”的方式没有在广泛的产业化方面取得成功。1994 年，Linux 内核 1.0 版正式发布；国产 COSIX 操作系统经过 2.0、2.1 的迭代，改进了起始阶段过分强调完全自主可控带来的问题，专注在微内核、安全及汉化等方面攻坚克难，取得很多关键技术的突破[64]。

1999 年，中国自主操作系统进入了解释级自主可控的开源软件发展阶段，当时具有代表性的企业有中软 Linux、中科红旗 Linux、Xteam Linux 和蓝点 Linux 等。2002 年，国防科技大学承接国家 863 项目——国产服务器操作系统内核（即后来的麒麟操作系统），最初操作系统的设计中底层采用 Mach 微内核架构为蓝本，服务层采用 FreeBSD 系统为参考，应用层采用 Linux 作参考，用户界面仿照 Windows 设计[65]。由于其四不像的设计，该操作系统被命名为麒麟操作系统。但由于生态问题，FreeBSD 和微内核架构的衰落，使得社区代码贡献不再活跃，仅由国防科大团队维护操作系统变得力不从心，最终在 2009 年，麒麟操作系统的内核也转向 Linux。

从国产操作系统 40 多年的发展脉络可以看到，国产操作系统的内涵一直随着时代的发展而变化，国产操作系统经历了从无到有的阶段，又从“闭门造车”转向“拥抱开源”。基于 Linux 内核进行开发是否意味着国产操作系统丧失了自主可控的根基呢？

国产操作系统“银河麒麟”的开发者之一，即现任天津麒麟信息技术有限公司总经理孔金珠曾表示：Linux 作为开源系统，全世界的社区在共同维护系统代码，越是阳光的地方，越是没有病毒，理论上 Linux 藏有恶意后门的概率非常小，反倒是过去闭门造车的麒麟系统代码，可能存在着各种漏洞。

由于 Linux 内核的使用，国产操作系统可以兼容大部分 Linux 应用程序，生态的完善使系统有能力替代国外的操作系统。在使用 Linux 内核取代一些成熟技术的重复开发后，中国的开发者将主要精力集中在打造国产计算生态上，适配国产自主可控的处理器，打造如“PK”体系等的“国产 CPU＋国产操作系统”的计算平台。

5.6 国产操作系统

我国最早的操作系统可以追溯到 20 世纪 70 年代末，在 40 多年的发展历史中，涌现出多种国产操作系统，大体可将其分成自主研发与基于 Linux 内核两大类。

自主研发操作系统是指一个从无到有构建出来的操作系统。早期的国产操作系统 COSIX 及最初的麒麟操作系统均采取了自主研发的策略，除产品的规格定义参照国际标准外，整个操作系统均由中国开发人员进行开发，不依赖已有成果。这类型操作系统的知识产权完全自主可控，但由于“闭门造车”的开发方式，受开发团队的限制，使系统容易存在漏洞；同时，由于市场规模较小，会出现软件生态薄弱等问题，除中科方德外，当前大多数国产操作系统已不再采取自主研发的方式。

由于开源操作系统内核 Linux 的出现，越来越多的厂商选择基于 Linux 内核或基础发行版进行研发，实现自主可控的目标。与 Windows 操作系统存在断供风险[66]不同，Linux 内核由 GPL v2 许可证授权，因此任何人都可以使用 Linux 内核，对其进行运行、复制、修改、分发，甚至是盈利，这为基于 Linux 的国产操作系统提供了自主可控的基础。同时，操作系统厂商需要对 Linux 内核进行深入的分析与研究，对代码有一定的把握，可以对其进行定制及安全增强，防止后门的出现。

下文将介绍以麒麟操作系统为代表的基于 Linux 内核的自主可控国产操作系统，以及以方德操作系统及鸿蒙操作系统为代表的使用自研内核的国产操作系统。其中，部分主流国产操作系统的内核/上游发行版见表 5-3。

表 5-3　部分主流国产操作系统的内核/上游发行版

企　　业	主 要 产 品	内核/上游发行版	发行年份
麒麟软件	中标麒麟发布桌面操作系统软件 v7.0	Fedora 21	2017
	银河麒麟桌面操作系统 v10	Linux 内核 4.4	2020
中科方德	方德桌面操作系统	自研内核	2010
华为	openEuler 20.03 LTS	CentOS/Linux 内核 4.19	2020
	鸿蒙 OS 2.0	自研内核	2020
统信软件（深度科技）	Deepin v20	Linux 内核 5.4/5.7	2020
统信软件	UOS	Deepin v20	2020

5.6.1　麒麟操作系统

麒麟操作系统包括“中标麒麟”和“银河麒麟”两大品牌，分别由中标软件有限公司和天津麒麟信息技术有限公司进行开发，是目前国内较为成熟、应用范围较广的国产操作系统。

中标麒麟深耕通用操作系统领域，注重操作系统的安全可信；银河麒麟设计面向国防领域，以打造高安全、高可信的专用操作系统为目标。操作系统版本现已能够同时支持六款以上国产 CPU（包括飞腾、龙芯、鲲鹏、申威、兆芯、海光等）。新公司的操作系统产品已经在党政、国防、金融、能源、交通、医疗等行业获得广泛的应用[67]。

2020 年 3 月，天津麒麟与中标软件两家公司强强合并，顺应产业发展趋势、市场需求和国家安全战略的需要，成立麒麟软件有限公司[68]，打造中国操作系统新旗舰。

下文将分别介绍两家公司及其代表性产品。

1. 中标麒麟

中标软件有限公司（简称中标软件）成立于 2003 年，是国内较早的国产操作系统厂商。次年 2 月，中标软件推出其第一款桌面软件产品——中标普华 1.0 系列，包含 Linux 桌面及 Office 软件；2009 年年末，中标普华系列软件迭代至第五代。

2010 年 12 月，中标软件的普华 Linux 桌面与国防科大研制的“银河麒麟”操作系统宣布合作，联合推出“中标麒麟品牌”，同时签订战略合作协议，这标志着中标软件迈出了强强联合、战略整合的关键一步，也意味着中国国产操作系统强势品牌的诞生。

中标软件旗下有“中标麒麟”“中标凌巧”及“中标普华”三大核心产品品牌，其中中标麒麟主打桌面OS及服务器OS，中标凌巧主打移动端（主要为移动办公、车载）操作系统，中标普华主打办公软件。

1）中标麒麟桌面操作系统软件v7.0

在国防科大时期，麒麟操作系统曾基于FreeBSD内核进行开发，在麒麟系统3.0后转为使用Linux内核：中标麒麟3.2为CentOS 6.5的下游发行版；中标麒麟6.0为Fedora 19的发行版，使用Gnome 3.4制作提供类似Windows XP风格的图形界面，充分考虑了Windows用户的操作习惯，帮助用户快速适应系统，降低迁移成本。

2017年，中标麒麟发布桌面操作系统软件v7.0，该产品基于Fedora 21进行开发，内核为Linux 4.4，为中标麒麟品牌最新产品。其桌面环境如图5-17所示。该产品除支持x86平台的CPU外，还实现了对龙芯、申威、兆芯及鲲鹏等自主CPU的支持，对打造国产计算生态有重要意义。

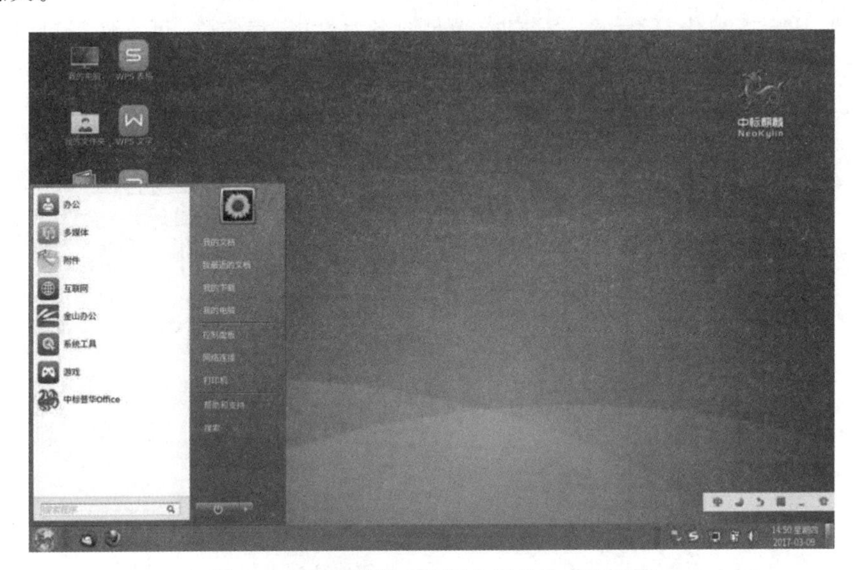

图5-17　中标麒麟桌面操作系统的桌面环境

中标麒麟桌面操作系统软件v7.0具有以下几个特点。

（1）同源开发，跨平台支持。我国自主计算平台有基于ARM、MIPS、Alpha和Power等的多种指令集架构。为适配多种国产计算平台，中标麒麟桌面操作系统软件v7.0采用同源开发、跨平台编译构造的方式，使用同一套源代码构建内核、核心库和桌面环境等各种组件，通过跨平台编译构造支持龙芯、兆芯、飞腾、鲲鹏、海光等自主平台，实现“一次开发，分次编译，跨平台部署”；对不同的国产平台提供兼容适配，在不同的硬件平台上提供统一的应用接口与开发接口，为用户提供跨平台无缝体验。

（2）桌面环境。中标麒麟桌面操作系统的设计与Windows 7类似，在“开始”菜单中，用户可以进行打开应用、管理计算机和关闭计算机等操作，统一的设计使操作系统更加清晰、高效和易用；交互逻辑充分考虑了Windows用户的操作习惯，无须专门学习即可实现平滑迁移。

(3) 良好的生态及支持。中标麒麟桌面的生态建设良好,在党政办公和行业应用领域,中标麒麟桌面操作系统软件 v7.0 提供了大量开箱即用的图形化界面应用,包括普华 Office、WPS 等桌面应用和办公软件,以满足办公需求;系统内置全新的应用商店,支持用户通过图形界面进行软件的查找、安装、升级和卸载,丰富用户的选择。系统硬件兼容性良好,支持主流国产整机和外设;系统提供良好的软件兼容性,支持办公应用、安全软件、数据库及中间件、即时通信等各类应用软件。系统提供完善的升级维护机制,用户可通过外网或局域网获取更新,取代通过申请-寄送安装光盘的获取更新方式;同时,系统还提供了在线、离线升级,定时更新和关机更新等多项实用的功能。

2) 中标麒麟高级服务器操作系统软件 v7.0

中标麒麟拥有多年的 Linux 研制经验基础,依托此基础,中标麒麟高级服务器操作系统软件 v7.0 依照 CMMI5 标准进行研发,其系统综合管理平台如图 5-18 所示。系统设计面向物理环境与虚拟化环境,广泛应用于公共云平台、私有云及混合环境,针对关键业务及数据负载而构建,适应虚拟化、云计算、大数据,满足业务对性能、稳定性、可靠性、扩展性、安全性等的要求。系统实现对龙芯、申威、兆芯、海光、鲲鹏等自主 CPU 及 x86 平台的同源支持。

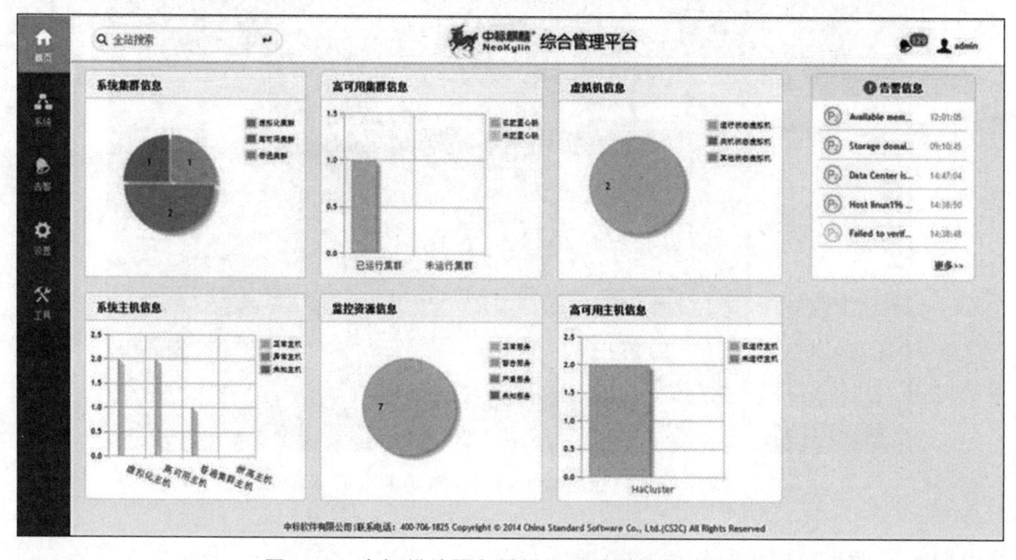

图 5-18 中标麒麟服务器操作系统综合管理平台

中标麒麟高级服务器操作系统软件 v7.0 具有以下几个特点。

(1) 统一的集群管理。高级服务器操作系统可以通过综合管理平台进行统一的集群管理,提供系统集群信息、高可用集群信息、系统主机信息与高可用主机信息等信息实时监控,并可以对物理服务器集群的运行状态进行预警、配置,以及管控虚拟化集群,对高可用集群调配资源,制定策略。

(2) 良好的兼容性。系统具有良好的软硬件兼容性,用户可以通过下载不同版本的镜像,以在不同底层架构的计算平台上部署此操作系统,获得连贯一致的体验;目前,系统支持 x86、ARM、龙芯、Power 和申威等国内外主流硬件平台。

(3) 安全性。系统还提供全方位的支持和保障,通过麒麟系统内置的产品升级中心,用户可连接到麒麟服务器获得更新，以保证操作系统的安全性与稳定性。系统支持多种国内外主流的标准与技术，包括可信计算标准规范（TCM/TPCM 和 TPM 2.0）、国密增强算法、IPtables、SELinux、多因子认证和数据加密存储等，以满足信息基础设施在安全方面的要求。与国内主流漏扫厂商建立漏洞扫描及修复的持续合作机制，可为客户提供精确的漏扫报告，打造安全创新的基础软件平台环境。

2. 银河麒麟

2014 年年底，天津麒麟信息技术有限公司由中国电子信息产业（CEC）集团、国防科技大学和天津滨海新区三方联合成立，作为军民融合的代表性企业，国防科大的“麒麟”和“银河麒麟”的商标、知识产权等相关无形资产在天津麒麟中得到传承。自成立以来，天津麒麟依托国防科大、CEC 集团和天津市各级政府的大力支持，打造成为我国自主可控产业的坚强基石。

银河麒麟操作系统也称麒麟操作系统，源自国防科大“863 计划”及“核高基”支持下诞生的操作系统，是国内安全等级较高的操作系统之一。银河麒麟操作系统与飞腾处理器联手组成“PK”体系，是“Windows＋Intel，wintel”组合的有力竞争者。

下面讲解银河麒麟桌面操作系统 v10。

银河麒麟在可靠性和安全性方面具有极大的优势，除支持国际主流的 x86 架构 CPU 外，还是唯一一款支持飞腾系列 ARM64 架构的国产操作系统。目前，在大船、大飞机、航空等国防安全领域中使用的都是由天津麒麟提供的银河麒麟操作系统，并由天津麒麟提供相应的技术支持。

主流的银河麒麟桌面操作系统有 v4 与 v10 两个主流版本，银河麒麟桌面操作系统 v4 发布于 2017 年 12 月，该版本基于 Ubuntu Kylin 16.04 版本制作，与优麒麟一样使用 UKUI 作为默认桌面环境。2020 年，银河麒麟更新了操作系统 v10 版本，基于 Linux 内核 4.4。银河麒麟桌面操作系统 v10 深入优化了系统的易用性、稳定性、安全性和可靠性；图形界面设计充分考虑 Windows 平台用户的习惯，操作简便，快速上手；在生态方面，系统内置了应用商店供用户下载软件，同时通过中间件技术使系统直接运行超过 2000 款的安卓应用，解决了 Linux 系统生态薄弱的问题；提供多 CPU 平台统一的在线软件升级仓库，支持在线升级，使系统保持最新状态。

银河麒麟操作系统的桌面如图 5-19 所示。

图 5-19　银河麒麟操作系统的桌面

银河麒麟桌面操作系统 v10 具有以下几个特点。

(1) 兼容性。多平台兼容：天津麒麟对飞腾、龙芯、申威、海光等六大国产计算平台进行适配，通过同源开发跨平台编译的方式，为开发者提供兼容一致的接口，为不同平台用户提供一致的使用体验。

(2) 国产平台优化。针对国产 CPU 平台的特点，在功耗管理、内核锁、内核锁及页拷贝、网络、VFS、NVME 等方面开展优化，实现 CPU 动态频率调节和温度监控，提升 I/O 性能、网络处理能力以及 NVME 的吞吐率。

(3) 桌面环境。银河麒麟桌面操作系统 v10 提供了类似于 Windows 7 的操作界面，上手简单，学习成本低，便于 Windows 平台用户迁移；通过使用组件的方式实现系统的桌面、任务栏与“开始”菜单部分，组件特性使其可以并行加载，以提高加载速度；同时，组件间通信使用进程通信技术，其本身的可靠性使系统更加稳定。

(4) 良好的生态及支持。Windows 操作系统由于其完善的生态垄断了 86% 的桌面操作系统份额，而传统的 Linux 桌面操作系统生态薄弱，其应用主要面向专业人士。面向普通用户的软件，如 QQ、微信等社交软件及网易云音乐、优酷等娱乐软件在 Linux 上都没有代替。为打破对 Windows 的依赖，麒麟软件与技德科技共同推出 Kydroid 3.0，该技术使用虚拟设备层实现在 Linux 上以窗口的形式不加修改地运行移动应用；借助强大的安卓生态[69]，银河麒麟桌面操作系统 v10 可以运行超过 2000 款安卓 App，包括微信、QQ、办公、股票和游戏等，通过跨平台技术解决国产操作系统生态薄弱的问题。

5.6.2 中科方德

中科方德软件有限公司[70]（以下简称方德）于 2006 年成立，是国内为数不多深耕国产操作系统的几家公司之一。作为长期从事操作系统行业发展的少数几家国内公司之一，方德致力于确保国家、政府、军事和主要行业信息系统的安全，并发展我国的操作系统、自主可控制基本软件，致力于提供可靠的国内运营系统产品、解决方案和服务。

1. 方德桌面操作系统

方德桌面操作系统以核高基桌面操作系统为基础进行开发，使用核高基安全加固内核，安全、可靠；兼容飞腾、龙芯、鲲鹏、兆芯、海光和申威六大国产平台，性能优异。

如图 5-20 所示，与传统国产 OS 厂商基于国际开源社区的发行版本（如 Ubuntu/Fedora 等）进行定制不同，方德创新性地采用“基础版＋发行版”的开发模式。首先上海中心基于课题研究和技术成果研发完成基础版产品，作为上游发行版对外或定向发布；然后方德在基础版产品的基础上根据行业的需求定制发行版；最后，国内的整机厂商会对发行版进行选型，筛选出优秀的发行版部署在整机产品中。

2. 方德服务器操作系统

方德高可信服务器操作系统基于基础版平台，达到操作系统国标 GB/T 20272—2019 第四级安全等级标准，支持主流服务器体系架构，兼容主流 Linux 服务器应用，技术完全自主可控。其桌面如图 5-21 所示。

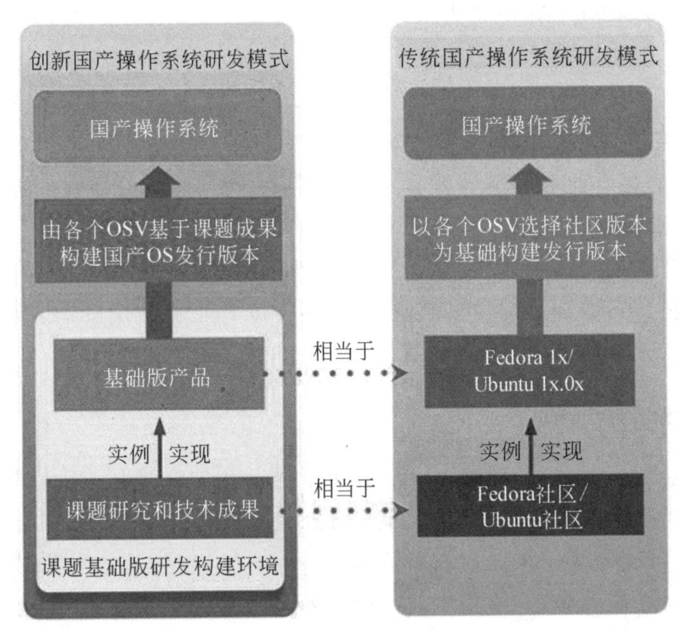

图 5-20　方德操作系统研发模式

图 5-21　方德高可信服务器操作系统

方德操作系统具有以下几个特点。

1）安全性

服务器操作系统提供全方位的安全保障，支持国密算法和TCM（可信计算规范），提供包括B/S架构监控告警支持在内的多种安全机制，并提供企业级的稳定、高效和可靠的软件运行支持环境，以满足企业对服务器操作系统的性能、安全性和可靠性的需求。

2）扩展性与兼容性

系统具有良好的扩展性与兼容性，可以对国产高可用集群和虚拟集群进行管理，支持虚拟集群的快速迁移。它适用于部署和构建各种部门级和企业级应用程序服务，可以较好地兼容国产的主流服务器整机、中间件和数据库等。

5.6.3 华为操作系统

华为技术有限公司[71]成立于1987年，最初专注于用户交换机（PBX）代理的业务，之后华为的业务逐渐扩展到建立电信网络，为国内外企业提供运营和咨询服务及设备。2012年，华为超越爱立信成为第一大通信设备制造商；2018年，华为超过苹果成为仅次于三星的第二大手机制造商。截至2019年年末，华为营收达到1217.2亿美元，在全球拥有超过19万名员工。

1. 华为软件生态“三板斧”——EMUI、HMS和鸿蒙

1）EMUI

20世纪90年代，任正非调整业务方向，华为重点布局移动通信及智能手机领域。2003年，华为成立了终端公司。2012年，华为发布了初代EMUI智能手机操作系统，基于安卓2.3 Jellybean；2015年，EMUI 5.0的发布是华为里程碑式的一步，集中所有的技术力量解决安卓的卡顿顽疾；2018年，P30系列手机与EMUI 9.0发布，华为同时推出全新的方舟编译器，通过方舟编译器的App可将应用程序安装包打包成机器码格式，系统不再需要虚拟机便可直接识别，提升系统的响应速度，同时为自研系统铺路。

2）HMS

HMS（Huawei Mobile Service）是华为移动软件生态“三板斧”的其中之一，是GMS（Google Mobile Service）的对等产品，包含华为专有的应用程序及HMS Core服务。2019年5月，美国商务部将华为列入技术输出管制的实体名单，根据相关规定，谷歌公司将不再对华为移动业务提供服务，包括GMS框架。

需要说明的是，安卓操作系统与GMS是两个独立的产品，禁止GMS框架的授权并不会影响安卓系统的使用。安卓是由Google公司主导的开源操作系统项目，根据开源协议的授权，任何手机厂商都可以基于安卓定制操作系统；GMS是谷歌公司“闭源”的私有的应用程序和服务的集合，对于每台安装GMS的手机，谷歌将收取40美元的授权费。GMS包含谷歌的软件产品与GMS Core服务两大部分，其中谷歌品牌的软件又包括谷歌地图、Chrome、Gmail、YouTube、Google Drive和Google Play应用商店等；GMS Core服务主要提供给谷歌品牌的软件及第三方开发者使用，包含许多程序开发者依赖的各类API，所有谷歌的软件产品和大量有名的国外软件都基于GMS提供的API进行开发，包括Facebook、WhatsApp等，若没有GMS Core服务的支持，这些软件都不能在安卓手机上运行，对生态打击极大。HMS Core 与 HMS Apps 如图 5-22 所示。

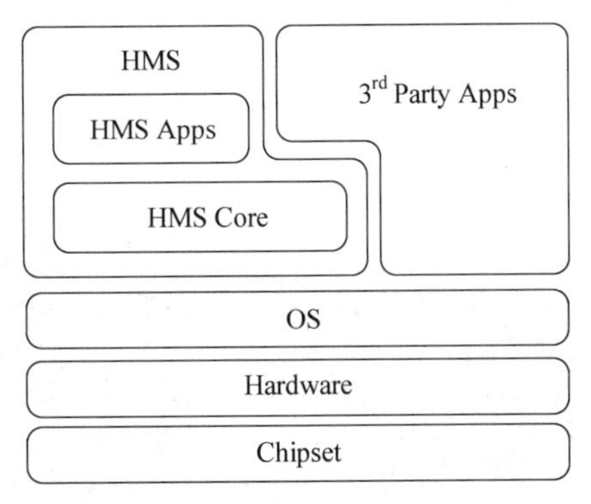

图 5-22　HMS Core 与 HMS Apps

不能安装 GMS 对华为的海外市场影响尤为明显，多款日常使用、用户黏度极高的 App 将不能在华为手机上运行，为应对美国的制裁措施带来的影响，华为在同年 8 月的开发者大会上正式发布 HMS，通过提供与 GMS 类似的 HMS Core，以缩小 HMS 与 GMS 在 App 数量上的差距。

2020 年 7 月初，华为发布了 HMS Core 5.0，开放能力覆盖应用服务、人工智能、安全和系统等 7 大领域的服务。据数据显示，HMS 已有超过 7 亿的全球月活用户，超过 160 万注册开发者，还有超过 8 万款应用继承了华为 HMS Core。在 HMS 展现出强大生命力的同时，投入高达 10 亿美元的“耀星”计划也同步启动，通过吸引全球开发者基于 HMS Core 开发 App，如图 5-22 所示，助力 HMS 生态进一步发展。

3）全场景分布式操作系统——鸿蒙

由于美国对中国高科技企业的制裁，GMS 断供华为，使华为海外市场损失惨重；国人从近年来一系列制裁措施意识到，只有关键核心技术掌握在自己手中才能改变受制于人的局面，GMS 的断供使国人联想到，虽然安卓是开源系统，但仍然有被禁用的风险。2019 年 8 月，在华为开发者大会上，全世界第一个基于微内核的全场景分布式 OS——鸿蒙 OS 横空出世。

一个完整的操作系统由内核与功能组件组成，鸿蒙 OS 内核由 Linux 内核、鸿蒙微内核与 LiteOS 组成，未来华为计划摆脱 Linux 内核及 LiteOS 内核，仅使用鸿蒙内核。鸿蒙 OS 并非诞生于断供危机，相反，早在 2012 年，一款用于物联网的操作系统 LiteOS 就在华为内部诞生，因此依托 LiteOS 的鸿蒙的出现也被称为“备胎转正”。鸿蒙要取得成功，必须发展生态，而华为的野心也不只是取代安卓。鸿蒙 OS 的设计初衷是满足全场景智慧体验的高标准的连接要求，其是面向 AIoT 时代的下一代操作系统。为此，鸿蒙 OS 的设计具有分布式架构、运行流畅、内核安全与生态共享四大技术特征。

（1）分布式架构。鸿蒙的设计通过一个系统实现模块化解耦，对应不同的设备可以弹性部署。面对内存规模 GB 级的计算机、手机，MB 级的智能手表、车机专有设备和 KB 级的智能门锁、智能电灯等不同场景下的智能设备，鸿蒙 OS 可根据硬件能力进行加载，使用同一系统进行部署，实现万物互联。

如图 5-23 所示，在鸿蒙分布式架构下，摄像头、扬声器、麦克风、显示屏等硬件资源被虚拟化为资源池，同一账户下的硬件资源可以通过分布式软总线技术实现跨终端的调用。例如，一台计算机若没有配备摄像头，则可以通过调用手机的摄像头进行拍照或视频，为用户提供无缝的体验。

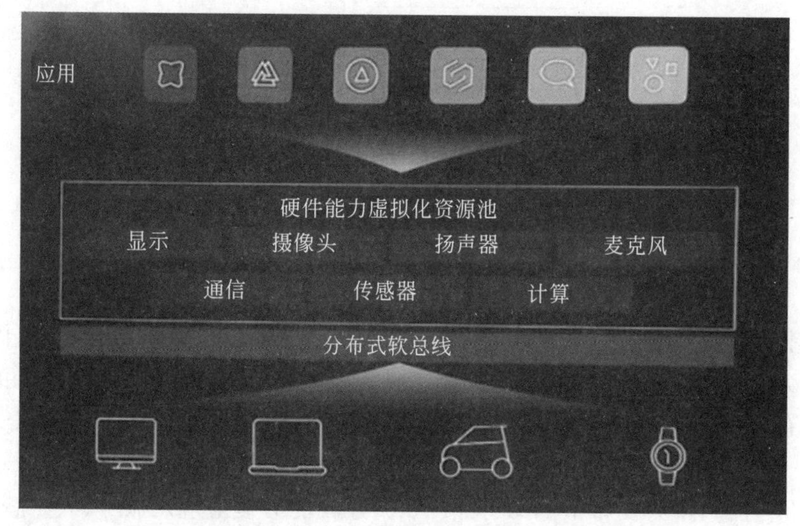

图 5-23　分布式架构

华为的分布式软总线技术通过简化 7 层网络协议，将网络层、传输层、会话层和表示层精简为一层，提高有效载荷，实现了低时延(小于 20ms)、高吞吐(高达 1.2Gb/s)和高可靠(抗丢包率为 25%)的目标。

(2) 运行流畅。安卓使用的是 Linux 内核，继承了 Linux 内核的调度机制，如图 5-24 所示，对不同进程采取绝对公平的调度方式，用户体验难以保障。用公路举例说明，在 Linux 系统中，公路对自行车、卡车和轿车是公平的，各种速度的车辆可在公路的任意车道行驶，但过分公平的策略会牺牲行车的效率(时延要求高的任务难以得到保障)；在鸿蒙 OS 中，如图 5-25 所示，快车和慢车有各自的车道，从而保证行车的效率。

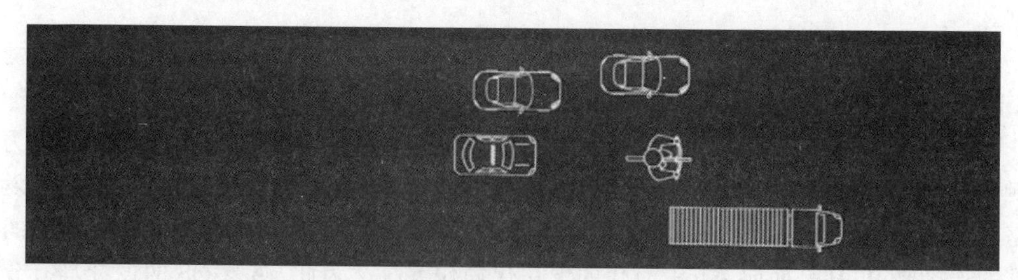

图 5-24　安卓系统调度机制

鸿蒙 OS 创新性地提出确定时延引擎，以提升用户交互的流畅性，通过实时预测并分析负载数据匹配应用特征，以实现资源精准调度，给用户带来流畅的体验。通过对优先级高的任务优先进行资源调度的方式，降低应用响应时延达 25.7%。鸿蒙 OS 使用的微内核架构由于其小巧轻便的特点，在进程间通信方面具有巨大优势，进程通信效率相比现有的系统提

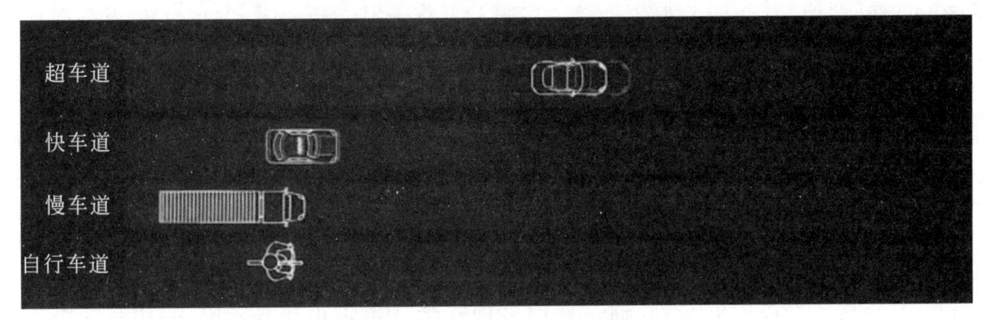

图 5-25 鸿蒙系统调度机制

升了5倍。

(3) 内核安全。鸿蒙OS的微内核架构已投入使用，微内核技术用于可信执行环境(TEE)，首次采取形式化方法提升TEE内核安全，通过使用数学方法，从源头保证系统正确。形式化方法一般应用于代码安全要求极高的领域，如航空与芯片设计等，每编写一行代码，需要同时编写超过一百行形式化验证代码以进行验证。与由2000多万行代码构成的Linux宏内核不同，鸿蒙使用的微内核一般只包含基础IPC、虚拟内存和调度等基本功能，核心代码约为Linux的千分之一，使其可以全部实现形式化验证，显著提升系统的可靠与安全等级。

与安卓系统不同，微内核天然无Root。安卓系统(Linux)的Root权限相当于大门的钥匙，系统安全取决于Root权限是否被攻破；微内核架构在设计上不需Root权限，外核的服务间会相互隔离并单独加锁，通过细化权限控制的方式从源头提升系统安全。

(4) 生态共享。生态共享主要指的是鸿蒙的跨平台特性，通过方舟编译器，开发者可以将更多的精力投入业务逻辑的设计上，用开发同一终端的思路开发跨终端分布式应用，一次开发，多端部署，实现跨终端生态共享。

与Java语言通过Java虚拟机实现跨平台不同，鸿蒙OS使用方舟编译器将高级语言直接编译为机器码，使跨平台程序不再依赖于虚拟机；编译过程由开发者完成，改善了由安卓终端编译造成运行速度慢的问题。

2019年8月发布的鸿蒙OS 1.0基于开源框架使用了自研的关键模块，主要应用在华为荣耀智慧屏上；2020年9月，华为在开发者大会上发布了鸿蒙OS 2.0并将其开源，鸿蒙OS 2.0使用自研的内核及应用框架，装备在PC、手环及车辆上；未来鸿蒙将支持更多的终端，通过软硬件协同打造更为完善的生态。

2. 服务器操作系统——欧拉

华为在操作系统上的投入已持续多年：1991年，华为在开发JK1000的过程中开始开发自己的操作系统；2007年，华为基于开源的Linux内核在核心交换机上实现了实时操作系统，通过优化将时延降到较低的水平；在此之后，华为持续投入操作系统研发，华为服务器操作系统就是在这个背景下诞生的。

欧拉操作系统(Euler OS)是华为面向企业级通用服务器架构平台的操作系统软件，它使用了稳定的系统内核，是鲲鹏处理器支持最好的操作系统之一，同时支持容器虚拟化技术，在系统的可靠性、安全性及保障性等方具有较强的技术竞争力。Euler OS为企业客户提供稳定的高端Linux计算平台，利用系统的可扩展性、效率和开放性优势，帮助用户从容面对快速的业务增长和未来的挑战。

Euler OS目前可完美支持泰山服务器，具有高性能、高兼容性、低功耗等多方面优势，助力鲲鹏处理器进行生态建设。Euler OS性能强劲，支持高度可扩展的多核系统，从容面对最严苛的工作负载；此外，华为还优化了编译系统、虚拟存储系统、CPU调度、IO驱动程序、网络和文件系统。性能优化功能允许用户调整基础架构，以精确满足服务的负载要求。

Euler OS具有极高的安全性，通过使用多种安全技术防止非法入侵，启用系统版本的所有安全编译选项，实现已知公共漏洞和暴露的100%覆盖，通过在系统安全启动中检查内核模块签名证书的用途，给予用户系统和数据安全的全方位保护。

5.6.4 Deepin与UOS

1. 深度科技

武汉深之度科技有限公司[72]（以下简称“深度科技”）于2011年正式成立，是一家专注基于Linux的国产操作系统研发与服务的商业公司。深度科技拥有国内顶尖的操作系统研发团队，致力于通过操作系统的研发、行业定制、国际化、迁移和适配，提供安全、可靠、美观且易于使用的国产操作系统和开源解决方案，以满足来自不同用户和应用场景的操作系统产品的广泛要求。

Deepin是国内排名最高的Linux操作系统，2017年进入全球开源操作系统排行榜前10名。截至2018年，Deepin的下载量超过8000万次，有32种不同语言的版本可供选择，并为六大洲33个国家的105个镜像网站提供升级服务。

1）深度操作系统(Deepin 20)正式版(1002)

Deepin最早发布于2008年，基于Debian发行版进行开发。Deepin因其美观易用、操作简单的桌面环境受到世界各地用户的好评，深度桌面使用Qt进行开发，可用于Arch Linux、Fedora、Manjaro和Ubuntu等各种发行版。2019年，华为开始发售预装有Deepin的Linux笔记本电脑。

Deepin 20正式版重新设计了桌面环境与系统应用，设计风格更加统一，给用户带来全新的视觉体验。该系统的上游发行版升级到Debian 10.5，安装过程中提供了双内核机制，用户可以选择Linux Kernel 5.4(LTS)或Kernel 5.7(稳定)，全面提升系统的稳定性和兼容性。

(1) 桌面环境。Deepin 20系统简化了系统图标及安装程序的设计风格，通过别出心裁的彩色图标设计使桌面环境更加友好；优化动画过渡效果，使其更加平滑自然；独特的圆形窗口设计和精美的多任务视图为用户带来了全新的体验。该系统还具有深色主题、系统界面透明度调节、夜间模式及电源电池设置等贴心功能。

(2) 通知管理。增强通知中心功能，允许用户自定义通知的提示声音、选择消息显示位置(如锁屏、通知中心等)及预览，用户可针对不同应用的消息设置强提醒、弱提醒或不提醒，赋予用户更多的控制权，在避免不必要提醒的同时不错过任何重要的消息。

(3) 系统支持双内核安装。系统安装界面提供双内核选项，Kernel 5.4(LTS)和Kernel 5.7(Stable)以及Safe Graphics模式，在安装系统时，用户可根据需求进行选择，提升系统整体的稳定性、兼容性，最新的内核支持更多的硬件设备。

2）统信软件

2019年5月，诚迈科技与深度科技等国内领先的操作系统厂家签署了《合作协议》；7月，研发团队正式成立，在武汉、上海、广州、南京等地设立了研发中心及软硬件适配中心，数百人的团队开始研发工作；9月30日，诚迈科技公告，拟与深度科技合资设立新公司；11月14日，统信软件[73]正式成立，旗下拥有诚迈科技和深度科技两家全资子公司。

统信软件是国产操作系统的领军企业之一，以打造“中国操作系统创新生态”为使命，致力于研发“统一、安全、可信”的国产操作系统，为各行各业的用户提供安全稳定、智能易用的操作系统产品与解决方案。作为国内领先的操作系统研发团队，统信软件在操作系统研发、行业定制、国际化、迁移和适配及国际化方面有大量的积累，满足不同用户和应用场景对操作系统的需求。目前，统信软件已与龙芯、飞腾、海光和申威等六大国产芯片厂商展开深入的合作，与国内各主流数据库、中间件、整机厂商及数百家国内软件厂商展开全面兼容适配工作，共同打造软硬件技术新生态。

2020年1月，国产统一操作系统（UOS）正式发布，与Fedora和Redhat RHEL（红帽企业版）的关系相似，UOS是Deepin的商业发行版，Deepin几乎拥有UOS的所有功能，但相比社区版的Deepin，UOS可以获得完整的商业支持。目前，UOS已经完成龙芯、海光、飞腾、申威、兆芯和鲲鹏六大国产CPU的适配，对应不同版本的镜像可供下载。

与Deepin相似，UOS的设计符合中国人的使用习惯，别出心裁，简单易用；自主研发，安全可靠；基于Linux 5.3内核打造，稳定性高，兼容主流外设、硬件及国内主流处理器架构，可为党政服务、军事和各行业提供成熟的信息解决方案。

目前，UOS提供的桌面专业版需通过付费授权使用，与Deepin不同，其主要面向的是政府办公场景下的特定使用人群，对标Windows企业版或政府采购版，在该生态领域基本可以达到可替代的水平。根据统信软件官方披露，UOS较Deepin增加了多款办公领域的专有软件，如语音助手、多人云端视频会议等。其中，语音助手内置在UOS中，用户可以通过语音进行文字输入，控制计算机打开应用、编写邮件、搜索信息、翻译英文，还可以向语音助手询问天气，这极大地简化了操作；多人云端视频会议则允许企业员工在云端进行会议，赋予UOS更多的实用价值。

第6章

数据库

6.1 数据库的定义

6.1.1 为什么需要数据库

简单地说，数据库是一个存储数据的仓库，并提供检索、更新、删除数据等操作[74]。数据库技术出现于20世纪60年代末，已成为计算机科学的重要研究领域之一，如图6-1所示，数据库系统和操作系统在计算机系统中属于基础软件平台。随着信息管理内容不断扩展以及多媒体技术的迅猛发展，基于数据库技术的研究与应用也得到广泛的关注和发展[75]。在互联网、大数据、人工智能时代，对数据的控制、甄别与管理体现出一个国家的信息化程度[76]。

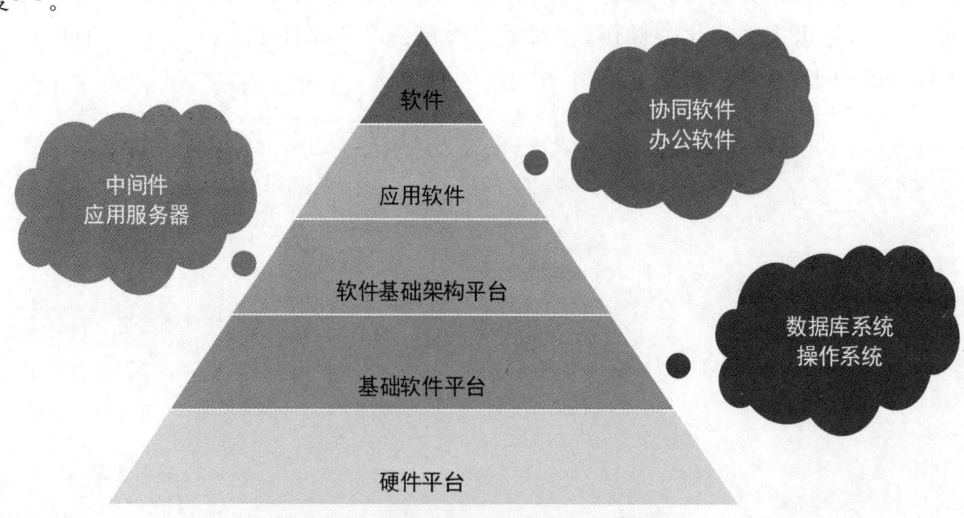

图6-1 数据库系统在计算机系统中的位置

6.1.2　数据库基本概念

1. 数据

数据是事物的符号记录，数据的类型多种多样，如数字、字符、图像、声音等。数据解释是数据意义的描述，也称为数据的语义[77]。例如，表 6-1 展示了部分大学生档案记录，其中，姓名、性别、大学、学历分别是小袁、男、华南理工大学、本科生对应的语义，这条数据的解释是：小袁是华南理工大学的本科生。

表 6-1　部分大学生档案记录

大学生档案记录				
姓名	性别	大学	学历	…
小袁	男	华南理工大学	本科生	…

2. 数据库

数据库存储并管理着数据，并提供数据操作。通常，对数据库概念的理解有两个方面。

(1) 作为一个实体，数据库是“数据”和“库”概念的组合。“存储库”：能够有效存储数据的“仓库”。

(2) 作为一种技术，研究对数据的存储、索引和维护。

3. 数据库管理系统

数据库管理系统是管理数据库的软件，它位于应用的下层，操作系统的上层。如图 6-2 所示，数据库管理系统类似于“施工人员”，利用“设计图纸”(数据库)为用户提供数据操作。DBMS 通过接口执行各种操作，如创建数据库、在数据库中创建表、查询数据、更新数据等。DBMS 为数据库提供保护和安全，保证多用户条件下数据的一致性。

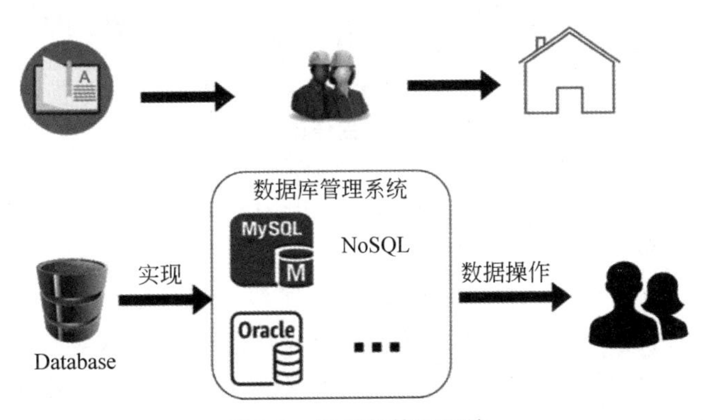

图 6-2　数据库管理系统

数据库管理系统的主要功能如下。

(1) 定义函数。提供数据定义语言，允许用户定义数据库中的数据对象。

(2) 数据操作功能。提供数据操作语言，用户可以使用它实现权限内的数据库的基本增、删、改、查操作。

(3) 数据安全与事务管理。数据库管理系统的存在，是为了保证数据的安全与完整。数据的损害可能来自并发读写，以及意外死机。

4. 数据库系统

数据库系统是数据库涉及的软件与硬件以及其他组成。如图 6-3 所示，数据库系统的主要组件如下。

(1) 数据库。

(2) 硬件。计算机系统底层的各种物理设备。

(3) 软件。操作系统、数据库管理系统、上层应用程序。

(4) 人员。数据库开发与管理人员、最终用户。

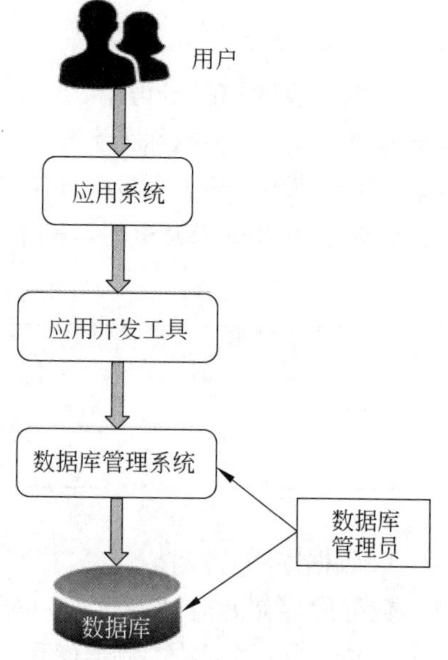

图 6-3　数据库系统的重要组成

从管理员视角，数据库系统可以分为内系统与外系统，其中内系统采用了模式、内部模式和外部模式 3 种模式；外系统分集中式、分布式和并行式。从用户视角，数据库系统可分为 C(客户端)/S(服务器)结构和 B(浏览器)/S(服务器)两种结构。

为了在数据库系统中实现 3 个层次的连接和转换，DBMS 在 3 个层次的模式(模式、内部模式和外部模式)之间提供了两个层次的图像。

6.1.3　数据模型

数据模型是数据特征的抽象，在构建数据模型的过程中，需要经历现实世界、信息世界和计算机世界，以及两个层次的抽象和转换(见图 6-4)[78]。

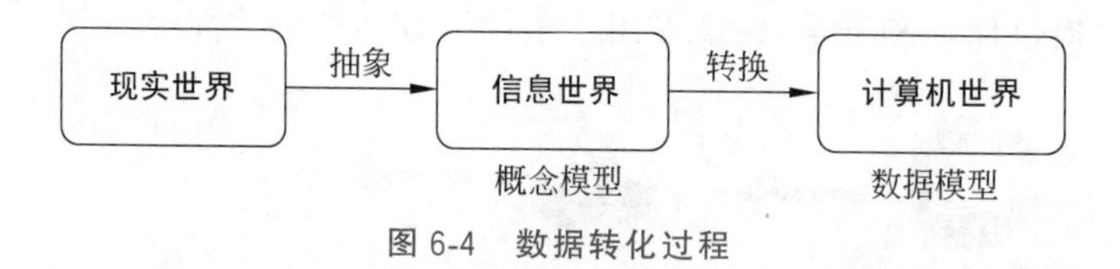

图 6-4　数据转化过程

模型开发者需要完成概念模型到逻辑模型的开发，而从逻辑模型到物理模型的转换主要由数据库管理系统完成。

数据模型按发展顺序从概念模型到逻辑模型，最终到物理模型。其中，概念是现实世界的抽象，是现实世界结构的简化概括的规律与结构，概念模型是数据库的基本原型；逻辑是数据库需要存储的数据的抽象，逻辑模型是数据库系统和上层应用的中间层，根据逻辑结构类型又分为层次、网格、关系乃至面向对象模型。存储介质上的组织结构则是物理模型，它对应用而言是透明的，关乎数据库性能和安全性，并追求有效利用存储空间。

其中，物理存储的实现方法各有优劣，并与具体的硬件相关，不同数据库系统的物理模型差异较大；而数据库模型有较一致的统一，并总结为 3 个元素，即数据结构、数据操作和数据完整性约束。

(1) 数据结构。数据结构是数据逻辑层的组织结构，反映了数据本身内容逻辑上存在的联系，如关系数据结构，此外，它也反映了数据表面上的时间顺序、空间大小、字符等联系。

(2) 数据操作。数据操作通常包括增、删、改、查等对数据的操作。数据操作需要符合数据定义和规则。

(3) 数据完整性约束。数据完整性约束是用于保证数据完整性的一组规则，用于保证数据的正确性、有效性和兼容性。

数据库模型通常是按照数据模型划分的，数据库管理系统也是基于一定的逻辑数据模型。因此，目前数据库系统中使用的数据模型有4种：层次模型、网格模型、关系模型和面向对象模型。

(1) 层次模型。层次模型是最早使用的模型，它使用树结构表示实体之间的关系。分层模型是一棵"有向树"，根节点位于树的顶部，子节点一层一层向下排列。分层模型具有以下特征：

① 只有一个节点没有父节点，这个节点就是根节点。

② 根据记录，只有一个父节点。

(2) 网格模型。网格模型表示具有网格结构的实体之间的关系。网格模型可以表示多个从属关系之间的关系和数据之间的交叉关系，可以理解为层次模型的扩展。网格模型的特征如下。

① 多个节点没有父节点。

② 一个节点可以有多个父节点。

③ 允许节点之间有多个连接。

(3) 关系模型。关系模型是目前最流行的数据库模型，它基于关系数学理论，用二维表结构表示实体本身及其关系，它的特征如下。

① 关系可以用来表示实体，也可以用来描述实体之间的关系。

② 它可以代表多对多的关系。

③ 关系必须规范化，也就是说，每个属性都是一个不可分割的数据项，表中不能有表。

④ 关系模型基于严格的数学概念。

(4) 面向对象模型。面向对象的数据模型将实体表示为类，类用于描述对象的属性和实体的行为，它既是概念模型，又是逻辑模型，其基本概念是对象和类。面向对象模型的特征如下。

① 现实世界中的任意实体都是对象。

② 一个对象可以包含它的状态、组成和特征的多个属性。

③ 对象还包括几种描述对象行为特征的方法。方法可以更改对象的状态并对对象执行各种数据库操作。

④ 丰富的表达能力，可重用对象，易于维护。

6.1.4 数据库语言

结构化查询语言(SQL)是关系数据库系统的标准语言，是美国国家标准协会提出的标准，但实际上 SQL 存在许多不同的版本。所有的数据库管理系统，如 MySQL、Oracle、Sybase 等，都使用 SQL 作为它们的标准数据库语言[79]。

经典的关系型数据库使用 SQL 语法存储和查询数据。相比之下，新型的 NoSQL 数据库系统在支持 SQL 的基础上，根据它们所面向的应用场景提供了特定的功能和配套的操作语言，因此，NoSQL 数据库存在多标准、无标准的情况。

按语言的用途，数据库语言又分为 5 种类型：数据定义语言、数据操作语言、数据查询语言、数据控制语言和事务处理语言。

数据定义语言是用于定义数据库对象的语句，包括对象的创建与删除、对象的结构更改等。这种语句还可以定义数据表对象的主、外键，索引等元素。其主要声明如下。

(1) CREATE DATABASE -创建数据库。

(2) DROP DATABASE -删除数据库。

(3) ALTER DATABASE -修改数据库属性。

(4) CREATE TABLE -创建数据库表。

(5) DROP TABLE -删除数据库表。

(6) CREATE INDEX -创建索引。

(7) DROP INDEX -删除索引。

数据操作语言(data manipulation language，DML)是 SQL 中用于添加、修改和删除数据的语句，需要事务提交。其主要声明如下。

(1) INSERT -插入数据到数据库表中。

(2) UPDATE -更新数据到数据库表中。

(3) DELETE -从数据库表中删除数据。

数据查询语言是上层应用最常用的操作，以语言的方式提供数据查询功能，保证了数据库功能的灵活和自定义性，也有助于减少无关的查询开销。其主要声明如下。

SELECT -查询数据库表中的数据。

数据控制语言是数据库用于灵活控制数据库对象访问的语句。其主要声明如下。

(1) GRANT -授予用户对数据库对象的权限。

(2) DENY -拒绝授予用户对数据库对象的权限。

(3) REVOKE -收回用户对数据库对象的权限。

事务处理语言是数据库用于控制数据库事务的语句，以确保数据库中的事务完整性。其主要声明如下。

(1) BEGIN TRANSACTION -开始事务。

(2) COMMIT -提交事务。

(3) ROLLBACK -回滚事务。

6.1.5 关系数据库

关系数据库是基于关系数据模型的数据管理技术，该技术产生于 20 世纪 70 年代，成熟和发展于 20 世纪 80～90 年代，特别是进入 21 世纪之后，关系数据库与计算机网络技术密切结合，焕发出新生命。

关系数据库建立在数学理论之上，使得数据组织、管理及使用等具有较高的抽象层次和科学的技术属性。20 世纪 80 年代以来，计算机制造商开发的数据库管理系统几乎都是关系类型，即使各种非关系类型层出不穷，但是关系数据库至今且在今后相当长的一段时间内，都是最重要、最流行的数据库，并且关系数据技术也是其他数据库原理和技术的基础支撑。

数据模型由数据结构、数据操作和数据完整性约束组成，关系数据库模型也不例外。

1. 数据结构

关系结构本质上是一种数据结构，具体是域上笛卡儿积的一个子集。在离散数学中，这样的子集称为域上的一个关系，"关系"数据模型中的"关系"一词由此而来。其中，域是一组具有相同数据类型的值的集合。

设有域 $D_1, D_2, \cdots, D_n$，其上笛卡儿积为集合：

$$D_1 \times D_2 \times \cdots \times D_n = \{(d_1, d_2, \cdots, d_n) \mid d_i \in D_i, i = 1, 2, \cdots, n\}$$

其中，笛卡儿积的一个子集称为域 $D_1, D_2, \cdots, D_n$ 的一个关系，并记为 $R(D_1, D_2, \cdots, D_n)$。

作为一个集合，笛卡儿积中的元素称为元组，通常称为 t，关系 R 是元组 t 的集合，在关系 R 中，元组以行的形式出现。关系表中每一行对应一个元组（向量），每一列对应一个属性（字段）。因此，满足关系 R 的基本句法要求：$R \subseteq D_1 \times D_2 \times \cdots \times D_n$。我们知道，数据不能没有语义，数据使用和管理的基本点就是数据的语义。除此之外，对满足语法要求的关系 R，还需要考虑以下问题。

1）基本语义限制

进行如下规范化了的数学"关系"才能是关系模型的数据模型，通常称为规范化二维平面关系表。

（1）有限性。关系是其元素的有效集合。

（2）原子性。关系中每列具有不可再分性质。

（3）属性列无序性。关系中列不考虑相互顺序，需要给出所有分量描述的名称及属性名。

2）数据关联描述

数据关联是指同一关系内数据关联和不同关系之间的数据关联。同一关系内数据关联：同一关系中各个属性关联通过主键机制实现。

（1）一组能够唯一识别元组的属性被称为"超级键"。

（2）最小的超级键称为"候选键"。

（3）被用于作为唯一标识的候选键称为"主键"（关系可有多个候选键）。

不同关系之间的数据关联：不同关系数据之间的数据关联是通过外键机制实现的，如关系 R 和 S，如果 R 中的一组属性 A 是 S 主键，而不是 R 主键，那么 A 就是 R 的外键（关于 S）。外键的意义在于把关系描述成一种"关系"，统一和简化了关系数据的技术处理。

2. 数据操作

关系数据库的特征是利用数学方法处理其中的数据，关系数据操作都有相应的数据运算作为支撑，是其他数据模型（如对象模型等）所不具备的。

关系运算基础是数学中的几何代数和数理逻辑。关系运算和建立在其上的数据库语言可分为如下 3 种类型。

（1）基于关系代数。

（2）给予关系演算。

（3）给予关系代数与关系演算(相应的数据库语言是 SQL)。

3. 数据完整性约束

数据语义描述与处理是数据管理的基本特征，从逻辑角度考虑，需要对数据对应实体集的范围外延和数据间关系加以约束，而关系数据完整性约束就是处理数据语义的基本途径之一。

（1）实体完整性。

（2）参照完整性。

（3）用户定义完整性。

4. 关系数据库标准语言 SQL

SQL 是 Boyce 和 Chamberlin 在 1974 年提出的标准化查询语言，并在 IBM 开发的关系数据库管理系统的原型上实现。SQL 已经发展成为一种广泛使用的关系数据库标准语言，几乎所有的关系数据库都支持它。

在 SQL 开发过程中，最有意义的里程碑是 SQL-92 和 SQL-99。前者是经典关系数据管理的伟大成就，后者开启了从经典数据管理到新数据管理的历史性转变。

SQL 具有以下特征。

（1）非过程操作。只要告诉系统“做什么”，具体实现对用户完全透明，是一种面向结果的“非过程”语言。

（2）面向集合处理。不同于其他程序设计语言每次处理的对象大多是单数据，SQL 每次处理的对象是“元组”的集合，即关系表，同时输出结果也是关系表。

（3）多样使用方式。SQL 能够独立地拥护数据处理的联机交互，SQL 以一种统一的语法结构来提供多种应用方式。

（4）语言简洁易学。各类 SQL 类似于自然英语表达，简洁易懂。SQL 只需要如表 6-2 所示的 9 个单词。

表 6-2　SQL 中的动词关键词

基本功能	对应动词	基本功能	对应动词
模式定义	CREATE，DROP，ALTER	数据操作	INSERT，DELETE，UPDATE
数据查询	SELECT	数据控制	GRANT，REVOKE

（5）高度综合统一。SQL 具有完全数据库几乎所有功能的综合统一机制。例如，数据库的重构和维护，完整性与安全性，并发控制与故障修复等。

SQL 中的关系定义就是模式定义，包括定义数据库模式、基本表和视图。这里的“定义”实际包括“创建”(CREATE)、“撤销”(DROP)和“修改”(ALTER)。

数据库模型定义：在标准查询语言中，数据库的定义是通过 CREATE SCHEMA 语句实现的。数据库撤销语句的一般形式是：DROP SCHEMA < SCHEMA name > <CASCADE| RESTRICT>，其中 CASCADE 表示同时删除数据库模式中的所有数据库

对象，并且仅当数据库中没有从属对象时才使用 RESTRICT。

基本表定义：CREATE TABLE＜TABLE name＞(＜列名＞＜数据类型＞[列完整性约束])[,＜列名＞＜数据类型＞[列完整性约束][,＜表级完整性约束＞]])其中，＜TABLE name＞是定义的基表的名称，它可以由一个或多个属性(列)组成。＜列名＞是要定义的列的名称，在定义关系表时可能需要定义完整性约束。在 SQL 中，如果一个约束只针对一个属性，则可以在定义该属性的同时定义相应约束，此时称为列级完整性约束；如果一个约束涉及多个属性，则需要在整个属性定义之后再定义相应约束，此时称为表级完整性约束。参照完整性约束总是表级约束。

视图定义：为了提高 SQL 代码的查询效率，数据库提供了视图功能。视图是表的映射，不额外占用存储空间。

数据查询：关系数据库查询按涉及表的繁杂度，可分 3 种情况：单表查询、基于连接的多表查询和基于嵌套的多表查询。其中，单表查询的基本格式是 SELECT ＜属性名＞，＜属性名＞，… from ＜表名＞。在基于联接的多表查询中，当联接运算符为"＝"时，称为等联接，而当联接运算符为其他运算符时称为非等联接。当连接两个以上的表时，称为多表连接。在基于嵌套的多表查询的概念中，SELECT-FROM-WHERE 语句被称为查询块。一个查询块嵌套在另一个查询块的 WHERE 子句或 HAVING 短语的条件中的查询称为嵌套查询。嵌套查询又可以分为不相关子查询和相关子查询。

数据更新：关系数据库数据更新分为数据插入、数据删除和数据修改 3 种基本情况。其中，关于数据插入，SQL 中有插入元组和插入子查询结果两种方式。

5. 关系模式设计

关系模式是指对关系的描述。关系数据模型的设计实际上就是关系数据库的逻辑设计。对于具体的应用，需要将客观实体的各种基本特征抽象成各种属性，然后这些属性构成相应的关系模式，而属性之间的约束则构成了数据依赖，是数据语义的体现，根据复杂性，数据依赖分为函数依赖、多值依赖和连接依赖[80,81]。

最基本的数据依赖是函数依赖，其定义如下：设 $R(U)$是一个属性集 U 上的关系模式，X 和 Y 是 U 的子集。若对于 $R(U)$的任意一个可能的关系 r，r 中不可能存在两个元组在 X 上的属性值相等，而在 Y 上的属性值不等，则称"X 函数确定 Y"或"Y 函数依赖于 X"，称为 $X \rightarrow Y$。其中 X 称为决定因素属性组，Y 称为依赖因素属性组。

而函数依赖可以分为平凡与非平凡、部分与完全，以及传递与直接函数依赖 3 种类型。

1) 平凡与非平凡函数依赖

如果 $X \rightarrow Y$，但 $Y \not\subseteq X$，则称 $X \rightarrow Y$ 是非平凡的函数依赖；若 $X \rightarrow Y$，但 $Y \subseteq X$，则称 $X \rightarrow Y$ 是平凡的函数依赖。

2) 部分与完全函数依赖

在 $R(U)$中，如果 $X \rightarrow Y$，且 X 中的任意真子集 X' 都有 Y 函数不属于 X'，则 Y 完全依赖于 X。若 $X \rightarrow Y$，且 X 中存在某个真子集 X' 满足 $X' \rightarrow Y$，则 Y 部分依赖于 X。

3) 传递与直接函数依赖

在 $R(U)$中，如果 $X \rightarrow Y$，$(Y \subseteq X)$，$Y \rightarrow Z$，则称 Z 对 X 传递函数依赖，记为 $X \rightarrow Z$。如果 $Y \rightarrow X$，即 $X \rightarrow Y$，则 Z 直接依赖于 X。

阿姆斯特朗公理系统：研究函数依赖可以有效解决数据冗余问题，具体来说，就是在 $R(U)$ 中找到它的函数依赖。理论上来说，给定关系模式 $R(U)$，总存在函数依赖。通常能容易地指定一些语义明显的函数依赖来构建一个函数依赖集合 F，以 F 作为初始函数依赖集合推导出其他未知函数依赖。

数据库专家阿姆斯特朗提出一套定义和推理规则，形成一个有效而完整的理论体系，即阿姆斯特朗公理体系，为关系模式设计提供了有效而完整的理论基础。

1）基本公理

（1）自反律。若 $Y \subseteq X \subseteq U$，则 $X \rightarrow Y$ 为 F 所蕴含。

（2）增广律。若 $X \rightarrow Y$ 为 F 所蕴含，且 $Z \subseteq U$，则 $XZ \rightarrow YZ$ 为 F 所蕴含。

（3）传递律。若 $X \rightarrow Y$，$Y \rightarrow Z$ 为 F 所蕴含，则 $X \rightarrow Z$ 为 F 所蕴含。

2）推理规则

（1）合并规则。若 $X \rightarrow Y$，$X \rightarrow Z$，则 $X \rightarrow YZ$ 为 F 所蕴含。

（2）伪传递规则。若 $X \rightarrow Y$，$WY \rightarrow Z$，则 $XW \rightarrow Z$ 为 F 所蕴含。

（3）分解规则。若 $X \rightarrow Y$，$Z \subseteq Y$，则 $X \rightarrow Z$ 为 F 所蕴含。

函数依赖集闭包的定义：令 F 为一个函数依赖集，则 F 的闭包是被 F 逻辑蕴涵的所有函数依赖的集合，记做 F^+。如果由 F 出发根据 Armstrong 公理逻辑推导出的每一个“形式公式” $X \rightarrow Y$ 作为“函数依赖” $X \rightarrow Y$ 都在 F^+ 当中，则称 Armstrong 公理系统的有效性。如果由 F^+ 中的每个函数依赖 $X \rightarrow Y$ 都可以通过 F 中的元素作为“形式公式”，再根据 Armstrong 公理系统“逻辑推导”而得到，则称 Armstrong 公理系统的完备性。

关系模式范式的定义：范式是符合某一种级别的关系模式的集合，某一关系模式 R 为第 n 范式，可记为 $R \in n$NF。一个低一级范式的关系模式，通过模式分解可以转化为若干个高一级范式的关系模式的集合，这个过程叫作规范化。

1）第一范式——1NF

数据库表的每一列都是不可分割的基本数据项，即实体中的某个属性不能有多个值或者不能有重复的属性。第一范式是关系模式的最基本要求。

2）第二范式——2NF

要求属性完全依赖于主键，不能存在仅依赖主关键字一部分的属性。

3）第三范式——3NF

要求每一个非主属性既不部分依赖于码，也不传递依赖于码。

6. 关系数据库保护

数据完整性分为实体完整性、参照完整性和用户自定义完整性，而完整性是指数据的正确性和兼容性。实体完整性由基本表创建语句 CREATE TABLE 中的主键定义。参照完整性用 CREATE TABLE 中的外键短语定义外键，并用 REFERENCES 短语指示这些外键引用了哪些表的主键。用户自定义完整性约束可以分为两种情况：属性约束和元组约束。数据库安全涉及 3 个方面：技术安全、管理安全和策略安全。

7. 关系数据库事务管理

关系数据库中的事务是不可分割的工作单元，对应上层应用的一个业务处理。数据库事务具有 ACID 属性，即原子性、一致性、隔离性和持久性。

并发控制：旨在确保数据库中并行事务的一致性和隔离性。事务的并发实现方式有多种，比如事务串行执行、事务交叉并发和事务同时并发。阻塞是一种常见的事务并发执行的调度和控制方法，特别是并发处理操作较为复杂的事务，给临界区域上锁是阻塞实现形式，是保证系统以互斥方式访问数据项的手段。表级封锁可以分为排他锁和共享锁，如果进程中的其他事务需要锁，它们需要等到事务释放数据锁，这被称为(eXclusive Lock)。但是，使用排他锁会带来很大的性能损失，会导致其他只需要读取数据的事务等待。另一种共享锁，当两个事务声明读取数据 A 时，会分别给 A 添加共享锁。

6.1.6 非关系型数据库

关系数据库模型以抽象程度高、数据结构简单、关系表为核心概念，适用于银行、票务、酒店预订等日常数据交易处理[82]。随着计算机技术的发展，数据库进入更广泛的应用领域，需要解决大规模数据采集和多种数据类型带来的挑战，尤其是大数据的应用，此时非关系数据库的重要性日益突出[83]。

NoSQL 的意思是“不仅仅是 SQL”，而非不是 SQL，它包含支持 SQL 在内多种语言的数据库。随着应用场景的深度展开与用户数量的指数上升，关系型数据库与 SQL 能力的有限逐渐显露，NoSQL 数据库大多用于完成传统关系型数据库不擅长处理的任务。判断应用场景是否需要使用 NoSQL 数据库的依据主要如下。

(1) 需要更灵活的 IT 系统。

(2) 数据模型比较简单。

(3) 对数据库性能要求高。

(4) 不需要高度的数据一致性。

(5) 需要映射复杂值。

一般来说，NoSQL 数据库分为 4 类：键值数据库、列存储数据库、文档型数据库和图形数据库。它们的优缺点和适用场景见表 6-3。

表 6-3 NoSQL 数据库分类

分类	优点	缺点	适用场景
键值数据库	扩展性好、查找速度快等	无法存储结构化信息，条件查询效率较低	存储用户信息，如会话、配置文件、购物车等
列存储数据库	查找速度快，可扩展性强，更容易进行分布式扩展	功能相对局限	分布式的文件系统
文档型数据库	性能好，灵活性高，复杂性低，数据结构灵活	缺乏统一的查询语法	Web 应用
图形数据库	直观地表达关联关系，高效地插入大量数据以及查询关联数据等	不适合分布式的集群	社交网络、推荐系统等

NoSQL 数据库有 3 个理论基石：CAP、BASE 和最终一致性。CAP 理论是一致性、可用性和分区容忍性。

(1) 一致性(consistency)。一致性的含义是所有读操作对同一数据区域读取到的值应该是一致的，也是最近写操作写入的内容，或者读操作能够感知到自身读取的数据是历史副本，而不是最新的。在多存储节点和冗余存储环境中，所有节点的存储结果应该一致。

（2）可用性（availability）。为了快速获取数据，发出的请求必须能在最短时间得到响应——无论成功与否，总要给出反应。

（3）分区容忍性（partition tolerance）。当系统中的一部分节点出现故障，无法和其他节点通信，则会出现网络分区，这时需要保证其他节点依然可以正常运行，也就是要达到系统的部分故障不影响其他部分运行的目标。

根据 CAP 理论，分布式系统存在可实现瓶颈，即不能同时满足一致性、可用性和分区容忍性 3 个要求，而只能同时满足其中两个。当处理 CAP 的问题时，有以下 3 个明显的选择。

（1）CA。把事务控制放到一个节点，避免网络延时与节点分区问题。存在扩展性差的问题，如 SQL Server 和 MySQL，扩展性差。

（2）CP。也就是强调一致性（C）和分区容忍性（P），放弃可用性（A）。当出现网络分区的情况时，受影响的服务需要等待数据一致，因此在等待期间无法对外提供服务。

（3）AP。也就是强调可用性（A）和分区容忍性（P），放弃一致性（C）。允许系统返回不一致的数据。

6.2 数据库的发展史

自 20 世纪 60 年代数据库诞生以来，它已经形成坚实的理论基础、成熟的商业产品和广泛的应用领域，吸引了越来越多的研究者。20 世纪 90 年代以来，随着互联网和多媒体技术的快速发展，数据库的类型和规模越来越大。从最简单的包含各种数据的表格，到能够存储海量数据的大型数据库系统，已经在各个方面得到广泛的应用。

一般来说，数据库技术的发展分为 3 个阶段：①第一代数据库。从 20 世纪 60 年代到 70 年代，共有 3 位计算机图灵奖得主：巴赫曼、科德和格雷。②第二代数据库。20 世纪 80～90 年代，围绕数据建模和数据库管理系统的核心技术，形成一门内容丰富的学科。③第三代数据库。21 世纪，尤其是互联网、大数据和人工智能时代，传统的数据库阶段划分已经不能表达数据库技术的内涵和外延，数据库技术进入一个新的发展时期。

6.2.1 人工管理与文件管理数据

世界上第一台通用计算机 ENIAC 于 1946 年诞生于宾夕法尼亚大学。当时的计算机主要用于数值计算。当时的数据存储使用的是纸、卡、磁带等介质。EMIAC 诞生时并没有引入操作系统和数据管理软件，ENIAC 处理的数据量较小，同时，数据之间的逻辑组织信息并没有被记录下来。数据的筛选和处理，由用户直接管理。

20 世纪 50～60 年代出现了磁鼓、磁盘等存储设备。新的数据处理系统将计算机中的数据组织成独立的数据文件，系统将记录存储在文件中，并可以修改、插入和删除文件。这时文件系统虽然实现了记录内的结构，数据可以保存很长时间，但文件数据还是以程序为导向，数据共享性、独立性、冗余性较差。随着数据管理性能的提高，如更高的共享性、更好的独立性和更高效的数据查询，数据库技术应运而生。

6.2.2 第一代数据库

20世纪60年代的层次模型和网络模型是数据库技术的开端，使用这两种模型构建的数据库产品被视为第一代数据库系统。

分层数据库系统的初始应用是IBM在20世纪60年代末开发的信息管理系统，该系统用于存储、管理阿波罗登月计划中烦琐复杂的数据。20世纪70年代初，数据系统语言会议的数据库工作组（DBTG）提出DBTG报告，确定并建立了网格数据库系统的许多概念、方法和技术，这是网格数据库的典型代表。

然而，这两种数据库都是从文件系统开始的，具有相对简单的数据结构，并且受物理结构的影响很大。用户在使用数据库时需要对数据的物理结构有详细的了解，这给数据库的应用和普及带来很多困难和麻烦。

6.2.3 第二代数据库

关系数据库系统形成于20世纪70年代中期，由于其结构简单、使用方便，因此在20世纪80年代得到了充分的发展。

1970年，IBM研究员埃德加·弗兰克·科德在《美国计算机学会通讯》杂志上发表了题为《大型共享数据库的数据关系模型》的论文，创新性地提出了关系模型，奠定了关系模型的理论基础。Codd在1981年被授予ACM图灵奖，被称为"关系数据库之父"。

建立关系模型后，以IBM在圣何塞实验室开发的System R和在加州伯克利开发的Ingres为典型代表。20世纪80年代新开发的系统几乎都是关系数据库，其中典型的商业化关系数据管理系统有DB2、Ingres、Oracle和Sybase。

6.2.4 第三代数据库

随着信息技术的应用与普及，各行业对数据库技术提出了更多的要求，传统数据库难以满足新的需求。为了满足许多实际应用需求，数据库技术必须与其他现代信息和数据处理技术相结合，如面向对象技术、时间序列和人工智能，于是形成第三代数据库技术。

NoSQL一般指非惯性数据库，它是一场全新的数据库革命运动，旨在解决大规模数据采集和复杂数据类型带来的问题，尤其是大数据应用问题。

1. 传统数据库（关系型数据库）的发展史

关系数据库的发展分3个阶段：理论基础阶段、SQL标准阶段、业务发展阶段等。

(1) 理论基础。1970年，IBM公司提出了关系数据模型，这是数据库系统史上划时代的里程碑，拉开了未来50多年持久关系数据库的序幕。

(2) SQL标准。1974年，IBM公司的Ray Boyce和Don Chamberlin提出一种非过程化的关系数据语言SEQUEL，最早在IBM公司开发的System R上实现，可以看作SQL的雏形。1982年，IBM推出第一个商业化的基于System R的关系数据库管理系统SQL/DS，用SQL代替SEQUEL。1986年，美国国家标准学会（ANSI）发布了第一个SQL标准SQL-86。1987年，国际标准化组织（ISO）采用了这个标准，此后ISO陆续发布新的SQL标准。在SQL的开发过程中，最有意义的里程碑是SQL-92和SQL-99。前者是经典关系数据管理的伟大成就,后者开启了从经典数据管理到新数据管理的历史性转变。

(3) 业务发展。1976年,IBM公司的Codd发表了里程碑式的论文"R系统:数据库关系理论",提出关系数据库理论和查询语言SQL。后来,拉里·埃里森与同僚敏锐地意识到商机,即在这一研究的基础上,开发人员可以使用软件系统开发出第一个商业大规模关系数据库Oracle,此后出现了许多大型商业关系数据库系统,如IBM公司开发的DB2数据库、微软的SQL Server和Sybase。此外,还有近年来发展迅速的开源关系数据库:MySQL、PostgreSQL、SQLite等。

2. 新型数据库的发展史

在关系数据库技术成熟的过去,关系型数据库是绝大部分应用的数据持久化存储选项,开发者往往根据预算和需求仅在商用关系数据库和开源数据库之中做选择,其中以Windows系统作为开发和部署环境的技术人员偏向微软公司的SQL Server,金融行业倾向选择商用数据库Oracle,开源爱好者和中小型企业则更青睐PostgreSQL和MySQL等。

存储技术是众多应用和技术的基础,并且关系数据库也得到了时间验证,但关系数据库的发展逐渐走向天花板。21世纪初,关系型数据库的存储和访问性能在应对互联网的高速发展与海量数据时显现不足,难以满足指数增长的数据规模和适应复杂多变的用户需求。在过去几年新技术和新思想下,推动各类新型数据库发展,这些新型数据库包括但不限于键值(Key-Value)数据库、面向文档(Document-Oriented)数据库、列存储(Wide Column Store)数据库、图(Graph-Oriented)数据库。

(1) 键值数据库。内存数据库是以内存为目标存储介质,支持快速访问数据的数据库管理系统,相比传统的磁盘有超数量级的读写性能优势,与内存缓存技术不同的是,内存数据库技术以内存存储为主,几乎把整个数据库放进内存中,而内存缓存技术依然以固态盘或磁盘为主,因此,内存数据库的建设成本比较高,主要应用于对性能要求较高的场景中。1976年,IBM公司推出内存数据库的雏形IMS/VS Fast Path,采用数据分层存储的设计理念,将活跃的数据放在内存中。

2003年,Memcached横空出世,它是由LiveJournal的Brad Fitzpatrick开发完成的。Memcached是一个键值存储结构,支持高性能、高并发的开源分布式内存缓存系统,由C语言编写,第一个版本仅2000多行代码。但简洁的Memcached并不能持久化数据,同时它支持的数据类型较少,导致能应用场景比较有限。2010年后,各类移动端应用开始涌现,诸如社交、电商、移动支付、直播、短视频等,这些应用的庞大用户量对系统高并发、低时延能力发起了极高的挑战,也带动以键值对结构(见图6-5)为主的内存数据库的新一轮发展。在这段时期兴起的键值数据库有Redis和Aerospike,还有既支持关系型也支持键值对的Apache Ignite。

有较多的内存数据库按键值结构存储数据,使用键值存储的数据模型相对关系模型更加简单,更适合要求性能高、计算简单的场景。键值数据库的代表有Redis、Memcached及Aerospike。以键值对的形式组织结构与内存的硬件特性更匹配,能发挥更高的性能。

(2) 面向文档数据库。1989年,Lotus在其群件产品Notes中提出全新概念"文档数据库"和文档结构(见图6-6)。文档是文档数据库处理信息的基本单位,它可以是一条很长、无结构的信息,相当于关系数据库的一条记录,但又没有关系数据的严格约束。

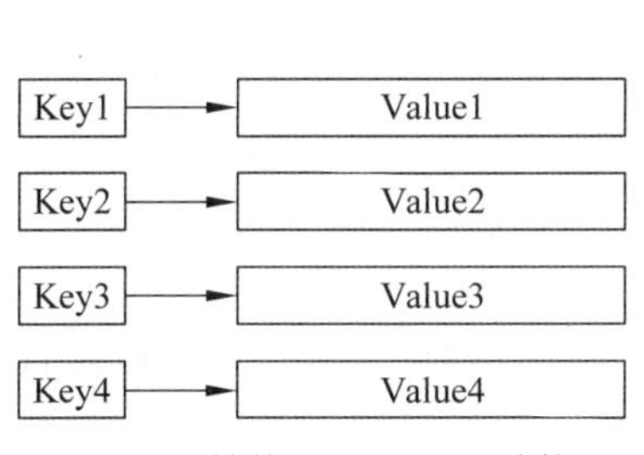

图 6-5　键值(Key-Value)结构

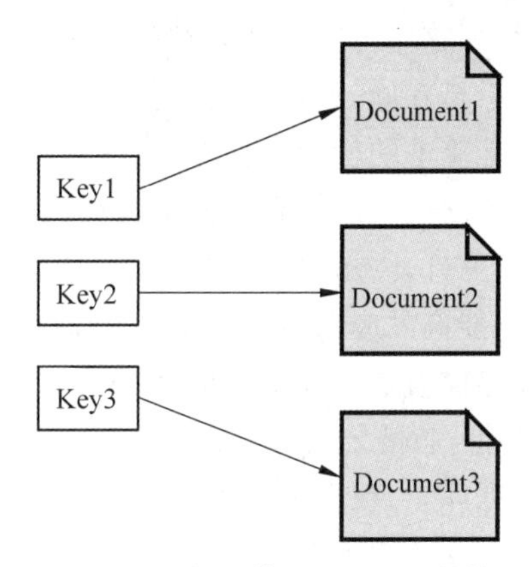

图 6-6　面向文档(Document)结构

文档数据库与键值数据库相比,差别在于处理数据的方式:在键值数据库中,数据是对数据库不透明的;而面向文档的数据库系统依赖于“文档”的内部结构获取元数据,数据库引擎使用这些元数据进行更深层次的优化。虽然由于系统中的工具使这一差别不甚明显,但在设计概念上,这种文档存储方式利用现代程序技术提供更丰富的体验。键值存储经常包括处理元数据的特征,模糊了它与文档存储之间的界线。

文档数据库与传统的关系数据库差异显著。关系数据库通常将数据存储在相互独立的表中,这些表由程序开发者定义,一个单一的对象可能散布在若干表中。文档数据库将存储对象的所有信息集中到单一实例,并允许该对象的信息结构与其他对象有差异,存储要求的宽松简化了上层程序与数据库的连接,消除了对对象关系映射等功耗。

文档数据库在模型上与关系数据库有本质的不同,采用了半结构化模型,在数据和模式中不做分离。在这种半结构化的数据中,同类的实体可有不同的属性,并且属性的次序是不影响其排序的。

面向文档数据库使用 XML、JSON 或者 JSONB 等多种形式存储。文档数据库的代表有 MongoDB、CouchDB、RavenDB。10gen 团队于 2007 年开发了 MongoDB,并在 2009 年首次推出,以服务器端公共许可(SSPL)分发。MongoDB 支持的数据结构非常松散,是类似 JSON 的 bjson 格式,可以胜任比较复杂的数据类型。其中,MongoDB 最大的亮点是它所支持的查询语言非常强大,其相应查询语言的语法是类似于面向对象的查询语言,能够支持类似关系数据库单表查询的大部分功能,并且还可以建立数据索引。CouchDB 是 Apache 基金会的顶级开源项目,它提供以 JSON 格式的 REST 接口对数据进行操作,可以通过视图操纵文档的组织。而 RavenDB 是基于 Mocrosoft .NET Framework 编写的一个新的.NET 开源文档数据库。

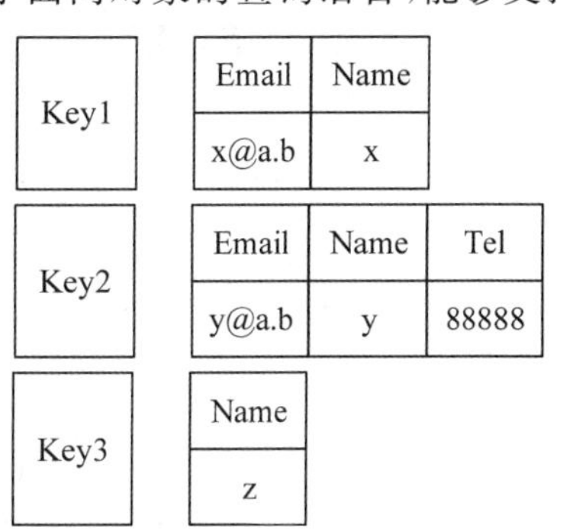

图 6-7　列存储(wide column store)结构

(3) 列存储数据库。列存储(见图 6-7)最早可以追溯到 1983 年的论文 *Cantor*。然而,在当时的早期的硬件条件和使用场景中,行存储更迎合主流的事务型数据库(OLTP),随着分析型数据库(OLAP)

得到应用,列存储再次受到人们的重视。

相比于行存储,列存储的优势在于存储上能节约空间、减少 I/O,此外,可以依靠列式数据结构做计算上的优化。如今,有些数据被赋予和定义了多种维度属性,但其往往因为有较多维度属性缺失或者一致从而形成稀疏结构。使用关系模型存储这类数据将会浪费大量的存储空间,另外,需求也在不断变化,造成数据模型(表结构)变化很快,传统的行存储(关系数据库)不能高效应对这种变化。列存储数据库操作和处理数据的基本单位为一个列族。列族一般存储着被一起查询的数据。

2008 年,脸谱公司将自家的 Cassandra 数据库开源。HBase 是常用于连接多台服务器的列族数据库,当仅有大量廉价机器时,HBase 能够连接这些机器应对海量数据的高速存储和读取。

简单来讲,列存储数据库更适合 OLAP,行存储数据库更适合 OLTP。列存储引擎的适用场景:可针对各列的查询并发地执行,预先在内存中拼接完整数据,有效缩短查询时延;可在列中高效查找数据,由于任何列都能作为索引,因此减少了索引的开销,从而减少 I/O 负载,避免了全表扫描;因为各列是独立存储的,且数据类型已知,所以对应的压缩或去重系统可以针对该列的数据类型、数据量大小等多种参数灵活地选择算法,以提升物理存储利用率;如果存在一行的一列中没有数据,那么在列存储时就可以不存储该列,而不是置空,这种存储方式比行式存储节省了更多的空间。

(4) 图数据库。图数据库以图论为理论基础,使用图模型(见图 6-8)将关联数据的实体作为顶点(vertex)存储,将关系作为边(edge)存储,解决了数据复杂关联带来的严重随机访问问题。与图数据库对应的是图计算引擎,一般用于 OLAP 系统中,提供基于图的大数据分析能力。

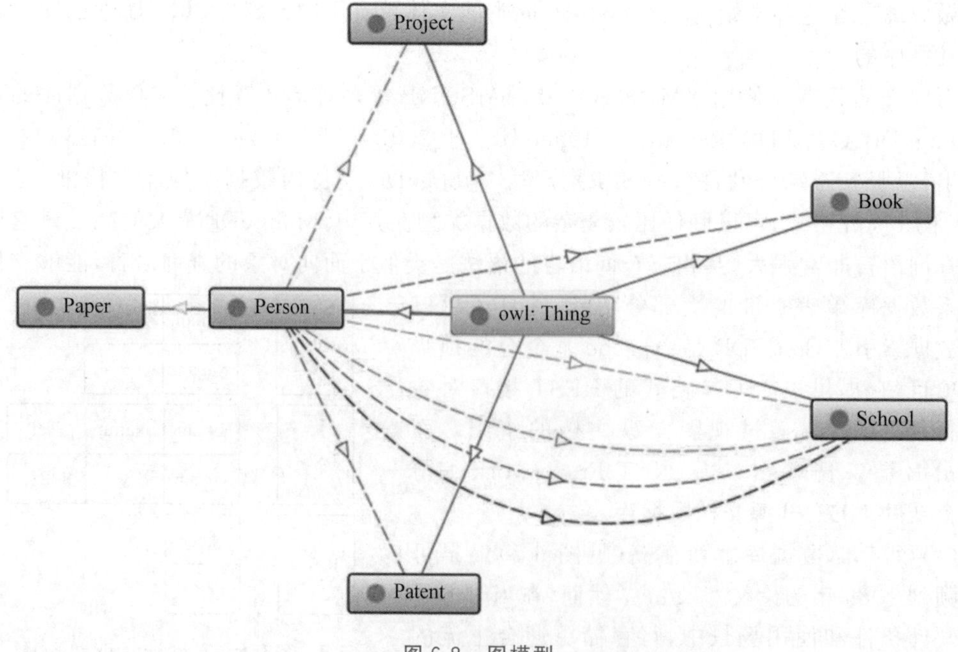

图 6-8 图模型

图数据库使用图模型操作数据。目前使用的图模型有3种，分别是属性图(Property Graph)、资源描述框架(RDF)三元组和超图(HyperGraph)。现在较为知名的图数据库主要基于属性图，更确切的说是带标签的属性图(Labeled-Property Graph)，而标签不是必需的。

2007年，第一款图数据库Neo4j诞生，图数据库技术的发展刚十余年，基于大数据和物联网的蓬勃发展的背景，数据本身的丰富程度增加，同时，数据之间的关联也被逐渐挖掘增多，扩增性逐渐成为数据存储行业的共同痛点。其中，OrientDB支持原生图结构的存储方式，自研了分布式图数据存储模块，而JanusGraph则是在其他数据库(如Cassandra、HBase等)之上封装实现图的语义。

除了性能优势这方面，图数据库比关系型数据库还有灵活性和敏捷性方面的优势。从逻辑结构上来说，图是灵活易扩展的，新的图结构基于已存在的图结构增加了新的边、节点、标签和子图，但这种新增的元素并不破坏原有的功能。

另一方面，存在不少业务本身是需要灵活变动的，面对这些敏捷的业务需使用图数据库或其他NoSQL数据库，才能快速跟上业务的变化，避免Schema变更等代价不菲的管理操作。部署图数据库的应用场景主要为知识图谱、金融风控、智能物联网。

3. 中国数据库的发展史

从20世纪50年代大型机开始应用到现在，计算机发展了70多年，在这个发展历程中，作为管理数据信息所必要的数据库技术也随之兴起，从早期的大型机上层次数据库和网状数据库，到如今如火如荼的云数据库。随着新媒体、移动App、云计算等信息化行业或产业的发展，以及数据库技术的快速发展，数据库技术也越来越被广泛使用，几乎各行各业都离不开数据库。

在数据库市场中，尤其是传统关系数据库方面，产品更为成熟的国外数据库产品在我国的数据市场中仍然占有很大比例，如Oracle、MySQL、SQL Server。从数据模型来讲，数据库按存储结构类型可以分为关系型和NoSQL类型，其中不少于四分之三的数据库属于关系型数据库，而NoSQL的意思是Not only SQL，不仅仅是使用SQL。另外，从其版权问题，即商业和开源角度看，开源数据库的发展速度更快，目前来说商业数据库和开源数据库基本平分天下。随着云数据库的发展，打开新的全球竞争格局，我国的数据库技术和数据库产品正逐步跟进，在国内数据库交流社区"墨天轮"公布的近年热度排行显示，有多款受到众多用户青睐的数据库产品由国内公司研发，据不完全统计，这些由国内公司研发的国产数据库产品在量上也呈爆发式增长。

2008年，阿里巴巴公司提出"去IOE"，即摆脱IBM小型机、Oracle数据库及EMC存储设备，拥抱开源和分布式的云环境，承担了较大的IOE成本的大型企业构造新IT底层建设的思潮，通过分布式解决性能问题，发展云数据库成为趋势。除了互联网大厂动员大规模人力投入开发，我国的一些数据库技术团队与数据库产品也经历很长时间的摸索与发展。根据产业发展，可将其发展分为多个阶段。

初期，传统的国外关系数据库产品占据绝大部分数据库市场，其中的佼佼者IBM DB2、Informix与Oracle占据金融、电信、交通与能源等各个行业。

中后期，数据库产品研发和应用示范受益国家政策，国内众多厂商不断涌现。开源数据库正蓬勃发展，得到中小型企业和技术公司的推崇和使用。

2008年至今,云计算快速发展,奠定数据库上云趋势,随着云平台上搭建数据库的技术成熟和云数据库所具备的稳定、高性能、弹性能力,用户逐渐更倾向选择云数据库,这种需求的变化改变了国外数据库企业长期占据的数据库市场,国内众多厂商提出各自的云数据库产品。

目前,我国数据库市场仍处于快速成长期,国产数据库占比仍较低。随着国产数据库的发展,国产数据库产品在国内市场的占比也会逐渐提升,同时热度也不断提升。

6.3 国外数据库

Gartner统计,全球数据库软件市场达549亿美元规模,并且保持高速增长的趋势。数据库技术的发展不仅仅是市场抢占的问题,数据库技术作为信息产业生态的基石,它的不成熟也会导致信息产业和信息管理的发展停滞。IBM、Oracle、微软等巨头率先进行了数据库技术的研究,并抢占了以传统关系数据库为主的传统市场。随着数据规模和存储需求的变化,采用不同于传统关系模型的非关系模型的NoSQL数据库,则能在特定的应用场景提供卓越的性能,以填补数据库技术的空白。随着云平台的发展,云平台能以服务的方式提供数据库功能,与之相对的是,商业数据库存在不少老旧挑战,使用价格昂贵,对从业人员而言依然存在运维难度高问题、相对比较差的扩展性和低可用性。而云数据库具备可随时增减的弹性性能,同时继承了开源数据库的优点,如易用、开放等特点而广受青睐。本文将选取几款代表性的数据库进行介绍(见表6-4)。

表6-4 国外代表性的数据库产品

国外数据库	数据库类型
IMS	IBM公司、商用层次数据库
IBM Db2	IBM公司、商用关系数据库
Oracle	Oracle公司、商用关系数据库
MySQL	Oracle公司、开源关系数据库
Microsoft SQL Server	微软公司、商用关系数据库
MongoDB	开源文档数据库
Redis	开源内存数据库
PostgreSQL	开源关系数据库
SQLite	开源小型数据库

6.3.1 IMS与IBM Db2

20世纪60年代末,IBM公司率先进行数据库技术的研究,使用层次模型开发信息管理系统(IMS),用于帮助美国国家宇航局管理宏大的"阿波罗登月计划"的资料。现如今,《财富》1000强企业中的95%以上每天都使用IMS处理超过500亿笔交易,并管理15000000GB

的关键业务数据。IBM公司不断为IMS增加新的特性,以适应不断变化的IT环境。

IBM公司作为数据库技术的先驱,最早尝试让其数据库产品支持SQL,Db2的发展可以追溯至20世纪70年代初,当时在IBM公司工作的埃德加·科德博士描述了关系型数据库理论。起初,Db2是IBM公司为特定平台所开发的数据管理系统。后来,IBM公司察觉到它的复用性和通用性,于1990年将它开发为通用数据库(UDB) Db2,使得它可以在权威和流传度高的操作系统上运行,如Linux、UNIX和Windows。如今,Db2是专业的商用关系数据库,同时Db2数据库软件包括多种高级功能,如内存技术(BLU Acceleration)、高级管理和开发工具、存储优化、工作负载管理、可行压缩和连续数据可用性(IBM pureScale)。

随着云计算时代的到来,Db2数据库管理软件平台凭借其在IBM Cloud上的可用性继续其变革历程,新增了AI支持、混合多云部署等功能,使用机器学习调整工作复杂度并优化查询,以显著提供查询速度,允许云端运行的开放式可扩展数据和AI平台转变业务运营模式。

6.3.2 Oracle

Oracle(https://www.oracle.com/database)关系数据库由美国甲骨文公司研发与经营,它是目前使用最广泛的数据库系统,具有高可用性、高可扩展性、高数据安全性以及高稳定性等特点。

1979年,RSI公司(甲骨文公司的旧称)推出了可用于PDP-11计算机上的商用数据库产品Oracle。Oracle具有完整的SQL操作,如子查询功能、连接功能等,从此拉开了Oracle长期占有市场较大份额的序幕,并进入良性循环,帮助Oracle在研发的投入和产品创新方面始终领先同时期的其他产品。目前,Oracle的最新版本是Oracle Database 19c,相比上一个版本,19c增加了许多新特性,在数据库备份和分布式处理等方面都做了巨大的改进和突破。

Oracle支持63种不同的语言,乃至区域差异语言,如美式与英式英语。这些不同语言版本间的差异通常是同义不同词。

Oracle不断更新迭代,逐步引入了行级锁、分布式事务处理能力、增强的管理功能、支持面向对象的开发及新的多媒体应用、信息生命周期管理、网格等功能,完善了关系数据库软件的功能发展,引入了在多租户容器数据库中,创建并维护许多个可插拔数据库的功能,在容灾等方面也做出了巨大改进。

6.3.3 MySQL

MySQL(https://www.mysql.com)是一个国内用户和开发者最为熟知的开源数据库。1995年,瑞典的MySQL AB公司发布了MySQL,该公司于2008年被太阳计算机系统(Sun Microsystems)公司收购。2009年,随着甲骨文公司(Oracle)正式收购太阳计算机系统有限公司,MySQL成为甲骨文公司旗下的产品。

截至目前,MySQL已经更新到8.0.21版本,并提供了原生的JSON数据类型支持。MySQL已经成为最流行的开源关系型数据库管理系统,是用于开发各种基于Web应用程序的最佳数据库系统之一。2010年以前流行的Web开发框架LAMP(Linux、Apache、MySQL、PHP)中,M代表MySQL。

MySQL数据库发展成熟,拥有许多优良的特性,并支持免费使用,深受中小企业和个人开发者喜爱。

多平台、多语言兼容：支持 Windows、Linux、Mac OS、Solaris 等多种主流操作系统；为多种编程语言提供了应用程序接口(API)，包括 C、C++、Java、Python 等，使用国际标准化组织公布的关系数据库标准语言(SQL)作为操作语言，同时优化了 SQL 查询算法，有效提高查询效率。

MySQL 有诸多受用户青睐的优点，包括对开发与运维友好：支持多线程和多用户，充分利用 CPU 资源；支持多种数据库连接接口，如 TCP/IP、ODBC 和 JDBC 等；多个可选用的存储引擎，其中 InnoDB 是默认的存储引擎。此外，MySQL 还具备灾难恢复性好、支持数据库事务、支持行级锁、支持外键关联、支持热备份等功能。

但与 Oracle 等大型商用数据库软件对比，MySQL 有一定的局限性，如功能相对有限，约束相对宽松引起稳定性仍有差距等，但这丝毫不影响它受欢迎。面对一般个人用户和中小型企业的需求，MySQL 提供的功能已经足够。另外，由于 MySQL 是开源软件，因此其有自定义的空间。

6.3.4 Microsoft SQL Server

SQL Server(https://www.microsoft.com/en-us/sql-server)的创建可以追溯到 1986 年，该产品最早的开发方是 Sybase，和微软合作供给于 Windows 系统。随着微软方面数据库部门的成长，微软向 Sybase 买下了 Windows 版本的 SQL Server 代码著作权，并独立完成 SQL Server 6.0 的开发，向外界证明了微软自身的数据库研发能力，SQL Server 的后续版本均由微软独立研发。2017 年，微软推出 SQL Server on Linux，SQL Server 开始支持 Windows 以外的操作系统。

SQL Server 初期版本覆盖大部分基础功能，基本可以满足中小企业的数据库管理需求，随着版本的更新与扩展，SQL Server 的功能发展得更为完整，已可供大型企业使用。SQL Server 不仅是一个常规的数据库引擎，而且它内置了强大的管理工具和数据复制、分析功能，为广大用户和开发人员提供了一个可靠、高性能、集成的数据平台。

同时，微软公司在 2015 年开始趋向发展云平台，拥抱开源。SQL Server 推出了适用于机器学习、云计算的集成组件，随着 SQL Server on Linux 的诞生，SQL Server 可以方便地跨平台整合数据。在定价方面，SQL Server 比 Oracle 更便宜，购买策略也更灵活。因此，SQL Server 几乎是 Windows 系统下数据库软件中的最佳选择。

6.3.5 MongoDB

MongoDB (https://www.mongodb.com)的名字取自英文单词 Humongous。MongoDB 是一个开源文档数据库，它的存储形式简洁，对开发者和应用程序友好。

由于以文档结构存储数据，因此 MongoDB 有较好的代码亲和性，以便于 json、log 等类文档格式数据直接写入。以这种与经典关系模型迥然不同的文档结构构建的 MongoDB 对上层程序更加友好。相比关系数据库，MongoDB 更能发挥内存性能，而部署到内存上的 MongoDB 也提供了数据持久化功能。

MongoDB 于 2007 年开始开发，并于 2009 年首次推出，其主要使用 C++ 语言编写，兼容

Windows、Linux、Mac OS、Solaris 等主流操作系统，同时为多种编程语言提供了 API，包括 C、C++、Java、NodeJS、JavaScript、Python、Scala 等。

MongoDB 支持 BJSON 格式，这种格式类似于 JSON，可以支持多种数据类型，乃至复合的数据类型。MongoDB 的搜索引擎支持大部分的传统数据库查询功能，同时也支持动态的索引构建。MongoDB 有以下几大特点：面向集合存储、模式自由、支持复制和数据恢复、支持强大的聚合工具、高效的二进制数据存储、自动处理分片。

MongoDB 目前已经更新到 4.4 版本，于 2020 年 7 月发布，在数据分片上做了较大的改进，同时，MongoDB 的聚合功能更加强大，能够执行更加复杂的聚合操作。

6.3.6 Redis

Redis (https://redis.io)的全称是 remote dictionary server，它的开发是 Pivotal 赞助的，它是一个 BSD 许可开源的数据库，即允许修改后重新发布或商用。Redis 与其他键值对存储数据库相比，最大的特点是支持数据持久化。

Redis 的存储结构为键值，同更知名的关系数据库相比，键值数据库以与之非常不同的方式工作。关系模型中根据实体与实体之间的关系为每个实体及其关系创建一个个表，并明确定义表中字段的数据类型及其他限制，这些数据类型对于数据库程序可以针对类型而分类处理及简化函数，从而减少开销。与之相对，键值系统把数据当作一个单一的、不透明的收集，单一的记录可存在于多个不同的字段，这种更宽泛的定义提供了可观的灵活性，并更加符合复杂的现实情况，更能映射现实概念。不同于多数的关系数据库，由于不使用占位符或输入参数表示可选值，键值数据库经常比同等的关系数据库使用更少的内存，由于内存空间昂贵而紧俏，因此键值数据库通常被作为内存数据库。Redis 在 2009 年发布版本，近年来，随着其功能和性能的不断完善和提升，Redis 已经成为最流行的键值对存储数据库。

值得一提的是，Redis 能够持久化地存储数据，这是很多键值数据库所不具备的。Redis 会将内存中的数据复制保存到磁盘，在意外崩溃后的重启时将磁盘备份的数据重新加载到内存。此外，Redis 能够支持链表、集合等复杂度高的数据类型的存储，这是很多键值数据库所不具备的能力。考虑到分布式的环境，Redis 还支持主从复制，多服务器之间的数据备份使得 Redis 的可靠性和安全性大大增加。

在日常对数据库的访问中，读操作的次数远超写操作，比例在 1∶9～3∶7，所以需要读的可能比写的可能大得多。当使用 SQL 语句去数据库中进行读写操作时，数据库就会去磁盘把对应的数据索引取回来，这是一个相对较慢的过程，而使用 Redis 缓存数据，让服务端直接读取可以更快地检索出在 Redis 上的数据。Redis 凭借内存的性能优势和索引结构的简化，显著提升了访问性能。但是，内存空间有限也限制了它的发展，通常只会让 Redis 存储热点数据。

6.3.7 PostgreSQL

在 IBM 公司发表一系列关于构造关系数据库 System-R 的论文的影响下，加州大学伯克利分校的迈克尔·斯通布雷克启动了 Ingres 计划，该计划获得美国国防部的资助。在

1985年资助终止后，伯克利将Ingres以BSD许可发布。Postgres基于Ingres进行开发，因此得名Postgres，随后Postgres于1995年加入SQL特性的支持，名称更改为PostgreSQL。

与其他关系数据库对比，PostgreSQL的一个突出优点为可编程性。这种可编程性使得对开发者的开发工作变得更为简单。PostgreSQL相比MySQL而言，更加简单，约束更少而且灵活，同时在各方面指标上有更优越的表现，这些指标包括：稳定性、性能（尤其是高负载情况下）、GIS领域友好（因为PostgreSQL的空间数据库扩展强于MySQL而受到Instagram青睐）、"无锁定"特性、SQL编程能力（9.x图灵完备，支持递归）、集群策略调整方便、支持长文档存储、NUMA架构的支持。

PostgreSQL是BSD协议，因此可以基于PostgreSQL源码修改，发布为新项目，并用于商用。而MySQL数据库虽然是开源的，但它和它的核心引擎InnoDB受Oracle公司控制。从可维护性看，PostgreSQL的源代码量更少，整体代码比MySQL简洁、清晰，因此PostgreSQL是众多公司进行二次开发数据库软件的原型首选。

PostgreSQL有众多强大的功能，这些功能包括：多版本并发控制、复制系统、丰富的索引类型、丰富的开发接口和语言支持、丰富的数据类型、强大的跨平台特性。这些特性综合起来，相比使用其他开源数据库，开发者使用PostgreSQL可以缩短整体的编程工期，这种收益随着项目的复杂度而更加突出。2018年发布的PostgreSQL 11版本，实现了完全遵循SQL标准，至少160个强制性核心一致性，在众多关系数据库中率先达到此标准度。

6.3.8 SQLite

2000年8月，SQLite由理查德·希普设计，其出发点是简单地在程序中使用它，简单地管理和操作，简单地维护和定制。因为它非常轻量，大小小于500KB，所以被命令为SQLite。SQLite是嵌入型的小型数据库，它具有基本的事务性的SQL数据库引擎，常常用于嵌入应用程序中提供基础的事务性管理。

无服务器的SQLite有异于C/S结构的数据库，通常SQLite库链接到程序中，并成为应用程序的一个组成部分，而SQLite是允许被动态链接的。这样嵌入到应用程序内部的做法能够有效减少数据库访问延迟，避免了跨进程通信的开销。在存储方面，SQLite打包整个数据库为一个整体文件，包含定义、表、索引以及数据本身，因此，跨平台迁移SQLite是十分便利的。不过，SQLite的锁粒度是全局的，这种过于简单的设计导致写并发能力丧失，但SQLite是可以并发读取数据的。

在SQLite的开发过程中，开发者将PostgreSQL设为参照，将PostgreSQL视为一个SQL标准实现，争取SQLite也能符合同类的标准。但在实现的方法上，与PostgreSQL有很大偏差的是，SQLite仅强制对主键进行类型检查。此外，SQLite允许值不被Schema限制，即值是动态的，Schema起到的作用是自动转换值为可恢复的数据类型。

SQLite的本质是一个C语言库，实现了一个小型、快速、独立、高度可靠、功能齐全的SQL数据库引擎。当设备存储在本地，并发性低，数据量低于TB时，SQLite是最佳选择，因为它快速、可靠，开箱即用，不需要安装和配置。

6.4 国产数据库

从 20 世纪 50 年代大型机开始应用到现在，计算机的发展已经有 70 多年的历史，在这个发展历程中，数据库技术也随之发展，从最早面向大型机的层次模型和网状模型的数据库，到如今的云数据库。随着信息化的领域越来越广泛，诸如科学研究、工程建筑、新闻媒体、智能农业、手机程序、云计算等，几乎各行各业都离不开数据库软件。

在国内的数据库市场中，尤其是在关系数据库产品市场中，由于国外公司的关系数据库业务开展得早，更为成熟，因此在我国的数据市场中仍然占有很大比例，相关产品有 Oracle、MySQL、SQL Server。从数据模型来讲，数据库总体上可以分为关系型和 NoSQL 类型，粗略估计其中四分之三的数据库为关系型数据库，其余为 NoSQL 类型的数据库。另外，从商业和开源角度看，开源数据库的发展速度更快，目前来说，商业数据库和开源数据库基本平分天下。随着云数据库的发展，打开新的全球竞争格局，我国的数据库技术和数据库产品正逐步跟进，在摩天轮数据库热度排行中显示，有多款国产数据库有较高的热度，据不完全统计，国产数据库产品在量上也呈爆发式增长。

2008 年，阿里云提出“去 IOE”（摆脱 IBM 小型机、Oracle 数据库及 EMC 存储设备依赖）的想法，通过分布式解决性能问题，发展云数据库成为趋势。除互联网大厂动员大规模人力投入开发，我国的一些数据库技术团队与数据库产品也经历了很长时间的摸索与发展。根据产业发展，可将其分为多个阶段。

初期，此时传统关系数据库占据绝大部分数据库市场，谈及数据库时都默认为关系数据库，几大巨头公司的产品 IBM DB2、Informix 与 Oracle 占据各个行业。

中期，数据库产品研发和应用示范受益国家政策，国内众多厂商不断涌现。开源数据库正蓬勃发展，得到中小型企业和技术公司的推崇和使用。

2008 年至今，云计算快速发展，奠定了数据库上云趋势，随着云平台上搭建数据库的技术成熟，企业对数据库上云的需求冲击了老牌劲旅 IBM、Oracle、Microsoft 公司长期占据的数据库市场，国内众多技术公司提出各自的云数据库产品。

目前，我国数据库市场仍处于快速成长期，国产数据库占比仍较低。根据智研咨询，2012 年我国数据库软件市场规模为 53.15 亿，2018 年增长至 139.25 亿，预估三年翻一番，其中国产数据库产品占比也逐渐提升。下面选取几个具有代表性的国内数据库产品进行介绍（见表 6-5）。

表 6-5　国产具有代表性的数据库产品

国产数据库	数据库类型
TiDB	PingCAP 公司、开源分布式关系型数据库
DM8	达梦公司、关系型数据库
OceanBase	阿里云、关系型数据库
PolarDB	阿里云、关系云数据库
Gbase	南大通用公司、关系型数据库
GaussDB	华为公司、关系型数据库

6.4.1 TiDB

TiDB是开源的新SQL数据库，由北京PingCAP公司自行研发，它是面向分布式环境的关系型数据库，Ti即稳定可靠的金属钛，这命名包含了开发者的开发目标与决心。TiDB同时支持混合事务分析处理(Hybrid Transactional and Analytical Processing，HTAP)，具有融合型的特点，使得它能够完成更多的任务，具有更好的通用性。此外，TiDB还具备水平扩容、水平缩容、迎合云环境的分布式、兼容MySQL生态等优点，使得其具有更广泛的通用性。TiDB的目标任务是OLTP(Online Transactional Processing)、OLAP(Online Analytical Processing)、HTAP。同时，TiDB也能应对高一致性要求、大数据规模的挑战。

TiDB具有以下特点。

(1) 水平伸缩性。TiDB通过添加新节点扩展了SQL处理和存储，这使得基础设施容量规划比只能垂直伸缩的传统关系数据库更容易、更经济。

(2) MySQL兼容语法。对于应用程序来说，TiDB就像一个MySQL 5.7服务器。您可以继续使用所有现有的MySQL客户端库，而且在许多情况下，您不需要更改应用程序中的任何一行代码。因为TiDB是从头构建的，而不是一个MySQL分支，所以请查看已知的兼容性差异列表。

(3) 具有强一致性的分布式事务。TiDB在内部将表分割成基于范围的小块，我们称之为“区域”。每个区域默认大小约为100MiB，TiDB在内部使用两阶段提交，以确保以事务一致的方式维护区域。

(4) 原生云。TiDB被设计为在公共的、私有的或混合的云中工作，使得部署、供应、操作和维护变得简单。TiDB的存储层称为TiKV。TiDB平台的架构还允许SQL处理和存储在一个非常云友好的方式相互独立地缩放。

(5) 最小化ETL。TiDB被设计为同时支OLTP和OLAP工作负载。这意味着，虽然传统上可能在MySQL上进行事务处理，然后提取、转换和加载(ETL)数据到列存储中进行分析处理，但实际不需要这个步骤。

(6) 高可用性。TiDB使用Raft共识算法确保信息数据的可用性。在失败的情况下，Raft组将为失败的成员自动选出一个新的领导，并在不需要任何手动干预的情况下自修复TiDB集群。失败和自修复操作对应用程序也是透明的。

TiDB面向的四大核心应用场景如下。

(1) 金融行业场景。金融行业对数据的一致性有极高的要求，数据的错误将导致账目不一致，甚至导致重大的经济损失。因此，数据库需要具有相应的容灾能力和空间扩展能力，当然还有必不可少的数据一致性能力。传统的解决方案为同一地域设置至少有两个均衡负载，这样既可以分担负载，也可以应对任一服务器意外死机的情况，使得服务可以稳定提供，而跨域的服务器则用于备份数据，进一步提升容灾能力。但是，这样的经典方案并不能有效利用资源，成本较高，而且相应的性能指标RTO(恢复时间目标)与RPO(恢复点目标)仅能满足基础的业务需求。而TiDB则基于Multi-Raft协议调度数据到不同区域，细化到不同的机房、机架、机器，而且设置了自动切换的机制，能够让可运行机器代替故障机器进行服务，确保服务持续提供。

(2) 对存储容量、可扩展性、并发要求较高的海量数据及高并发的 OLTP 场景。传统数据库的结构主要面向单机,这种单机数据库无法满足企业因数据爆炸性增长对数据库的容量要求,于是面向分布式的数据库产品成为企业发展的必然选择。其中,TiDB 采用分布式架构,支持计算节点与存储节点分离,集群规模允许 512 计算节点,单一计算节点有 1000 并发上限,而集群存储容量可达 PB 级别,因此,TiDB 能够很好地应对 OLTP 场景。

(3) HTAP 场景。随着用户量的快速增长,以及业务类型的增加,企业所需要存储的数据呈指数增长,其规模可能达到数百 TB 甚至 PB 级别。传统的解决方案是基于现有的存储结构进一步改进,传统的在线联机业务保留使用传统的 OLTP 数据库,而面对 OLTP 数据库难以胜任的数据分析任务,则另外使用 ETL 同步数据到 OLAP 型数据库进行处理。然而,这种以扩展形式增加 OLAP 数据库到传统处理流程中的方案并不是最高效的,存储成本仍然有很大的节省空间。此外,这种扩展的处理延时也很大。而 TiDB 具有行存储引擎 TiKV 与列存储引擎 TiFlash,能够实现一个数据库处理 OLTP+OLAP 结合的混合任务,即 HTAP 任务。

(4) 数据汇聚场景。汇集数据到一个存储位置,并计算生成报表是企业决策工作需要的基础信息。分布式技术的广泛使用也带来了数据过于分散的问题,导致需要汇总数据的企业决策工作难以展开。这种任务常见的解决方案是采用 ETL 与 Hadoop,其中 Hadoop 并非专用于此类任务的软件,它存在过于繁杂的问题,导致使用成本高,不切合用户需求。而 TiDB 则已经考虑到此类型的任务,TiDB 内有的同步工具可以及时将业务数据收纳到 TiDB 中,用户可以通过 SQL 直接在 TiDB 中生成报表。

6.4.2 DM8

武汉达梦数据库有限公司(以下简称达梦)专注于数据库技术的发展,并一直打磨自家的数据库产品。达梦系列数据库从单机数据库时代开始自研数据库,在 2012 年后推出面向大规模数据的并行计算架构。DM8 是达梦公司的新一代数据库,具有以下特点。

1. 数据共享集群

DM8 是一种弹性计算的架构,支持存储和计算分离,实现自动存储管理系统,对每个节点能够进行内存共享和负载均衡,同时也能够自动处理故障节点,这包括故障点的剥离、故障点的自我诊断,以及故障点恢复后重新加入等复杂问题,并通过适当地应用架构设计,提高系统的响应时间和吞吐量。

此外,Dameng 还为 DM8 的远程灾难恢复添加了数据守护进程支持。用户可以为本地 DM DSC 集群添加远程数据守护系统,提高灾难恢复能力。远程数据守护进程的备用系统可以是单机,也可以是级联 DSC 集群。DSC+数据守护进程可以为用户提供自动故障切换、实时存档、读写分离,以及 DM DSC 主库或备份库的重新连接等功能,如图 6-9 所示。

DM8 从功能上借鉴的主流数据库产品,听取了市场用户的反馈,在原生的达梦数据库产品的代码基础上,融入对分布式的支持,细化到可以进行弹性分配计算单元和存储单元,同时不忘继续保持可靠性与安全性等。

DM8 是典型的面向混合业务的数据库,考虑到了多种应用场景,具有大规模并发事务处理的能力,实现一个数据库,解决绝大部分需求,帮助开发者减少数据库使用的学习成本

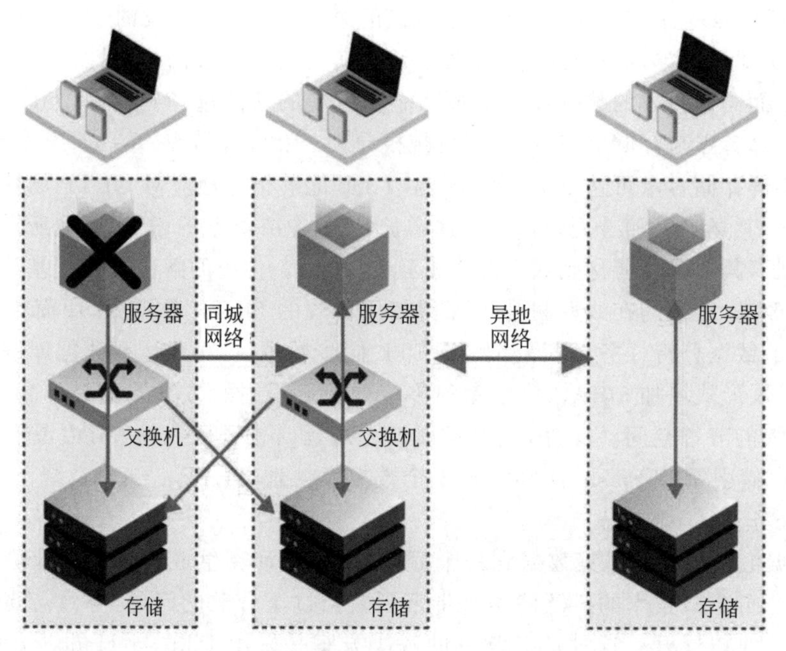

图 6-9　DM8 DSC 的异地多活技术方案

和混用多数据库带来的维护挑战。

2. 数据库弹性计算

与事务处理业务相比，大数据分析、数据仓库、决策支持等业务需要处理更大的数据集，提出更复杂的查询和分析条件。过去主要是通过专用设备(如数据仓库一体机)、分布式并行计算集群等解决方案。

然而，数据规模逐年翻倍地快速增长，使得传统的关系模型在性能上的短板被摆上台面，基于 SQL 的典型解析解决方案遇到了瓶颈：一方面，设备投入成本不断上升；另一方面，传统的软件体系结构已不能支持更大规模的横向扩展要求。Hadoop 和 Spark 等非结构化数据管理和分析技术在成本和可伸缩性方面表现得非常好，但与关系数据库相比，在 SQL 能力方面仍然较弱。

因此，DM8 具有的弹性计算能力十分具有竞争力。

3. 分布式事务体系结构——透明的分布式数据库

交易处理领域正受到巨大的并发访问规模、迅速扩大的数据规模和区域灾害的关键业务连续性保证的挑战。基于关键业务主机和数据库集群的传统软件解决方案能够在一定程度上满足区域灾害业务的连续性需求，但随着并发规模和数据规模的增加，用户成本急剧上升并失去控制。

业界探讨了垂直＋水平数据和业务分离、读写分离和其他技术的想法，但是这些解决方案和产品与传统的数据库相比，普遍性和简单性不能平稳过渡。

达梦的 DSC 技术给计算层提供了并发事务处理服务能力，原理上，该技术构建了用于计算节点之间的高速低延迟缓存，在这基础上，进一步构建并行的数据加载与存储能力。另一方面，在 DSC 技术下，数据库只添加只读节点，便可以实现更快的扩展能力。而日志层致力于提供可靠、高性能的日志服务，避免日志处理对计算层事务延迟的影响；存储层通过多机分布式存储实现数据的多副本、高可扩展性和高可用性。

DM8 的 TDD 架构克服了传统的数据库问题，如 SQL 支持不完整、事务支持不完整、缺少存储备份、不兼容其他数据库、对应用不透明等。

基于 TDD 方案，用户可以根据需要在不同的地方灵活构建不同层次的多副本解决方案。下面是两地三中心方案的参考例子，如图 6-10 所示。

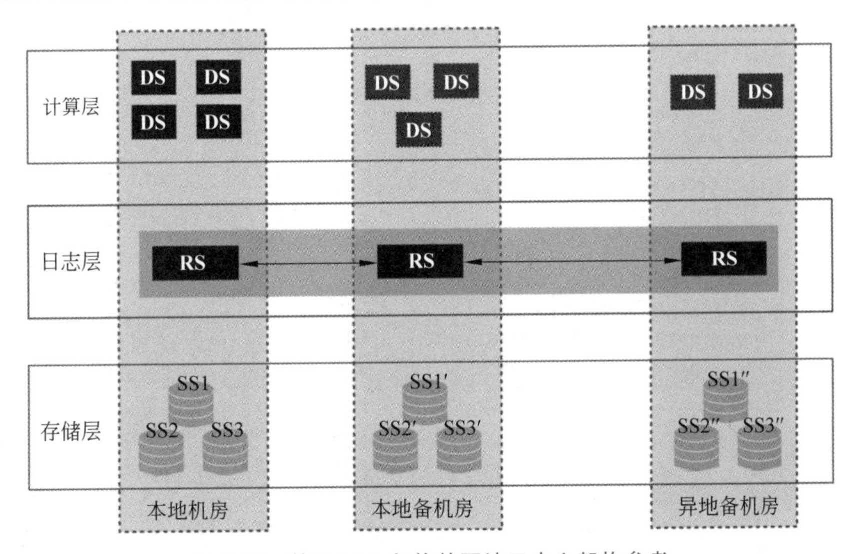

图 6-10　基于 TDD 架构的两地三中心架构参考

计算层节点支持远程部署，通过将数据副本存储在不同的灾难恢复域中，实现数据的远程灾难恢复。日志服务本身具有复制和灾难恢复能力，可以单独部署在每个数据中心。数据库服务按需部署在主机房，而不需要每天部署在本地和远程备用机房。它只需要在检测到灾难时立即启动。

6.4.3　OceanBase

"去 IOE"即取代 IBM 大型机、Oracle 数据库和 EMC 存储设备，拥抱开源和云环境。随着国产 IT 基础软硬件的不断发展，"去 IOE"已经由一个企业的目标成了整个行业的目标。王坚带领阿里体系"去 IOE"，并在 2013 年基本完成，而 OceanBase 和 PolarDB 分别是阿里云和蚂蚁金服的数据库产品。

OceanBase 是对传统关系数据库的突破性创新，其架构如图 6-11 所示。它在普通硬件上实现金融级高可用，在金融行业首创"三地五中心"城市级故障自动无损容灾新标准，同时具备在线水平扩展能力，创造了 6100 万次/秒处理峰值的纪录。2019 年 10 月，OceanBase 以 6088 万 tpmC（每分钟内系统处理的新订单个数）打破数据库基准性能测试的世界纪录，被评为 TPC-C 基准性能的最佳执行者。

OceanBase 有以下 6 个特征。

(1) 强一致性。冗余存储数据及其日志，采用对事务提交更友好的 Paxos 协议进行数

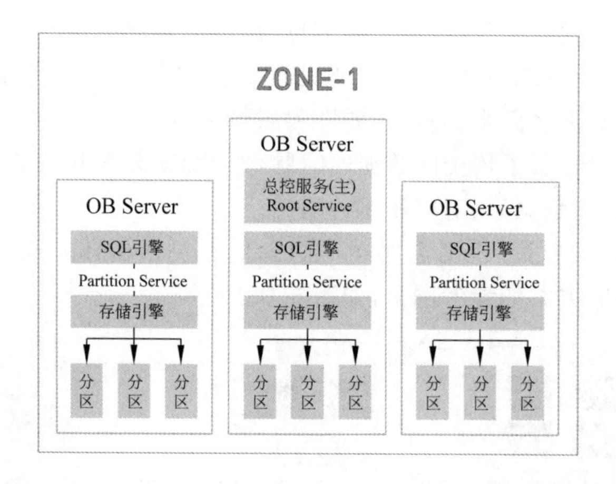

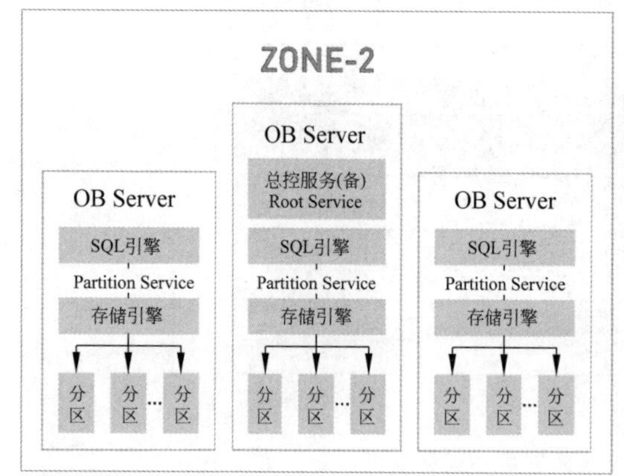

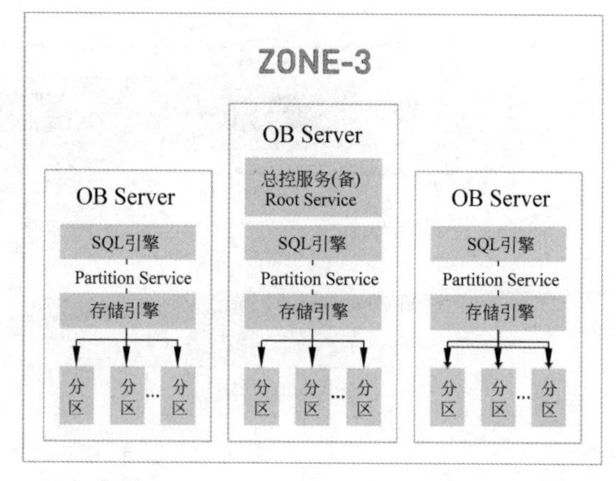

图 6-11　OceanBase 产品架构

据同步,采用主从存储的结构,读写请求优先在主存储中响应,保证数据的一致性。

(2) 高可用性。数据存储在多个副本中,少数副本失败不会影响数据可用性。通过部署"三城五中心"实现城市级故障自动无损容灾。

(3) 高度可扩展。在分散区域的节点上,每个区域的节点都有独立的计算单元和存储单元,具有独立执行能力。它可以在线线性伸缩。

(4) 高性能。存储采用读写分离架构,计算引擎全链接性能优化,读写性能均远超传统关系型数据库。

(5) 高度兼容。兼容常用 MySQL 功能和 MySQL 前后协议。可以从 MySQL 迁移到 OceanBase,业务上零变化或小变化。

(6) 低成本。对异构服务器的分布式连接,允许数据库搭载在设备条件不及专业服务器设备的 PC 上,或者采用低端的 SSD 存储设备。并且,采用存储压缩技术能够进一步减少存储空间消耗,充分利用存储资源。

OceanBase 采用无共享架构,所有节点完全平等。每个节点都有自己的 SQL 引擎和存储引擎,运行在普通 PC 服务器组成的集群上,具有可扩展性、高可用性、高性能、低成本、云原生等核心特性。OceanBase 已经应用于支付宝和淘宝的绝大部分业务,还有阿里体系的外部用户,如银行和保险公司。

6.4.4 PolarDB

PolarDB是阿里云自己开发的新一代商业关系云数据库。PolarDB是阿里云为企业市场推出的核心竞争力产品，PolarDB在设计初就考虑到了高吞吐量的挑战，PolarDB能够应对的场景有金融、物联网、电信等高吞吐量场景。目前只有亚马逊和阿里云具备在第三代技术架构上布局关系型云数据库的自主开发和产品化能力，从而在未来建立云计算竞争力。PolarDB的设计目标在于兼容传统数据库，并继往开来，更能契合云环境和高并发的任务。PolarDB的主要特点如下。

(1) 数据引擎PolarStore。PolarDB分离了计算节点和存储节点，采用了更加分离的分布式集群架构，而数据引擎PolarStore能够智能调度其数据流，其独特的主动-主动数据库多节点和分布式存储机制实现了业界首个“一次写入，多次读取”功能，并实现了比MySQL高6倍的性能，100%向后兼容MySQL 5.6。

(2) 软硬件的融合突破了性能瓶颈，其数据引擎能力是同行的两倍。极化数据库的最大存储容量为100TB，采用64核CPU和512GB内存，提供的功率是同类产品的两倍。在技术上，PolarStore率先使用RDMA网络连接分布式集群，能够支持高达每秒15万个写请求或每秒50万个读请求，足以应对高并发的真实应用场景挑战。这也是阿里巴巴集团第一次，也是亚洲第一次将RDMA网络大规模应用于公共云，实现技术包容性产业。

(3) 软件解决I/O问题。PolarDB用预分配日志为高并发场景定位，为了实现副本上的读请求，它不需要重复创建新的ReadView，并继续使用最后的缓存，与其他缓存相比，这种方式的I/O消耗减少了40%。

(4) 综合表现达到世界最高水平。在测评的运行分数上，PolarDB的阅读和写作成绩脱颖而出，领先同行。过去，创建10TB数据的副本只需要几个小时，目前PolarDB可以在2分钟内实现快速扩展，在全球范围内仅用3分钟就可以创建一个离线灾难恢复实例，其性能达到世界高峰。

PolarDB的诞生，也解决了用户业务和计算负载的增加带来的问题。这些问题包括：数据容量受限、存储空间扩展缓慢、Binlog日志效率低、备份和恢复缓慢、大数据处理性能瓶颈等。诸如：

(1) 显著降低使用成本。通过计算、存储资源池、透明压缩等技术，最大限度降低管理和维护成本。

(2) 大大提高性能和存储容量。计算资源池和存储资源池在自行开发和创新的极化存储智能调度引擎的帮助下进行联合调度，实现了比MySQL高6倍的性能和100TB的存储容量。

(3) MySQL兼容性。100%向后兼容MySQL 5.6数据库。

(4) 可扩展性。计算引擎容量和存储容量可以在几秒钟内扩展。

(5) 数据可用性。主动-主动数据库多节点和分布式存储机制，可自动检测、感知和恢复故障。

(6) 安全性。为了提升网络安全性，PolarDB数据库提供了一系列功能和工具，如白名单记录、查询语句审查、网络SSL加密。为了提升访问可靠性，采用了冗余存储、备份恢复等策略。数据库问世40年后，阿里巴巴云希望通过PolarDB改写未来，实现一个数据库可以满足多种类型数据库混合使用效果的大梦想。PolarDB设计的产品融合了OLTP和OLAP（HTAP）的理念，为企业的整体数据架构带来革命性的发展。

6.4.5 GaussDB

华为技术有限公司（以下简称华为公司）推出的高斯数据库GaussDB是在PostgreSQL 9.2基础上进行再开发的，后来，华为公司开源了GaussDB 100单机版本。在命名上，华为GaussDB发布中有一行字“向数学致敬、向科学家致敬”，意在向高斯致敬。值得一提的是，高斯数据库是全球首款AI-Native数据库，在复杂的分布式与异构环境下，通过人工智能实现自动化性能调优，以减少人工的维护成本和对工程师的经验依赖。高斯数据库是华为云生态的一个重要组成部分，同时也为国内众多行业提供服务，帮助大型企业摆脱国外数据库产品的依赖。

高斯数据库在产品线上的分类是：GaussDB 100、GaussDB 200、GaussDB 300。GaussDB的目的任务是OLTP，而GaussDB 200的目的任务是OLAP，最终GaussDB的目的任务是HTAP，即OLTP和OLAP混合的任务。

其中，GaussDB OLTP数据库在投入市场前，已经于2015年投入工商银行中使用，代替了海外的数据仓库，后续也部署到招商银行中，作为“掌上生活”“手机银行”背后的存储支撑。高斯数据库已进入金融行业的核心系统，它的性能和稳定性经受住了高并发事务和大量数据的挑战。

GaussDB 200则对PostgreSQL进行了分布式、并行计算的改造，使得它更适用于分布式环境，从GaussDB 200项目启动到开始投入使用，高斯数据库团队花费了六年的时间进行打磨。GaussDB 200能够帮助用户实现PB级海量数据分析任务。

此外，高斯数据还能支持X86、ARM、GPU、NPU等多架构的异构架构计算，为更多计算场景的应用做准备。

第7章

中间件

7.1 中间件的定义

在百度查询框中输入“中间件”3个字并搜索，可以看到关于中间件的释义众说纷纭。有的人觉得中间件是衔接应用程序与操作系统的纽带；有的人则认为中间件是分布式系统中各服务之间的通信渠道；也有的人将中间件纳入操作系统中的一部分。

给出中间件的确切定义十分困难，而且随着中间件的不断发展，其含义也在不断丰富。时常有人疑惑“到底什么是中间件?”这样的问题，这也从侧面说明中间件正处于快速发展的阶段，还没有人给出中间件一个明确且权威的定论。

在这里，我们引用一个由IDC(internet data center，互联网数据中心)提出，能够被普遍接受且较为正式的表述：中间件位于服务端的操作系统之上，是一种能够独立运行的服务或系统软件。集成相应中间件后，分布式应用可以实现在不同的技术之间建立网络通信并共享、管理资源。后续章节将根据相关文献[84-97]梳理中间件相关内容。

7.1.1 什么是中间件

中间件(middleware)一般不会被用户感知到，因为其服务对象是应用程序业务处理，而不是应用程序的用户交互。前文对中间件的定义中涉及各种专业术语，讲得云里雾里，那中间件到底是什么呢？这里举一个简单的例子。

假设我开了一家炸鸡店(应用的业务端，常与客户端对接或直接在客户端上实现)，而周边有许多养鸡场(应用的底层实现，封装对服务器操作系统的调度)可供我获取炸鸡店经营的必备原料——鸡(计算资源)。然而，为了降低经营成本，我自然要综合价格和质量挑选部分优质养鸡场合作，但是，一段时间后性价比较高的养鸡场可能不是那几家了，这意味着我要在进货方式、交易方式等方面重新与商家达成共识(重新适配)，十分烦琐与不便。于是，我找到专门整合养鸡场资源的第三方代理商(中间件)，跟他谈好价格和质量后(统一接口)，就可以从代理商那里获得优质的鸡。除此之外，如果发现鸡有什么问题或有什么新的需求，我也可以通过代理商与多处养鸡场沟通（建立网络通信），而不需要我自己四处奔波。与此同时，代理商还可以为别的店铺提供服务（在不同技术之间共享资源）。

如图 7-1 所示，中间件就是这么一个介于操作系统和应用程序之间的产品，连接着应用程序和底层软硬件基础设施，可以简单理解为提取程序通用部分并通过封装解决底层差异，所构建的独立软件或服务程序，它们有的是独立于硬件、数据库的软件；有的是连接服务端与客户端的通信软件；有的则是需要二次开发的原型产品。

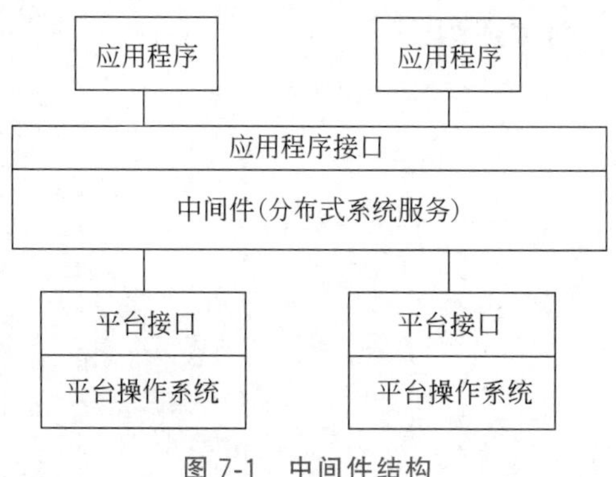

图 7-1　中间件结构

7.1.2　为什么要用中间件

其实，理论上讲，中间件提供的功能都可以通过代码编写在应用程序内部实现，但这会大大增加开发的周期和需要考虑的问题。渐渐地，这些通用的部分被提取并形成中间件。不同系统在交互时，交由中间件处理异构而又通用的问题，避免重新适配，减少了大量的代码开发和人工成本。

这里以常见的消息中间件作为例子。消息中间件负责系统间通信，并解决信息传输过程中遇到的各类问题。消息中间件类似现实生活中的邮局，当我想给远方的朋友邮寄一个包裹时，我不需要关心中间的运送过程，只需要填好地址和收件人，一切交由邮局解决即可。相比我自己费心费力构建一条物流运送包裹，自然是邮局简单方便得多。

中间件就像生活中的"中间商"，让客户从不断询价比价的烦琐事务中解脱出来；又像是各种预制部件，让各种产品的构建更加方便、快捷。中间件在软件架构体系中扮演连接上下层，协调系统各部分连接和交互的角色，依赖这一点，应用丰富了多样性，延展了复杂性。

中间件在应用软件的开发中有着重要的意义。当底层的计算机硬件或系统软件发生变化时，由于中间件提供的程序接口封装了一个相对稳定的高层应用环境，因此可以通过更新中间件适配底层的迭代，而应用软件几乎可以保持原样。采用中间件开发应用系统具体有 5 个优点，见表 7-1。

简言之，在分布式应用系统整个开发过程、开发完成后的部署运行以及后期的维护等各方面，中间件都提供了强有力的协助工具。

表 7-1 集成中间件开发的优点

优 点	描 述
集成运行环境	中间件屏蔽了底层逻辑中复杂、烦琐、易出错的细节,弥合底层运行环境中的差异性与异构性,确保整个系统在异构平台间能够稳定运行
提高开发效率	中间件提供了大批可复用的、组件化的服务,避免应用开发者重复造轮子,从而缩短应用开发周期,降低开发成本
统一接口	中间件为应用提供一个底层网络的高层抽象集合,这种集合能够提供一致的接口,减少开发者的学习成本,简化分布式系统的开发
保障软件质量	中间件能够明晰系统内的不同层级,对接不同的可插拔方式,从而保障软件的质量
节约应用开发成本	小到组件模块,大到企业应用实体所提供的服务,都能够转化为中间件,相互集成,在使这种集成得到简化的同时,大幅节省应用系统内的系统资源

7.1.3 中间件的应用

中间件在面向服务、微服务的体系架构和 Web 服务等现代化信息技术应用框架中应用比较广泛,也因此衍生出许多种类,其中比较著名的国外产品有 BEA 公司的事务中间件、应用服务器,OMG 组织的对象中间件,以及 Microsoft 公司的消息中间件,VMware 公司的数据库,Apache 软件基金会的 Web 应用服务器等。

国内则以东方通、金蝶、普元、北大青鸟、托普、中创等部分科学技术领先、资金力量雄厚的大公司为代表。这些公司斥巨资挺进中间件开发领域,并取得不少成就,例如中创软件开发的 Infor 系列中间件,东方通开发的 Tong 系列中间件,以及金蝶中间件公司的旗舰产品 Apusic 应用服务器等。

严格来讲,中间件技术已经不局限于最初始的定义。围绕中间件应用,国外各大公司都发展出较为完整的软件产品体系,而国内的各大公司也正行在路上。

7.2 中间件的作用

从前文的中间件应用部分可以看到,中间件种类以及承载的功能很多,而且随着科技的发展,其内涵仍在不断扩大和延伸。由于目前中间件主要应用于分布式系统,因此本节将对中间件在分布式系统中具有的功能进行归纳总结,后续则根据传统定义对中间件进行分类,同时讲解一些较为新颖的中间件类型。

7.2.1 中间件在分布式系统中的功能

从 20 多年前开始,中间件技术便处于发展上升时期,由于其即插即用、方便集成的特性而在 IT 行业的各个技术领域中都有广泛应用。中间件技术为分布式应用开发、部署、运维以及管理等一系列流程中固有的一些复杂问题提供解决方案,极大缓解了各中压力。作为分布式软件系统的关键基础设施,中间件已成为分布式系统不可或缺的组成部分,其连同操作系统、数据库系统一起,构成奠定基础软件体系的三大支柱。

图 7-2 给出了中间件可以解决的部分典型问题，其主旨是为分布式系统和复杂网络应用的开发、运行、维护和管理等流程提供一套便捷、高效的解决方案。具体有如下 4 种功能。

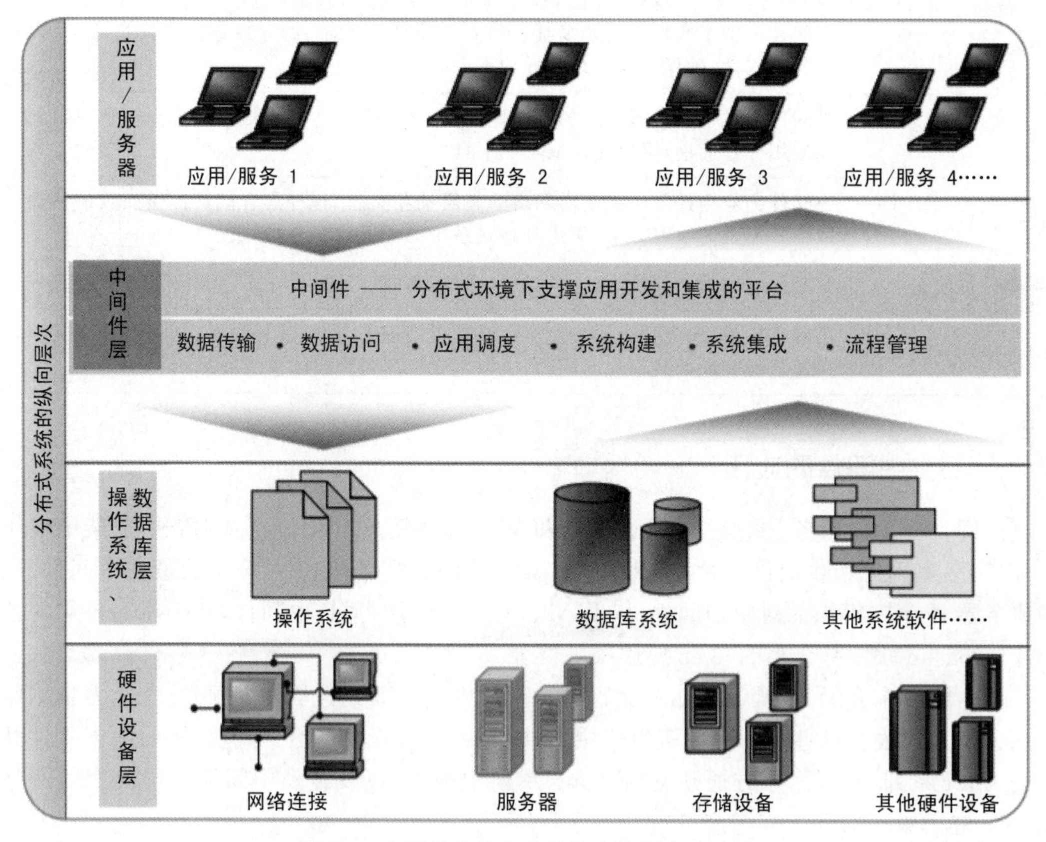

图 7-2　中间件在分布式系统中的用途示意图

1. 建立通信

分布式操作是分布式系统里的常规操作，指分布式系统内部服务之间或与其他软件的通信和交互操作。分布式系统运行时访问的资源、软件和服务可能分布在不同操作系统或不同主机之上，这导致的异构问题靠应用自身解决会十分烦琐。而中间件以对底层封装、屏蔽异构并提供高层次抽象为解决方案，实现了其最基本的功能——通信支持。

2. 屏蔽异构

前面提到分布式系统面临各种各样的异构问题，如操作系统的异构、交互模式的异构、通信协议的异构、编程语言的异构，甚至数据编码方式的异构等。两个说着不同语言的人想交流就必须借助翻译设备。同理，要让分布式系统中的应用、服务之间可以正确交互，就必须为解决异构问题提供相应机制。而中间件就是这样一个屏蔽上述底层差异，提供处于不同层次和面向不同方面的抽象机制，为其所支持的应用软件提供平台与运行环境，封装对外统一的应用程序接口，从而让分布式系统更好地实现其独立性。中间件以即插即用形式的松耦合结构，提供统一的服务接口、有效的交互机制，从而为应用结构化提供强有力的支持，提高分布式系统的互操作性。

3. 提供公共服务

公共服务是将分布式系统中共性的约束或功能提取后封装而成的服务。公共服务可以由中间件提供，一般针对某一种或一类系统，通过在程序开发时集成复用，能大大减少重复工作。中间件实现的主要公共服务有：访问控制；数据持久化；网络资源定位以及事务操作等。由中间件提供公共服务的好处主要体现在两方面：一方面是由中间件抽取共性功能，通过复用减少系统开发的成本；另一方面，应用开发者能更专注于系统个性化功能，减少开发压力。

4. 运行管理

中间件就像交通枢纽，是网络上分布的各种应用服务之间的连接中心，支撑着分布式系统的运行。针对运行期间可能出现的问题，中间件提供的主要功能有：管理计算资源；调度通信能力；调度进程、线程；对流量进行负载均衡调整等。除上述运行管理功能外，更大的亮点是中间件可以自动化执行这些管理活动，大大降低了人为管理系统的复杂度，提高了系统的鲁棒性和可靠性。

7.2.2 传统中间件

能否解决不同服务、程序交互时存在的各种问题常被用作判断一款中间件产品是否优良。在应用开发方面，即使处于不同平台、使用不同开发语言，中间件也要能够提供统一的开发接口。在系统管理方面，为了不加重系统自身管理的负担，中间件应该能够为自身的管理提供一套解决方案。

但是，在实际情况中，应用环境各式各样，而应用领域的不同对中间件的要求也各异，因此，一种能够解决所有问题的中间件只是纸上谈兵，由此诞生出类型丰富的中间件，这其中的分类方式很多，有些软件开发初衷不是中间件，但符合定义，可以纳入中间件的范畴。有些软件则尽管具有中间件的特征，却并不能被当作中间件。按照传统定义，中间件可以分为6类。

1. 终端仿真（屏幕转换）中间件

早期的大型机系统，服务器端应用程序交互方式一般为字符接口，而客户机端交互方式可能为图形界面，该类中间件便用于解决两者间的交互问题，目前市面上已较为少见。

2. 数据库中间件

数据库中间件适用于应用程序与数据源之间的交互操作，是较为常见的一种，技术发展也较为成熟。开放数据库互连（open database connectivity，ODBC）就是一种常见的数据库中间件。该类中间件允许客户端应用程序通过面向数据库的应用程序接口与本地或异地的数据库建立通信，并访问或更新相应数据。数据库可以是关系型、非关系型和对象型。数据库厂商一般会为自身数据库产品提供配套中间件，但随着多数据库访问中间件的出现，这类中间件也渐渐被取代。

3. 过程式中间件

远程过程调用（remote procedure call，RPC）是一种同步方式的请求与应答协议，而过程式中间件又称远程过程调用中间件，普遍应用于分布式应用系统开发。这类中间件扩展了大多数程序员非常熟悉的过程调用机制，使得其可以适用于远程环境。由于过程式中间件是同步方式的应用，因而要求两端均处于活动状态时才能很好地运行，若有一端处于非正常工作状态，将导致调用失败，这一限制也导致该类中间件渐渐被淘汰。

4. 消息中间件

消息中间件可以监听事件发生并通知订阅方，为分布到不同操作系统和网络环境的事件驱动型服务之间的交互协作提供可能的方案。消息中间件对同步或异步两种通信方式都有支持，但是因为异步技术可以保证即使发生通信故障，也能正常运行，具有更好的容错性，所以在中间件领域中受到更多关注，并在过去的几年里发展迅速。异步中间件技术主要分为两种：一种是广播方式，将消息广播，系统中的所有用户都能接收到；另一种是发行/订阅方式，可以指定特定类型的用户接收特定类型的消息。后者如今已成为异步中间件的主流。

5. 交易中间件

交易中间件又称事务中间件，是为简化联机交易处理系统开发而专门设计的一种软件。这类系统常常需要协调处理大量并发进程，是相当复杂的任务。交易中间件可以协助简化这类高难度工作，其主要功能是为联机交易处理提供其需要的并发访问控制、事务管理、负载均衡、资源分配、通信建立、安全保障、故障恢复等服务。交易中间件是应用集成所必需的基础软件，在电商购物、金融交易、订票系统等拥有大量客户的行业领域中备受关注。

6. 对象中间件

面向对象是一门提高代码可读性和安全性的编程技术，传统概念中的对象通过封装、继承和多态实现，使得代码重用成为可能，但传统对象只存在于程序内部，对其他程序是不可见的，就像一个人无法看到或触碰另一个人的内部器官。对象中间件旨在为用户或开发者提供一种标准框架，客户无须知道中间件的具体实现、位置和依附什么操作系统，一切就像在硬件中使用集成块和扩展板般方便。

7.2.3 新型中间件

随着信息化建设的不断发展和深入，新的技术创新、新的应用领域和不同类型的需求刺激着中间件形式的丰富和新型产品的出现。中间件的内涵和外延正不断拓展，技术进一步细分，已经突破传统范畴，向应用层扩展，与应用紧密结合的同时获得更多特性，形成多种新型中间件系统，所包含的种类已经不是传统分类所能覆盖的。下面介绍 4 类新型中间件。

1. Web 应用服务器

随着互联网的普及和浏览器的广泛使用，对 Web 应用的需求也在不断拓展和提高，而 Web 应用服务器（Web application server）正是为满足这种需求而诞生的应用服务器与 Web 服务器结合物。Web 应用服务器不仅能够像 Web 服务器一样为浏览器等客户端提供静态资源，而且可以像应用服务器一样在客户端与服务端间建立起数据与应用资源的连接和通信，提供事务处理、组件化、可靠性以及安全等多方面的支持，使网络应用的开发、部署和维护更加便捷。由于 Web 应用服务器能够有效地支持 3 层及以上 Web 应用架构，因此其得到普遍使用，已成为中间件市场竞争的聚焦点。

2. 业务流程集成中间件

业务流程集成中间件（business process in-tegrator）是面向业务流程，在企业内部集成的应用程序。它实现了自动化处理业务流程，解决了跨越不同应用系统、部门、人员以及合作伙伴之间的信息交互与业务流程上的协同合作问题，能够集成面向特定业务目标的管理系统。该类中间件可以进行图形化流程建模，对业务流程具有除执行、控制、监控以及异常管理等基本功能外，还有数据分析、智能反馈、动态适应和支持网页服务等核心能力。业务流程集成中间件使业务流程得到简化，更易于监测、管理、扩展和重用，为企业带来更经济高效地解决内部系统、外部合作伙伴整合问题的方案，从而使得企业能够根据市场变化快速做出反应，节省开发运维成本，提高投资回报率。

3. 门户中间件

门户将各种信息资源汇总成一个网页形式的访问入口，其发展过程可以分为3个阶段：

(1) 门户最初是指雅虎、搜狐等导航门户站点，用户在网站入口通过门户提供的类别分类、个性化服务，或自行搜索快速定位自己所需要的信息。

(2) 当企业引入门户概念后，用户可以通过企业提供的入口访问内部公开信息，但由于技术限制，该阶段所集成的资源主要为静态信息。

(3) 门户技术的发展，使其概念在企业方面有了延伸，不再局限于静态信息，而是能够集成已有的应用系统或者拓展新的业务系统。门户成为能够方便员工的统一工作平台入口。

支撑门户构建的是门户中间件（portal middleware），其提供协助集成资源，生成动态个性化页面的相关工具和服务，从而实现统一而又灵活的工作环境。通常，由于门户系统与门户中间件紧密结合，所以不对两者做严格区分，都统一称作门户。

4. Web服务中间件

为了能够将企业应用系统跨组织机构地集成，Web服务技术诞生并制定了相关标准，Web服务中间件（Web services middleware）也应运而生。在不同系统环境下开发的分布式应用，通过Web服务中间件，可以在统一模式下不失灵活地集成应用和支持交互操作。作为21世纪初得到发展的新兴技术，Web服务中间件目前具有良好的应用前景，各大软件厂商也都倾尽全力地开发相关技术。

7.3　中间件的发展史

7.3.1　中间件的由来

纵观历史，19世纪时期的生产形式还是由单个工人以手工方式制造单件产品，通过工业革命，在20世纪时进化为大型工业生产，其中承担着推波助澜作用的关键一步就是标准零部件的出现及相关标准的制定。即使架构再怎么庞大、功能再怎么复杂的产品，都可以通过现成的标准零部件一件一件地搭配组装而成。至此，工业生产向分工合作和规模化生产的方向发展，而且分工越精细化，各单位对分配任务的专业程度越高，后续的集成工作越顺利，总体生产效率就越高。

类似地，软件在某种程度上其实也可以算作一种工业，在受到工业生产中大规模分工协作方式的启发后，软件的开发生产也开始向构件化方向发展。这是软件开发技术一个跨时代的转变，其意义在于将生产软件的方式从由一个单位生产整个应用发展到由不同单位承担不同部分的标准化分工协作，同时各部分又可单独提取出来在别的应用中集成复用，避免重复造轮子的现象，从根本上解决制约软件生产效率和质量的难题，提高了大型软件系统，尤其是制式统一的商用系统的开发成功率。

而中间件正是顺应软件构件化发展的一种表现形式，它对一些通用、典型的应用模式进行了抽象和封装，使开发应用软件的人员可以在标准中间件的基础上结合具体需求进行二次开发，通过搭积木的方式将提供各种功能的中间件集成到系统中，其实质是构件化软件的具体实现。20 世纪 90 年代，互联网之父文顿·瑟夫(Vinton Cerf)发明了 TCP/IP，由此建立的互联网促使应用系统从单机向分布式发展，这一改变为 IT 产业带来了重大的、具有革命性的技术创新，也让中间件伴随着网络技术的发展而兴起。可以说，中间件的出现是历史发展的必然结果。

7.3.2 中间件的历史发展

如图 7-3 所示，中间件思想最早出现于 20 世纪 70 年代后期，起初主要指管理网络连接的软件，而最早的具有中间件技术思想和相似功能的软件是 1968 年 IBM 公司发布的客户信息控制系统(customer information control system，CICS)，这是中间件技术萌芽的标志。它分离了系统与应用，但是由于当时还没有分布式环境，因此人们一般不将其看作正式的中间件。

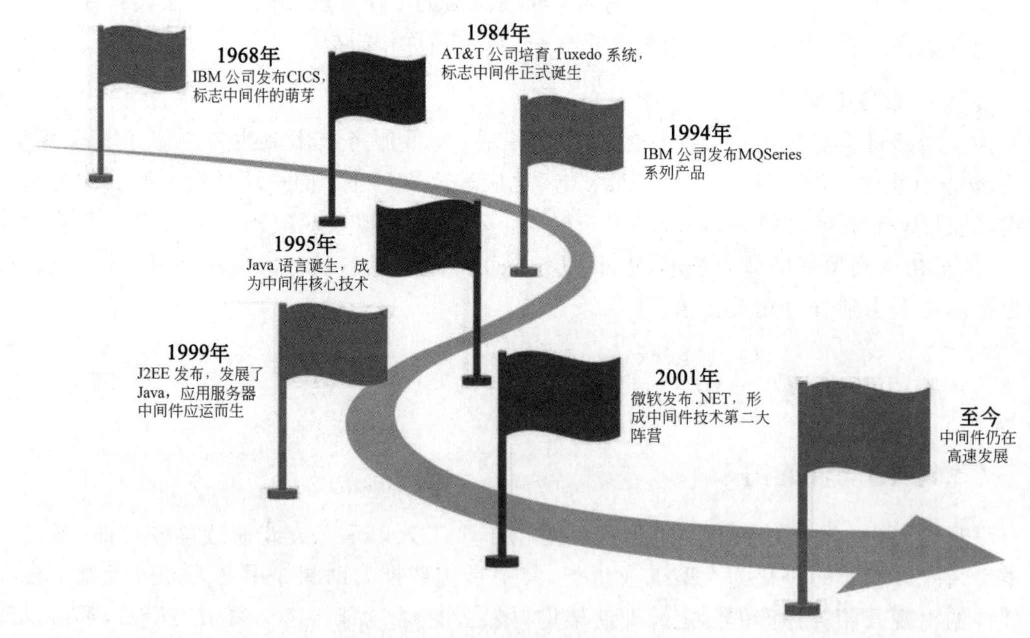

图 7-3 中间件的历史发展

20 世纪 80 年代中期，"中间件"这一概念才正式被提出，真正标志着中间件诞生的产品终于在1984年出现,它就是由AT&T公司的BELL实验室开发完成的Tuxedo系统,该系统能够解决分布式系统中的交易事务控制问题,是最早的交易中间件。在后续一段很长的时间里,Tuxedo系统都只是实验室里的研究产品,没有实际落地应用,在被NOVELL公司收购后也因开展的商业活动不成功而没有得到推广,直到1995年又被卖给另一家公司BEA,这款里程碑式的中间件系统才逐渐成熟起来,与此同时,BEA公司也一举成为中间件生产厂商。

20世纪90年代,网络技术开始普及,中间件技术也因此流行并得到发展。在开发分布式系统中,中间件常常充当着简单可管理技术的角色,如今各种类型丰富的中间件的前身也大多在这个时期逐渐发展并成熟起来。例如,1994年IBM公司发布的中间件MQSeries便提供了针对分布式系统异步通信、可靠性、数据传输等通信服务问题的解决方案,是消息中间件的始祖。

1995年,Java语言的出现为网络应用提供了跨平台的通用服务,它是一门天生支持网络应用平台的语言。在J2EE发布以来,Java通过活跃的社区生态,集成了一个完备的网络应用开发架构,鉴于市面上多数大型系统采用Java开发,某种意义上Java架构也成为应用服务平台开发的标准。作为中间件技术的集大成者,应用服务器中间件也应运而生,成为中间件技术的核心。

2001年,紧随其后的微软发布了.NET中间件框架,从此.NET和Java两大技术阵营瓜分中间件天下。但由于.NET不像Java是一个完全开放的技术体系,没有构筑起相应的社区生态,维护与更新全凭微软自身,势单力薄,因此.NET框架占据的市场份额并不多,只在小众范围中使用,而IBM、SUN以及SAP等巨头则纷纷加入Java阵营,故平时提到的中间件一般不包括.NET中间件体系。

总体来说,中间件技术发展分别经历了面向过程、对象以及机构的3个阶段,同时产生了相应的远程过程调用、面向消息以及对象请求代理3类中间件,中间件自身也经历了从应用程序到架构应用服务,再到提供个性化解决方案3个发展阶段。

7.3.3 中间件的发展趋势

步入21世纪后,中间件技术取得的巨大成功,使其相关产品在社会信息化的各方面应用广泛,并且发展得如火如荼,是社会的研究热点之一。

但是,对于集成大型、复杂应用系统的需求,目前的中间件产品还不能完全满足,相关技术也不够成熟。位于下层的基础架构更新迭代以及位于上层的分布式应用需求变换在给中间件带来新问题的同时也提供了潜在的解决方案。另外,分布式系统以网络为中心,这促使中间件要支持多层次的架构,处于不同层次的中间件之间有交错交织的技术互连,这让系统在集成中间件时也面临着新的复杂性。

随着互联网的发展,中间件的应用得到普及,相关研究工作也更为深入,中间件技术的发展趋势主要在于3方面:其一,中间件更多地向操作系统靠近、渗透,通过屏蔽底层差异提供统一性,向平台化发展;其二,网络正处于日新月异的发展中,更加丰富的应用软件也意味着需要更多的支持机制,中间件的体积也会随之变大,封装的范围变得更广;其三,构件化并不是大型软件的专属,中间件也在朝这个方向发展,通过更精细化的拆分,提供更有效的支持与解决方案。

信息化建设发展的加速对我们来说既是挑战,也是机遇。2004 年,国内第一个中间件产业联盟由 13 家国营企业合作建成,这推进国内一批中间件企业迅速崛起。中间件技术将会在中国得到规模化以及集成化发展,为跨平台或是处于异构网络环境的应用以及软件复用等提供了我国特色的解决方案。

7.4 国外中间件

7.4.1 Tomcat

1. 概述

Tomcat 是 Apache 软件基金会属下 Jakarta 项目的一款开源 Web 应用服务器中间件,是基于 JMX(Java management extensions)技术规范开发的 Web 服务器。Tomcat 既实现了 Web 服务器,又实现了 JSP 以及 Servlet 的容器,使得开发者可以在 Tomcat 中轻松开发和调试 JSP 程序,同时利用 Tomcat 的 Web 服务器进行快速部署。因此,Tomcat 作为一款轻量级应用服务器,在低并发和中小型系统中被广泛应用。除此之外,Tomcat 实现的服务器与容器是独立分离的,使得 Tomcat 有别于一般的 Web 服务器,如 Apache 服务器和 Nginx 服务器。Tomcat 既可以当作一个 JSP 容器,为其他软件提供服务,又可以当作一款 Web 服务器使用。

2. 发展历史

Tomcat 最初是由 Sun 的软件架构师詹姆斯·邓肯·戴维森开发的。后来,他帮助将其变为开源项目,并由 Sun 贡献给 Apache 软件基金会。

Tomcat 加入 Apache 后的首发版本为 3.x,在此版本中合并了 Sun 捐赠的 Java Web Server 代码和 ASF,并实现了 Servlet 2.2 和 JSP 1.1 规范。

在 2002 年发布 4.x 新版本,其中重新实现了 Servlet 容器(catalina)以及 JSP 引擎(jasper),引入 Coyote Connector 作为与外界的连接器。同时,整个 Tomcat 服务器的组件结构改为基于 JMX 的框架。

符合 Servlet 2.4 和 JSP 2.0 规范的 5.x 版本于 2003 年年底发布,在这个版本中 Tomcat 实现了精炼的垃圾收集功能,重构了应用程序发布环境,并且将 Tomcat 集成到 Windows 和 UNIX 的本地操作系统中,可以注册为系统服务。

6.x(2007)、7.x(2011)、8.x(2014) 版本中分别实现了 Servlet 2.5、JSP 2.1 以及 EL 2.1 规范,Servlet 3.0、JSP 2.2 以及 EL 2.2 规范,Servlet 3.1、JSP 2.3、EL 3.0 和 Web Socket 规范。

如今 Tomcat 已经发展到 9.x 版本,基于 Servlet 4.0、EL 3.1(TBD)、JSP 2.4(TBD)[8] 规范,并且在官网推出了 10.x 的测试版本。

3. Servlet 中间件与 JSP 技术

1) Servlet

Servlet(Java Servlet)是基于 Java 语言的一套处理网络请求的接口规范,按照这个规范进行编写的服务器端程序属于 Web 应用中间件，一般用以扩展基于 HTTP 的 Web 服务器，充当后端服务器中的功能实现者。

在互联网兴起的早期阶段，Web 技术主要用于传递浏览静态页面。在这个阶段，只需要服务器以及浏览器即可将编写好的 HTML 等静态文件传输并展示给用户，而计算机屏幕前的用户只能浏览一成不变的静态页面，而不能进行交互操作以及个性化展示。为了解决这个问题，诞生了 CGI(Common Gateway Interface)，通过编写 CGI 程序对 Web 服务器进行扩展。由于 CGI 程序编写困难，响应时间较长，以进程方式运行会导致性能受限等问题，于是 Sun 公司于 1997 年推出 Servlet 规范，作为 Java 阵营的 CGI 解决方案。

Servlet 技术的主体部分为 Servlet 规范。使用 Servlet 进行开发本质上是根据 Servlet 规范编写一个 Java 类，并且被编译为平台独立的字节码，动态地被加载到支持 Java 技术的 Web 服务器中运行，因此要求服务器必须支持 Java。需要注意的是，基于 Servlet 接口开发的后端服务程序不局限于 HTTP 服务器，可以在其他网络应用协议的服务器中运行。

Tomcat 实现了 Servlet 容器。Servlet 容器也称为 Servlet 引擎，主要为 Servlet 技术提供代码编译、容器以及运行时服务。具体来说，Tomcat 对相应端口进行监听，接收请求并解析，创建两个对象，分别放置请求信息以及响应信息。根据请求的信息，容器自动寻找到对应的服务提供给 Servlet 对象，根据用户动态生成响应信息放入响应对象并返回给用户。流程图如图 7-4 所示。

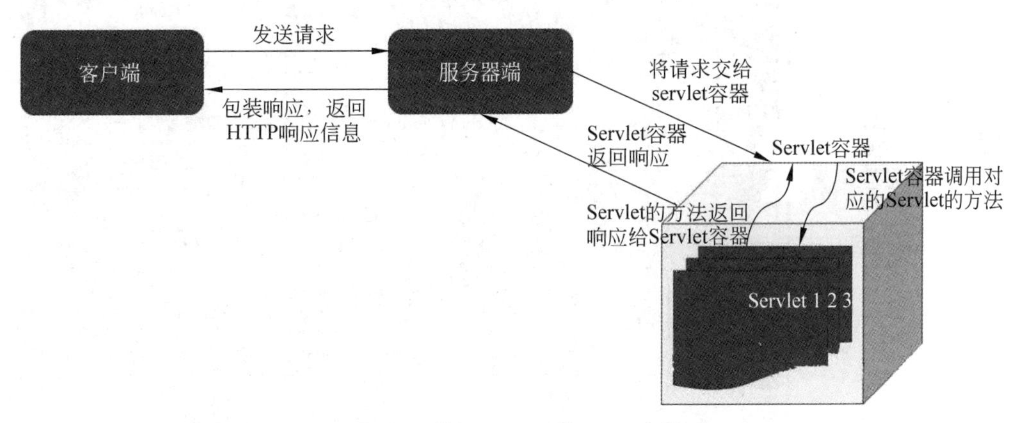

图 7-4 基于 Servlet 的 Web 应用

2）JSP

JSP(Java Server Pages)是由 Sun 公司提出的一种动态网页生成技术标准。

JSP 技术的出现使得软件开发者可以动态地响应客户端请求，根据前端用户个性化生成 HTML、XML 等文件。在 JSP 出现之前，开发者通过 Servlet 对客户端的动态需求生成个性化的动态页面。基于 Servlet 的后端程序主要返回 HTML 文件，由于 Java 语言的特性，为了生成 HTML 的代码，后端程序不得不构建重复而繁杂的代码。为了解决这个问题，Sun 公司推出了 JSP，通过特有的标签将 Java 代码嵌入 HTML 网页中，达到动态生成 HTML 的功能。这种动静结合的方式以静态页面作为模板。静态页面包含 HTML 的大部分代码，这些不经常变化的代码一般是网页的显示组件以及框架，通过嵌入的 Java 代码将动态的数据放入显示组件中，从而可以生成个性化的动态页面。

由于采用了 Java 代码嵌入 HTML 静态页面的方式，因此 JSP 文件在运行前应先经过 JSP 引擎转换为 Servlet 代码。这项工作本是开发者的负担(在 JSP 前，开发者需要人为编写相应的代码)，JSP 通过 JSP 引擎实现这个步骤，大大减轻了开发者的负担。之后，Servlet 代码将会被 Java 编译器转换成字节码或者是机器码，最后被执行。

Tomcat 在 JSP 容器中实现了 Jasper 模块作为 JSP 引擎，对 JSP 文件进行解析，生成 Servlet 代码。生成的 Servlet 代码会被放入 Servlet 容器中，并对客户端请求进行响应。

4. Tomcat 架构

Tomcat 采用面向组件的架构，如图 7-5 所示，通过 JMX 对各个部分组件进行管理，并采取事件监听的方式对各个组件进行监控。整个中间件由若干个主要组件构成，另外有很多其他部件，在此本书仅叙述主要部分，并尝试将整个 Tomcat 的实现方式以自下而上(bottom up)的方式向读者展示。

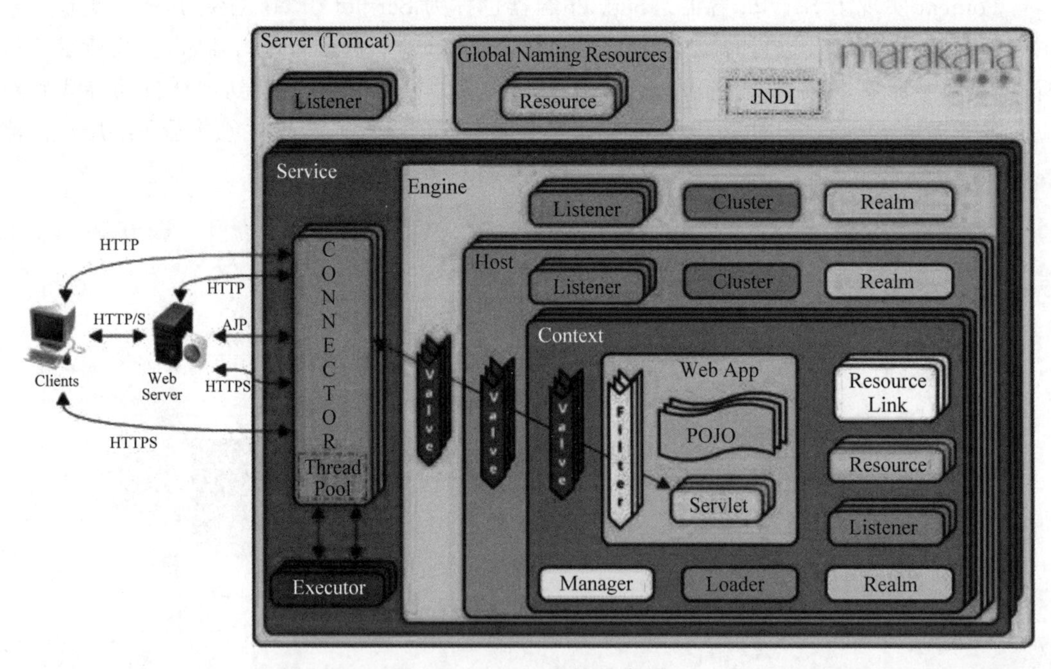

图 7-5　Tomcat 架构示意图

从实现角度讲，Tomcat 中设计了一个 Container 接口，用以抽象对请求的处理以及响应方法。基于 Container，Tomcat 设计了 Engine、Host、Context 以及 Wrapper 4 个实现子类，用以对一条请求进行流式处理，在将请求封装为 Valve 对象后，不同的 Container 子类组件将处理不同细粒度的请求。

1) Wrapper 组件

Wrapper 组件是容器接口 Container 的实现子类，代表了一个 Servlet 类，负责管理 Servlet 的生命周期，包括在适当的时候初始化销毁 Servlet 对象。同时，Wrapper 实现了拦截器(Interceptors)，可以看到每一条传给 Servlet 的请求。一般来说，Servlet 与 Wrapper 为一一对应关系，多个 Servlet 需要多个 Wrapper 进行管理。

2) Context 组件

Context 组件同样是容器接口 Container 的实现子类，代表了一个 Web 应用上下文(一个 Web 应用)。Context 组件中含有一个或多个 Wrapper。Context 组件实现了若干个组件，包含 Listeners(负责一个 Context 的生命周期)、Request Filters(过滤请求)、Resource Definitions(定义 Web 应用所使用的资源的特性)、Resource Link(全局资源链接)、Manager (管理 HTTP Session)、Loader(加载类文件)及 Realm(安全上下文)等。

从部署 Web 应用的角度看，Context 和 Tomcat 配置文件中的相应字段所对应，可以在 Tomcat 目录下通过配置文件进行热部署。

3) Host 组件

Host 组件代表了 Tomcat 容器中的一个虚拟服务器，可用于容纳一个或多个 Context 组件。一般而言，Host 组件不是必需的，只有当开发者希望监听某个虚拟服务器的所有请求，或者希望将某个独立的 Connector 挂在一个虚拟服务器上，但同时要使用多个虚拟服务器时，才建立这个组件。

4) Engine 组件

一个 Engine 组件代表了一个完整的 Servlet 容器。在 Catalina 容器中，Engine 组件位于层次结构的最高层。通常这个组件不是必需的，但对于定义了多个 Host 的开发者，则需要一个 Engine 组件。

5) Service 组件

Service 是一个位于 Server 内部的中间组件，一个 Service 将若干 Connector 挂在一个 Engine 上。

6) Connector 组件

Connector 接收端口请求，将请求传递给 Engine 组件(如果不存在 Engine 组件，则直接传递给 Context 组件)并且将响应返回客户端。Connector 中利用多线程进行高效的消息传递。

7) Server 组件

在 Tomcat 中，Server 代表了整个容器，提供多种服务，负责启动和管理各 Service 组件，同时监听端口的关机命令，停止容器的运行。

5. 工作模式

Tomcat 作为一款既提供 JSP 和 Servlet 的容器，又实现了 Web 服务器的中间件，有以下 3 种工作模式。

1) 独立的 Web 服务器

Tomcat 作为独立的 Web 服务器运行，如图 7-6 所示，Servlet 容器组件作为基于 Servlet 的后端代码运行时容器，并作为 Tomcat 与程序之间沟通的桥梁，对请求与响应进行传递，这是 Tomcat 的默认工作模式。

2) 其他 Web 服务器进程内的 Servlet 容器

这种模式如图 7-7 所示，Tomcat 分为 Web 服务器组件和 Servlet 容器组件两部分。

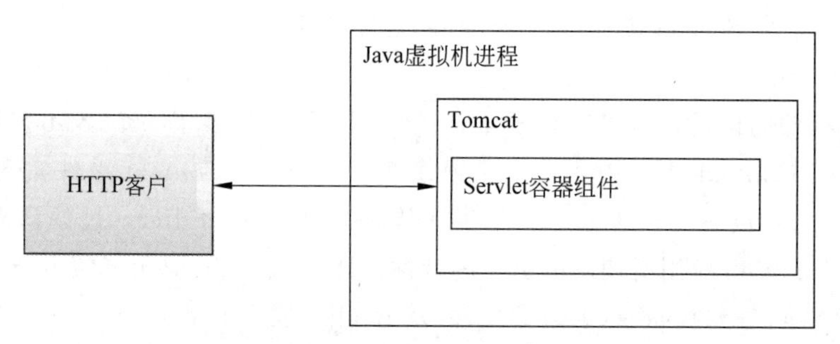

图 7-6　Tomcat 作为独立服务器使用

Web 服务器组件从其他 Web 服务器进程获得用户请求，通过 JNI 通信机制传递给 Servlet 容器以及相应接口。

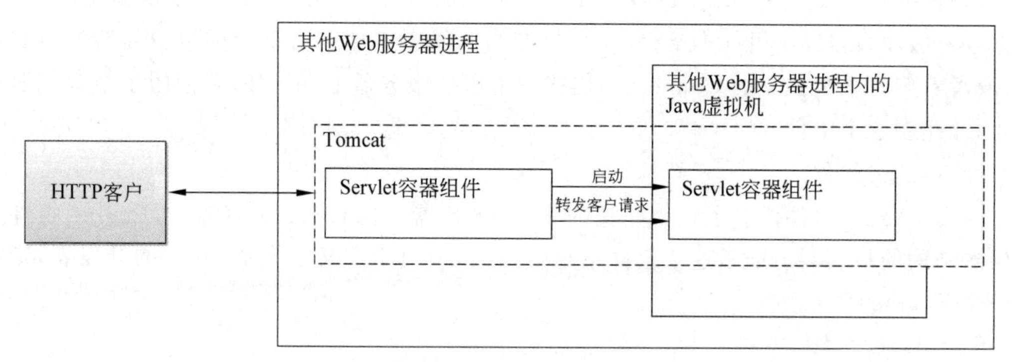

图 7-7　Tomcat 作为其他 Web 服务器进程内的 Servlet 容器

3）其他 Web 服务器进程外的 Servlet 容器

这种模式如图 7-8 所示，与第二种模式非常类似，同样是通过其他 Web 服务器进程获得请求并且传递给 Servlet 容器，不同之处在于，由于 Servlet 容器运行在其他 Web 服务器进程之外，因此需要通过进程消息传递机制，如 IPC 或者管道（pipeline）等通信机制进行消息传递。

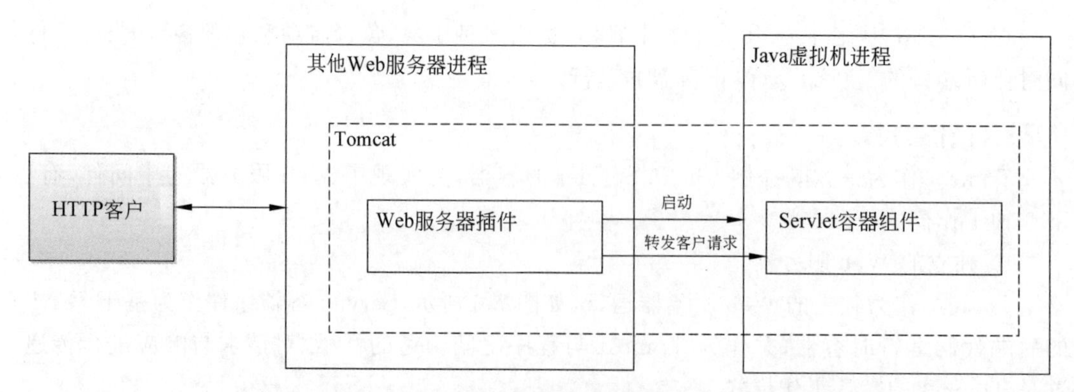

图 7-8　Tomcat 作为其他 Web 服务器进程外的 Servlet 容器

6. 优点与缺点

1）优点

(1) 兼有可扩展性和安全性。假如单位时间内访问请求数急剧增加，则可以用相对较低的费用提高前端的能力。

(2) 比较容易扩展。由于是通过在这台功能强大的服务器上运行的单个 Servlet 容器，因此实际上不需要考虑 Session 状态在分布式环境下的维护这类复杂的问题。

(3) 安全性高。后端服务器在外界不可以访问，网上的黑客只能访问前端的 Web 服务器，不能直接访问后端的应用服务器，这就提高了安全性。但这并不意味着黑客不能通过网络浏览器进行其他形式的攻击。

2）缺点

(1) Servlet 依赖于 XML 配置，随着项目的变大，Servlet 量逐渐增加，每增加一个 Servlet，都需要重新配置并重启服务器，导致开发过程烦琐，不利于团队开发。

(2) JSP 和 Servlet 的业务层与 Web 层耦合在一起，测试依赖于容器，不利于单元测试。

(3) 对 Servlet 的依赖性过强，业务处理时必须依赖 ServletRequest 和 ServletResponse，摆脱不了 Servlet 容器。

7.4.2 Kafka[①]

1. 概述

Apache Kafka 是一款发源于领英(LinkedIn)的消息中间件，于 2010 年年底开源，成为 Apache 的孵化项目，并于 2012 年年底由 Apache 孵化器孵化出站。基于 Scala 和 Java 开发而成，Kafka 是一个分布式、支持分区的、多副本的消息队列。现如今的 Apache Kafka 已经广泛集成到企业级基础设施中，在日志收集、消息系统、用户活动跟踪、运营指标、流数据处理方面发挥着巨大作用。

2. 发展历史

Apache Kafka 初是由领英开发，为了解决大数据强实时环境下的数据管道问题，当时的主流消息队列 ActiveMQ 远远无法满足领英公司对数据传递系统的要求，经常由于各种缺陷而导致消息阻塞或者服务无法正常访问，为了能够解决这个问题，领英设计出一套分布式的高性能消息系统，并命名为 Kafka。

值得一提的是 Kafka 名字的由来，Kafka 的创始人之一 Jay Kreps 曾提过“Kafka 是一个写操作性能优化的系统，所以用一个作家的名字命名似乎是一个好主意”。同时，在大学时期，Jay Kreps 非常喜欢 Franz Kafka，因此以其命名。

随着领英不断地对 Kafka 进行优化、完善，Kafka 慢慢成为一个通用的数据管道，兼具高性能和高可扩展性，逐渐成为领英内部的软件基础设施，为大量上下游子系统提供中间件服务。

为了惠及更多的人，领英于 2010 年年底将 Kafka 开源贡献给 Apache 基金会，并于

① Kafka 官网 https://kafka.apache.org/

2012年成功孵化,发展为一个非常活跃的社区。

2010年年底,Kafka发布第一个开源的版本0.7,提供了最基本的消息队列服务。而后在0.8版本中,引入集群间的备份机制,使得Kafka成为完备的分布式消息系统解决方案。在0.8.2.x等版本中,Kafka使用Java重写了producer模块,以替代原有的基于Scala的版本。在0.9.0.x等版本中,引入了Kafka Security(用以增强集群安全)和Kafka Connect组件(用以实现高可扩展性、可靠性的数据抽取服务),同时使用Java重写了consumer模块,以替换原有的基于Scala的版本。从0.10.0版本开始,Kafka正式转为分布式流处理平台,并在0.11.0版本中增加对事务和一次处理语义(Exactly-Once-Semantic)的支持。如今Kafka社区已经推出1.0.0版本,针对Kafka流处理(streams)的接口进行优化并且完善了各种监控指标。需要注意的是,起初Kafka是作为一个消息引擎开发而成的,但是基于强大的信息传递能力以及完备的分布式解决方案,开发团队发现经Kafka交由下游数据处理平台的工作,Kafka同样可以完成。因此,从Kafka 0.10.0版本开始转向分布式流处理平台并推出Kafka Streams(流式数据处理组件),从此成为一个分布式流处理平台。

3. 消息系统

为了让读者更好地了解Kafka作为一个分布式、支持分区的、多副本的消息中间件所提供的服务,在此介绍消息队列,以期读者能对Kafka的角色有更深入的理解。

在计算机科学中,消息队列(message queue)是一种进程间通信或同一进程的不同线程间的通信方式,软件的贮列用来处理一系列的输入,通常来自用户。消息队列提供了异步的通信协议,每一个贮列中的记录包含详细说明的资料,并包含发生的时间、输入设备的种类,以及特定的输入参数。也就是说,消息的发送者和接收者不需要同时与消息队列交互。消息会保存在队列中,直到接收者取回它。

通俗地讲,消息队列是在消息产生者与消息消费者之间的一个缓冲,消息产生程序将要发送的消息保存在一个公用的缓冲区域中,消息消费程序再从这个缓冲区域中获取发给它的消息,并进行相应的处理。

因此,一个消息队列负责将数据从一个应用传递到另外一个应用时,应用只需关注数据,无须关注数据在两个或多个应用间是如何传递的。同时,这种消息传递机制是异步的,它允许接收者在消息发送很长时间后再取回消息,因此有以下一些优点。

(1) 解耦。系统的各个部分只通过单一的一个容器进行数据传递,而不互相依赖,这大大减小了系统的耦合性。

(2) 提高处理速度以及效率。异步的处理使得数据的生产者不必等待数据的消费者处理完数据,而是直接将待处理的消息放入队列,继续其他工作,相对于同步的机制大大提升了执行速度与效率。

(3) 可拓展性。由于消息队列可以以广播模式应对多个生产者和消费者,使得生产者或者消费者可以随时加入或者离开系统,从而展现了消息系统的可扩展性。

(4) 削峰与限流。消息队列从某种意义上来说可以被视为一种缓存机制,通过一个消息队列,可以有效缓存高并发时期产生的大量消息,而不至于让消费者淹没在数量巨大的消息中。

同时,消息队列也会有如下缺点。

(1) 系统复杂度。毫无疑问,为了引入异步消息传递机制,系统需要设计专门的数据结构以及对相应中间件的维护,这增加了系统的复杂程度。尤其当考虑系统鲁棒性、容错性以及安全性的时候,消息队列的存在往往会增加风险,产生数据丢失等的问题。

(2) 暂时不一致性。由于异步的消息处理机制,消费者与生产者之间会存在暂时的不一致,即生产者在生产了一条消息后即认为这条消息被处理了,但在消费者看来这条消息仍未被处理。当然,最终消费者和生产者会达成一致,即最终一致性。

(3) 生产者难以获得反馈。通常,在生产者产生消息后便继续执行下面的工作,而不是等待消费者完成消息的处理并反馈消息(这是同步的处理机制),由此生产者很难从消费者处获得反馈。

由于单机的单点故障问题,现在的消息队列大多数是基于集群的分布式消息队列。主流的两种消息传递范式由 JMS(Java Message Service)定义,分别是点对点(P2P)(见图 7-9)和发布-订阅(publish/subscribe)(见图 7-10)。上述两种消息传递范式的差别在于一条消息能否被消息消费程序重复消费。

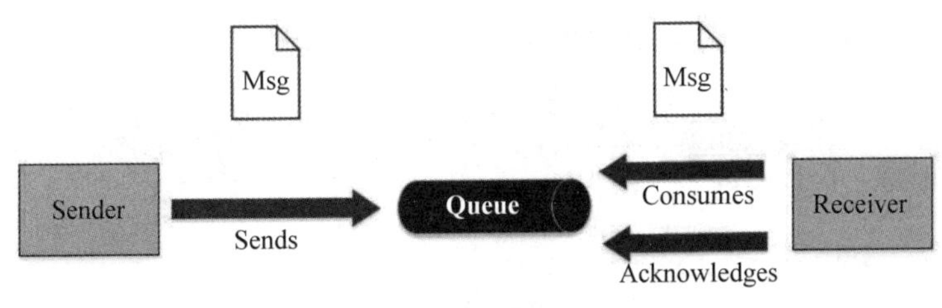

图 7-9　点对点消息系统

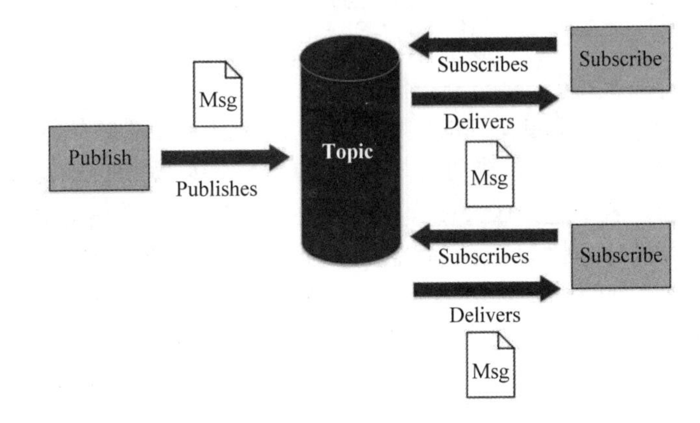

图 7-10　发布-订阅消息系统

1) 点对点消息系统

在点对点消息系统中,消息将被持久化到一个队列中。可以有一个或多个消费者消费队列中的数据,但是一条消息只能被消费一次。当一个消费者消费了队列中的某条数据之后,该条数据则从消息队列中删除。该模式即使有多个消费者同时消费数据,也能保证数据处理的顺序。

2) 发布-订阅消息系统

在发布-订阅消息系统中,消息被持久化到一个话题(topic)中。与点对点消息系统不同的是，消费者可以订阅一个或多个话题，并可以消费该话题中的所有数据，同一条数据可以被多个消费者消费，数据被消费后不会立刻删除。在发布-订阅消息系统中，消息的生产者称为发布者，消费者称为订阅者。

4. Kafka 架构

Apache Kafka 作为一个能够支撑海量数据的数据传递的分布式的发布-订阅消息系统，在离线和实时的消息处理业务系统中都有广泛的应用。这一部分将首先介绍 Kafka 的各个组件以及整体架构，最后对 Kafka 消息传递的流程进行介绍，并希望读者能对 Kafka 有一个更全面深入的了解。需要注意的是，尽管如今的 Kafka 已经被重新定义为一个分布式流处理平台，但在本书中我们仍将其看作一个发布-订阅消息系统（实际上两者异曲同工），并只对消息系统方面进行详细的介绍，如果读者对 Kafka 流处理感兴趣，可以参考 https://kafka.apachecn.org/获取更多的信息。

简单来说，Kafka 是一款基于 ZooKeeper 集群管理的发布-订阅消息系统，如图 7-11 所示，整体架构分为 3 部分：生产者产生消息并发送给 Kafka 服务器；Kafka 服务器对消息进行的一系列处理；消费者从 Kafka 读取消息并进行下游任务。

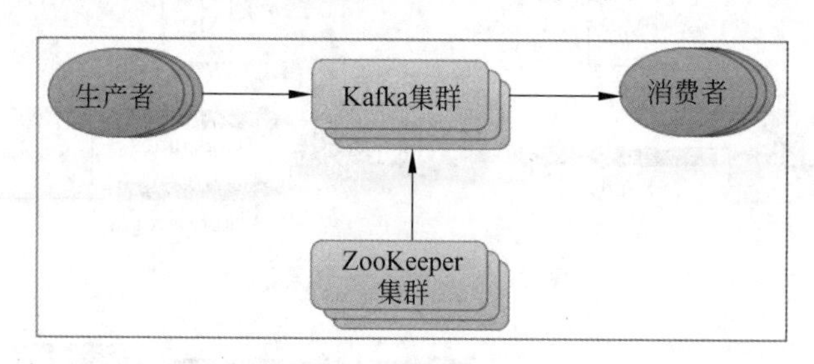

图 7-11　Kafka 总体架构

在 Kafka 中，发布-订阅消息队列的实现是通过话题以及对话题的分区（partition）实现的，每一个话题都会被分作互不相交的一个或若干个分区，以实现负载均衡，提高吞吐量以及高可扩展性的效果。若干个分区会被放在不同的节点上，通过轮询等算法实现负载均衡，达到每个分区的平衡。同时，对于消费者，可以同时从不同分区取消息，从而大大增加 Kafka 系统的速度以及吞吐量。对于超过文件系统限制的话题，可以在新的节点中增开新的分区，从而以极小的代价无限扩展数据。

在 Kafka 中，每一条消息由消息键（key）、消息体（value）以及时间戳（timestamp）构成。每一条消息在被生产者生产出来时会打上对应的话题标签，并存入一个分区中。如果有指定分区，则直接存入，否则通过对消息键哈希的方法选择一个分区存入，如果消息键为空，则通过轮询的方法选择一个分区。

对于每一个话题，Kafka 都会维持一个分区日志，如图 7-12 所示。

每个分区通过结构化的日志文件有序且顺序不变地记录消息，如图 7-13 所示，每一条记录通过分区偏移量（offset）来唯一标识。

在每一个消费者中唯一保存的元数据是分区偏移量，即消费在日志中的位置以指示上一次消费者的消费位置。偏移量由消费者所控制（早期存储在 ZooKeeper 中，如今维护在集群中）。由于偏移量由消费者所决定，因此消费者可以自由消费记录，以任何一种顺序。消费者可以重置到一个较小的偏移量，再次处理过去到达的数据，也可以选择跳过记录，直接将偏移量增大，从较新记录开始处理。通常，消费者会以线性的方式增加偏移量，按顺序不重复地消费记录。

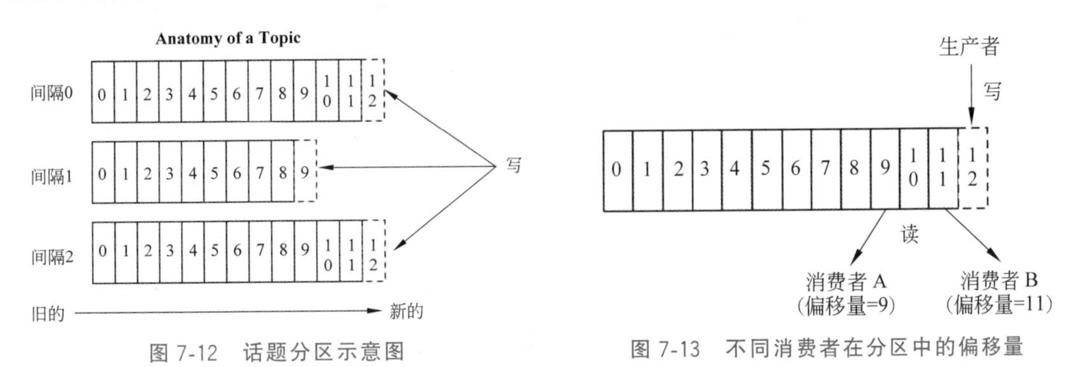

图 7-12　话题分区示意图　　　　图 7-13　不同消费者在分区中的偏移量

这些细节说明 Kafka 具有很高的可扩展性，消费者的增加和减少，对集群或者其他消费者没有多大影响，仅在新的消费者中增加一个新的偏移量即可。

为了保证容错性，每一个分区都将在另一个节点上存在一个分区的备份，每一个分区都有一台节点（这个节点含有这个分区的数据）作为这个分区的主机（leader），其余存在这个分区备份的节点作为从机（follower）。每当一个消息产生，消费者会将消息主动推送（push）给主机处理，主机会将数据存入自己的分区中。从机分区会主动拉去（pull）主机中的数据进行同步并且备份。一旦主机发生故障了，从机中的一台服务器会成为新的主机。每台节点都会成为某些分区的主机和某些分区的从机，从而达到集群的负载均衡。

为了保证每一条消息都确切写入了主机并在所有从机中做了备份，写入确认消息（ACK）是必需的。当所有从机备份完成后，将给主机发送写入确认消息。当主机收到所有从机的写入确认消息后，会向生产者发送确认消息，以示写入成功。

对于消费者，Kafka 采用消费组进行标识与分类。消费组使得 Kafka 可以依据情况实现单播（一个消息者被一个消费者消费）或者发布-订阅（一个消费者可以被多个消费者消费）。如图 7-14 所示，对于同一个消费组中的消费者，Kafka 将题目视作无差别的对这个话题进行消费的消费组，通过负载均衡，使得每一条消息被其中一个且仅一个消费者消费。不同的消费组中的消费者可以同时消费同一个消息，由此实现发布-订阅（一种实现方式是每一个消费组中只有一个消费者，若干个消费者同时也是若干个消费组，每一个消费者都可以获得所有的消息）。

需要注意的是，Kafka 只保证分区内的记录是有序的，而不保证主题中不同分区的顺序。每个分区排序足以满足大多数应用程序的需求。消费者组中的消费者实例个数不能超过分区的数量，否则多余的消费者将得不到消息进行消费。

如图 7-15 所示，ZooKeeper 在 Kafka 中起到一个维护协调多节点集群的作用。在 Kafka 中，节点是无状态的，节点使用 ZooKeeper 维护集群的状态。主机的选举也由 ZooKeeper 负责。当 Kafka 系统中新增了节点或者某个节点发生故障失效时，由 ZooKeeper

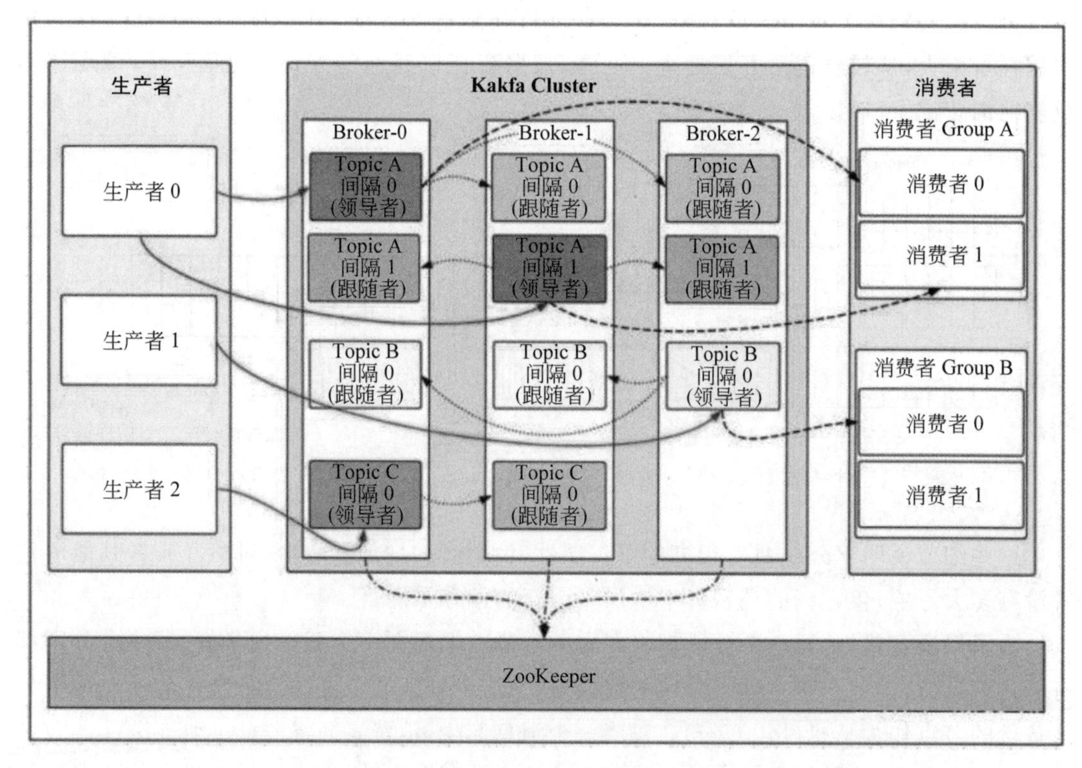

图 7-14　Kafka 架构

通知生产者和消费者。生产者和消费者依据 ZooKeeper 的节点状态信息与节点协调数据的发布和订阅任务。

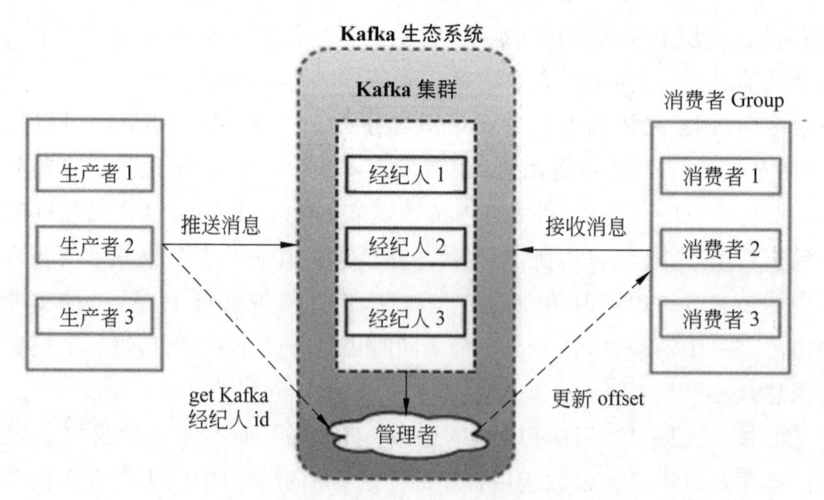

图 7-15　Kafka 更新消息执行流程

为了实现以上功能，如图 7-16 所示，Kafka 为用户提供了 4 个核心 API：Producer API、Consumer API、Streams API、Connector API。

5. 优点与缺点

1）优点

（1）高吞吐，低延迟，高并发。Kafka 可以在较低的延迟下支持大量消息与数据的处理，吞吐量可达到数十万条消息每秒，同时支持多个消费者对不同分区的同时处理。

（2）可扩展性。由于使用磁盘结构，因此 Kafka 可以非常轻易地扩展话题数据以及消费者和生产者。

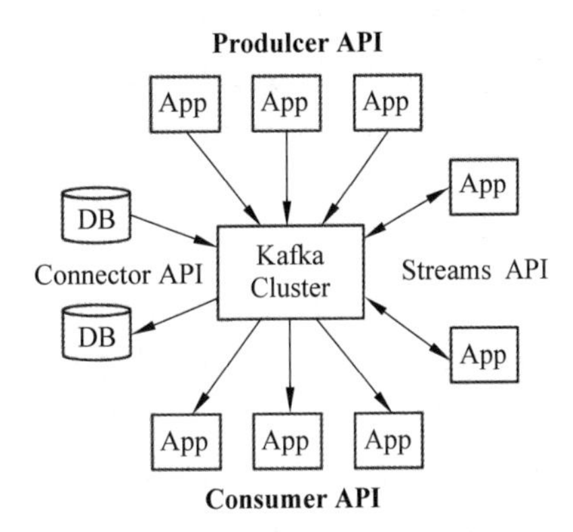

图 7-16　Kafka 核心 API

（3）可靠性以及容错性。Kafka 会将分区中的消息依照保留策略存储一段时间，消息即使被消费了，也不会被立即删除，通过这一方式规避了数据丢失风险。数据写入 Kafka 后被写到磁盘，并且进行备份以便容错。直到完全备份，Kafka 才让生产者认为完成写入，即使写入失败，Kafka 也会确保继续写入。多节点备份使得 Kafka 允许集群中节点故障（若副本数量为 n，则允许 $n-1$ 个节点故障），这大大增加了容错性。

（4）同时兼具单播以及发布-订阅模式。通过消费组的实现，Kafka 使得每一个话题都可以扩展处理（通过单播）并且允许多订阅模式，而不需要只选择其中一个。在队列中，消费组允许将处理过程分发给一系列进程（消费组中的成员）。在发布-订阅中，Kafka 允许将消息广播给多个消费组。

2）缺点

（1）缺乏管理和监控工具。Kafka 缺乏一套完整的管理和监控工具。因此，企业支持人员对选择 Kafka 并从长远来看支持它感到焦虑或恐惧。

（2）消息调整的性能问题。代理使用某些系统调用向消费者传递消息，但是，如果消息需要一些调整，Kafka 的性能会大大降低。

（3）不支持通配符选择主题。Kafka 只能精确地匹配主题名称，这意味着它不支持使用通配符选择主题，这使得它无法满足某些用例的需求。

7.4.3　ICE

1. 概述

Internet Communications Engine(Ice)是 ZeroC 开发的一个高性能、面向对象的中间件平台。作为一款跨平台、跨语言的面向对象中间件，Ice 为搭建面向对象的客户-服务器应用提供网络通信的解决方案，同时还提供一组完整的特性，如服务器、防火墙、消息订阅等，以支持多功能的分布式应用开发[101]。

2. 发展历史

ZeroC 于 2002 年成立于佛罗里达。Ice 的设计受到 CORBA 的影响，是由几位有影响力的 CORBA 开发者共同创立的。

在 Ice 出现之前，一些比较流行的分布式应用解决方案包括微软的.NET（以及原来的 DCOM）、CORBA 及 Web Service 等，但是这些面向对象的中间件都存在一些不足。

.NET 是微软产品，只面向 Windows 系统，而实际的情况是，不同的计算机会运行不同的系统，.NET 无法兼容扩展各个平台。尽管 CORBA 在标准统一上花费了不少功夫，设计了许多有价值的框架与结构，但是不同操作系统、不同语言的实现之间缺乏互操作性(interoperability)。另外，CORBA 的实现比较复杂，学习及实施的成本都比较高，这也是它无法广泛应用的原因之一。另一方面，Web Service 采用 XML 格式封装数据，存在较大的性能问题。随着 SOAP(基于 XML 的可扩展消息信封格式)的不断完善，Web Service XML 的标签越来越复杂与烦琐，最终不可避免地影响 Web Service 的性能。

Ice 为了改进.NET、CORBA 及 Web Service 这些中间件的缺点而应运而生，由前 CORBA 专家 Marc Laukien 与 Matthew Newhook 等开发而成。作为 CORBA 的"后续之作"，Ice 既集成了 CORBA 的一些功能与架构，又精简了 CORBA 很多过于复杂又缺乏实用性的功能，第一次实现了那个宏大的目标：语言与平台中立、高效通信，却没有 CORBA 的复杂和各种兼容性问题。随着开发技术的不断发展，Ice 不断推陈出新，开发团队每年都推出新版本，从诞生到现在，Ice 在 RPC(远程过程调用)通信的地位一直无人可撼动。

3. Ice 架构

1) 架构与开发

在这一部分，我们通过功能将 Ice 平台划分为 3 部分逐一介绍，并了解一下采用 Ice 开发一个项目时的一般流程，以期读者能对 Ice 的分布式、高可用性有一个直观的理解。

Ice 的平台按照功能可以划分为以下 3 部分。

(1) Slice 工具。Ice 采用 CORBA 的跨语言技术，通过与具体语言无关的中立语言 Slice (Specification Language for Ice)描述服务的接口，从而达到对象接口与其实现相分离的目的。为了实现跨语言，ZeroC 公司逐个实现了各主流操作系统与语言上的 Ice 运行库以及环境。目前 Ice 支持的语言如图 7-17 所示，有 C++、.NET、Java、Python、Ruby、PHP 以及 JavaScript，运行库以及环境不但支持 PC，还与移动设备相适应，在 PC 上支持主流 Windows、Linux、Mac OS 等，在移动端支持 Windows Mobile、Android 以及 iOS。

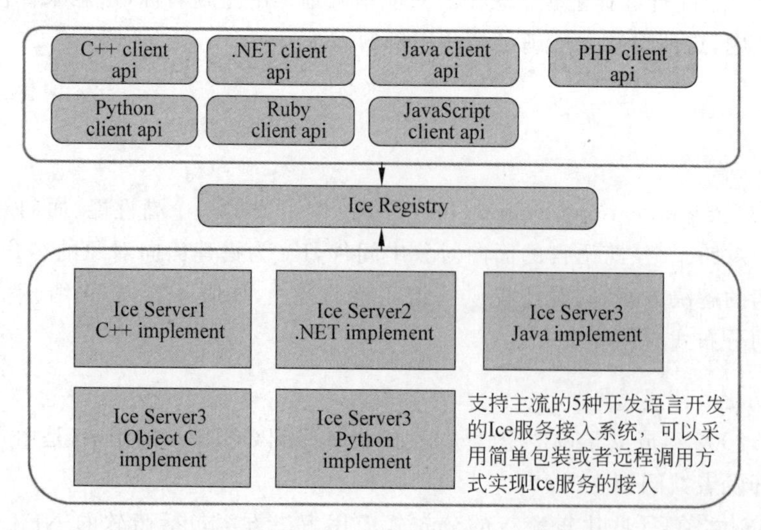

图 7-17　Ice 跨语言支持

(2) Ice 容器。一系列用于启动管理 Ice 的命令。开发者可以根据自己的需求在服务器上选择性地部署其中一个或几个组件。

(3) Ice 运行库。不同语言存在不同实现的接口库(如 Windows 下对应的.dll 文件),这些实现为基于 Ice 中间件的客户端与服务端提供底层通信服务。

为了开发一个基于 Ice 的跨平台项目,如图 7-18 所示,开发者首先利用 Slice 语言定义语言无关的服务接口描述,采用对应语言的源文件,最后实现服务端的代码开发与部署。在客户端,利用 Ice 提供的运行时客户端 Library 实现远程服务方法调用服务端接口,以达到远程调用的目的。

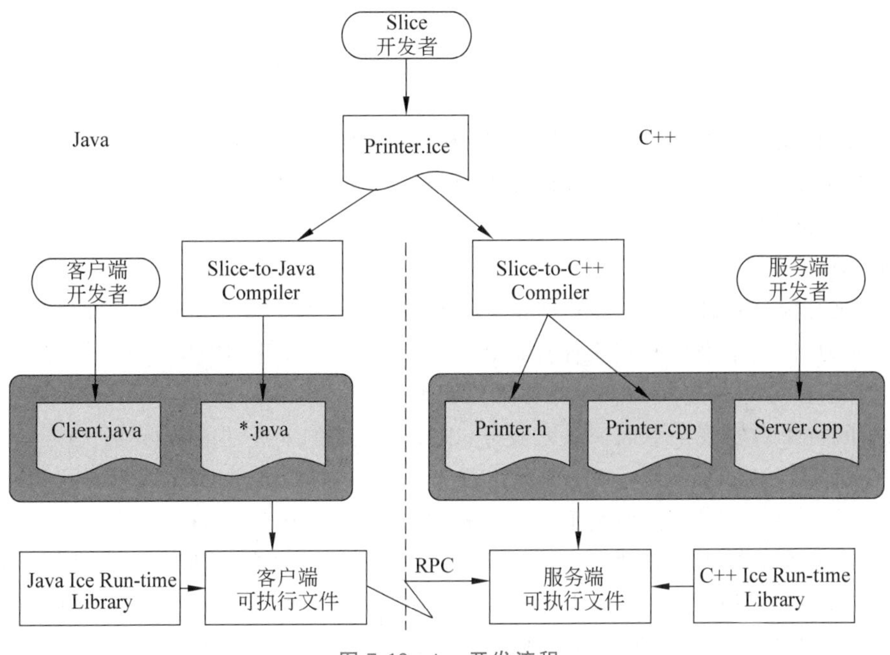

图 7-18　Ice 开发流程

具体地说,首先对系统所提供的服务进行分析与设计,确定提供服务的单元、每个服务的接口以及服务之间的依赖关系。对于上述得到的接口,采用 Slice 语言对服务接口进行定义,并利用其自带的工具编译成开发者所使用的开发语言的实现代码。这些代码包括服务端以及客户端的框架代码,属于项目的公共部分。然后实现服务端的业务逻辑,这一部分,开发者在 Slice 生成的服务端代码框架上使用不同的语言进行业务逻辑开发。由于 Slice 已经提前生成了对应语言的代码,所以这部分可以实现语言的独立性(即与其他业务逻辑实现语言不一样)。在这一部分,除少数的服务调用,绝大多数情况不会用到 Ice 的代码。在部署之前,开发者需要编写 IceGrid 服务描述文档,包括每个服务的资源路径、部署的节点以及负载均衡策略等。最后通过上述文档打包代码并部署到各个节点上。Ice 平台提供有效工具,可以快速重新部署,而不影响客户端的使用。最后编写客户端软件,访问部署好的服务并且进行优化。

图 7-19 显示了基于 Ice 中间件平台所实现的客户端及服务端的应用。可以看到,客户端和服务端都是由应用代码在基于 Ice 的库代码组合而成的。

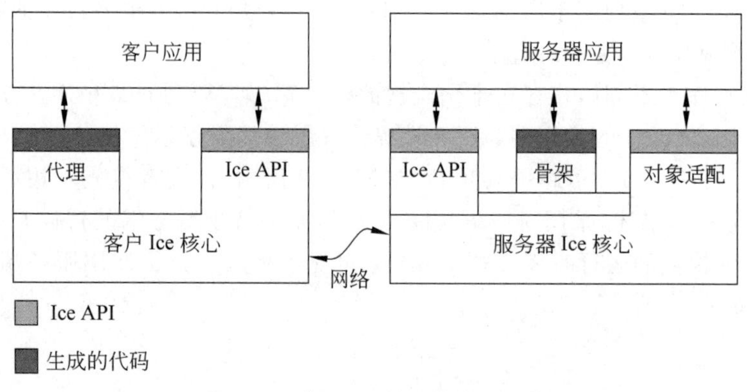

图 7-19 基于 Ice 的网络应用架构

Ice 的核心部分提供了客户端与服务端的网络连接等核心通信功能，以及其他的网络通信功能的实现及可能问题的处理，我们在编写应用代码的时候不必关注这一块，只专注于应用功能的实现即可。

2）Ice 服务

Ice 的核心为分布式应用的构建提供了一个完善的中间件平台，提供基础远程调用以及远程通信能力，但一个完整的应用往往还需要以下功能：服务器按需启动，代理分发，异步事件，应用配置，分布式应用升级以及补丁分发等。

Ice 中间件平台实现了下面一系列服务，以提供上述的一些功能与特性。

（1）IcePack。IcePack 用于 Ice 的定位服务。我们知道，通过 IP 与端口号可以唯一定位到网络上的一个服务提供者，但是 IP 与端口号或者 URL（unified resource location）随时间不断变化，纯数字的标识不方便人们记忆。IcePack 通过将对象标识符（一个字符串）与通信地址（IP 与端口号，URL 等）匹配，从而简化代码的编写。通信时，只通过对象标识符到注册器的映射表中查询即可得到对应通信地址进行通信。

（2）IceBox。IceBox 是用于管理服务的简单应用服务器，它可以替代完整的 Ice 服务器。开发者可以通过远程管理，配置 IceBox 管理的服务与应用。完成配置后，开发者通过 IceBox 即可管理服务的启动与停止。

（3）IceStorm。IceStorm 用于 Ice 的发布-订阅服务。IceStorm 是一个发布-订阅消息队列，通过这个消息队列，客户端与服务端可以解耦地进行消息沟通、服务请求与数据处理。IceStorm 可以指定服务质量，在性能与可靠性之间进行权衡。

（4）IcePath。IcePath 用于 Ice 的软件分发服务。通过 IcePath 可以方便快捷地更新分布式客户端，分发软件补丁。客户端也可以通过请求 IcePath 的服务，请求特定软件的更新与补丁。IcePath 会自动检测客户端软件版本，并分发补丁，同时可以基于 Glacier 服务对软件补丁以及更新提供访问限制，只对授权客户分发。

（5）Glacier。Glacier 用于 Ice 的防火墙服务。Glacier 支持互相认证以及安全的会话管理，服务器节点之间的通信使用公钥进行双向加密，使得客户端与服务端可以安全地通信。

（6）Freeze。Freeze 是 Ice 内置的对象持久化层。对象持久化层是在基于 MVC 等后端开发时对数据库数据进行数据对象化的过程的抽象表达。在对象持久化层中，数据库中的一条条数据变为一个个对象,以便于开发者对数据库进行各种操作。Freeze 使用 Berkeley DB 作为它的默认数据库,同时也可以制定其他数据库。Ice 另外还提供了一些工具,能让开发者更轻松地管理数据库。

4. 优点与缺点

1) 优点

(1) 面向对象的语义。Ice 是一个面对对象的,跨操作系统、跨语言的中间件平台,支持面向对象的分布式计算技术。Ice 在处理分布式多节点上,将节点作为对象进行管理,使得开发者能够便捷地构建分布式应用。

(2) 跨平台、跨语言的通用性。Ice 采用 CORBA 的跨语言技术,使用中立语言定义接口,并且在不同操作系统中实现了不同语言的核心库函数。这些特性使得客户端与服务端可以用不同的编程语言编写,在不同操作系统与机器上运行而不影响通信,做到了语言无关与环境可移植。

(3) 低耦合性。Ice 通过 IceStorm 提供了高效的消息传递机制,使得客户端与服务端接触耦合。

(4) 安全性。Ice 通过 Glacier 提供的防火墙服务,可以在不失安全性下保障高性能的通信。

(5) 采用通用网络通信底层协议。Ice 提供了一种 RPC 协议,通过 TCP 或者 UDP 作为底层通信协议,以实现远程调用。

(6) 可靠的安全机制。Ice 支持 SSL(安全套接层)通信协议,使得客户端与服务端在不安全的网络中也可以进行安全的网络通信。

2) 缺点

(1) 需要使用 Slice 语言进行接口和对象设计,增加了学习成本。

(2) 由于需要预先通过 Slice 语言进行接口设计,因此编译前需要确认静态的接口,而不能动态生成接口。

(3) 接口或对象更新需要重新生成映射并分发,部署更新、服务更新重启耗时较长。

7.5 国产中间件

什么是国产中间件?目前市场上大部分国产中间件都是在 J2EE 开发架构上实现、在程序逻辑层面自主研发可控的中间件。2018 年中上旬,美国对中兴进行制裁之后,加快基础软硬件国产化、自主可控化的话题再次被摆上台面,受到大众的高度关注。回顾历史上曾出现的重大信息安全事件,包括 2013 年被曝光的“棱镜门”事件、2014 年 OpenSSL 出现的严重漏洞以及同年微软对 Windows XP 停止支持服务等,如果国内一直依赖进口产品作为关键的软硬件设备,将让我国暴露在难以预知的安全风险下,当务之急是加快国产自主产品对国外产品的替代步伐,避免被人“卡脖子”,走自主可控道路是我国今后发展的核心目的。

中间件为基础软件体系的三大支柱之一,虽然没有像其他两大支柱——操作系统和数据库一样处于国产自主可控软件研发的中心,但这不影响其不可或缺的属性,它在发展中占据着重要的地位。自主研发中间件对于国内生产软件的企业来说,是一次需要把握的与国际接轨的机会。一方面，中间件在当今软件开发体系中有不可替代的作用。作为操作系统和应用软件之间的连接组件，底层基础和顶层应用两个方向都在促进它的发展，特别是在网络时代，中间件有更广泛的应用前景。另一方面，中间件并非封闭、专有的大型系统，其有着国际标准及规范，通过遵循这些标准规范进行研发，有望缩短技术上的距离，实现与世界先进水平持平发展。再者，与操作系统、数据库只关注底层不同，中间件与应用系统建立起了联系，在应用领域不断拓展、更新的情况下，单个或少数几个厂商难以完全满足这些需求而形成垄断，至少短时间内无法实现，这段时间国产中间件有望通过与国产软件结合，抢占市场份额。

如上所述，在中间件这个没什么技术壁垒的市场中，可以预料，未来竞争将主要集中在对市场需求的反应速度，这既是我们面临的挑战，也是我们遇到的机遇，把握好了便是将民族产业带向国际市场的一个突破口。因此，无论是政府还是科研、开发单位都对自主研发中间件给予高度重视。2017 年的核高基项目将中间件纳入其中，国内各大厂商纷纷参与全新的发展战略——军民融合，并在国家标准制定中担当主要角色。目前，国内许多单位都研发出了应用于国民经济重要领域的中间件产品。

表 7-2 列出了主要的国产中间件厂商，其中北京东方通科技股份有限公司市场占有率最高，在整体市场和政府市场担当领军者。北京宝兰德软件股份有限公司则主要为中国移动、电信服务，并以此为基础向政府和金融界拓展。普元信息技术股份有限公司向整体市场和金融市场的占有者发起了挑战，其主要客户集中在政府、电信和能源领域。山东中创软件商用中间件股份有限公司有着与普元信息相似的客户群体。深圳市金蝶天燕云计算股份有限公司是金蝶软件(中国)的子公司，主要依托母公司渠道向客户销售中间件软件。后文将对上述公司和旗下产品做简单介绍。

表 7-2　国内主要中间件厂商

厂商	中间件产品	中间件应用领域	市场地位
东方通	Tong 系列应用服务器、消息中间件、交易中间件、应用交付平台	全面发展，主攻电信、政府、金融等行业	市场占有率最高的国产中间件厂商，是整体市场和政府市场的领军者
宝兰德	BES 系列应用服务器、消息中间件、交易中间件	主攻电信，拓展政府和金融客户	电信市场的领军者
普元信息	SOA、大数据、云计算三大领域的软件基础平台及解决方案	主要集中在政府、电信、能源领域	整体市场和金融市场的挑战者
中创中间件	Infor 系列应用服务器、交易中间件、消息中间件	主要集中在政府、电信、军工和能源领域	—
金蝶天燕	Apusic 应用服务器、消息中间件	通过母公司金蝶中国向客户销售	整体市场的挑战者

7.5.1　东方通

北京东方通科技股份有限公司在 1992 年成立，于 2014 年 1 月在创业板上市，是国内首家在 A 股上市的中间件厂商，同时也是中国最早进行自主研发中间件的厂商，是该领域的探索者和领军者。该公司不仅在传统领域继续挖掘新的市场需求，从而改善提升用户体验，在政府、交通、金融、电信、军工等各行业都树立了许多典型应用案例，而且该公司还通过延伸中间件内涵在网络信息安全、大数据、人工智能、5G 通信等新领域中完成了布局，拓展了特定行业的解决方案[102]。东方通中间件产品主要涉及应用支撑和数据集成两类，涵盖各个方面，具体中间件产品见表 7-3。

表 7-3　东方通主要中间件产品

	产品名称	简　介	应用场景
应用支撑	应用服务器 TongWeb	提供从开发到生产的整个应用生命周期和多种主流的应用框架	福建移动 BOSS 系统、央行电子商业汇票系统、邮储银行集中授权系统
	消息中间件 TongLINK/Q	用于解决多方应用系统之间数据传输不稳定、应用资源隔离、应用系统可拓展性等一系列问题	高速公路联网收费系统、中国移动业务支撑网网管系统、银行反假币信息系统
	交易中间件 TongEASY	负责正确传递交易，管理交易的完整性，调度系统资源和应用程序均衡负载运行，保证整个系统运行的高可靠性和高效性	福建移动 BOSS 系统、华夏银行综合业务系统
	应用交付平台 TongADC	可提供高性能的 4～7 层应用处理能力，系统独有的超级并行操作系统（SPOS）在提供高性能的同时，通过丰富的特性和灵活的脚本定制功能可以确保应用的可用性和可靠性	衡阳市政府集约化政府门户网站、浙江某农商行
安全性	ETL 工具 TongETL	提供数据抽取、转换和加载功能，提供简单易用的开发、管理工具，提供覆盖从数据集成逻辑的设计、开发、调试、部署，到运行、管理、监控各个生命周期不同阶段的集成开发工具	河北省交通厅应急指挥调度系统、国家统计局“企业一套表”项目、国家电子政务外网公开数据交换平台
	企业服务总线 TongESB	基于工业标准实现了对服务化技术的全面支持，确保应用系统间互联互通的可靠性和松耦合，为用户提供符合 SOA（面向服务）架构的中间件运行环境和开发管理工具	高速公路区域联网监控管理系统、公安部服务中间件平台项目、内蒙古移动企业服务总线项目
	数据交换平台 TongDXP	多层级、跨地域、多部门的企业级数据交换支撑未来，支撑用户数据集成应用快速实现，支撑分布式环境下各种应用的快速搭建、数据高效共享交换	海南省电子政务共享交换云平台、国家电子政务外网公共数据交换平台
	互联网文件传输平台 TongWTP	面向互联网业务应用场景的安全、高效、可靠的文件传输平台，提供监控管理、传输控制、安全传输等功能	金航数码协同办公系统、中国工商银行企业网银系统
	通用文件传输平台 TongGTP	采用成熟的消息中间件提供底层队列传输服务，保证文件传输可靠、稳定；提供企业大量数据传输所需要的各种管理、部署和安全功能，方便易用	新华社党政客户端集成管控系统、民生银行信用卡中心文件传输平台、交通银行信用卡中心文件服务平台

1. 应用服务器 TongWeb

该产品是一款面向企业，具有丰富功能且基于统一标准的应用服务器，能够带来更加可用、安全的环境，提供便捷开发、灵活部署、运行监视、高效易管等关键支撑。TongWeb 的架构如图 7-20 所示。

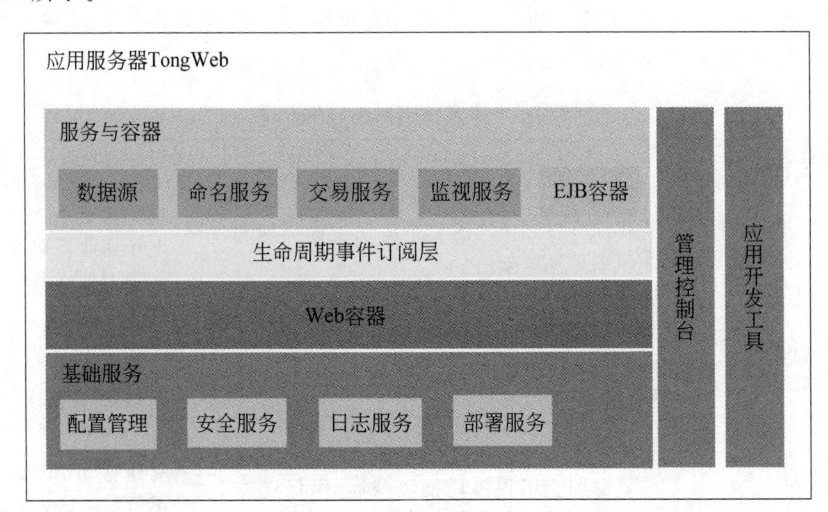

图 7-20 TongWeb 的架构

TongWeb 的特点见表 7-4。

表 7-4 TongWeb 特点

特　点	描　　述
安全性	提供全面的安全机制，实现基于容器的安全策略，提供动态可扩展的安全体系结构；全面支持国密算法，包括 SM2、SM3、SM4 等
兼容性	兼容匹配常见的应用环境，支持主流数据库、操作系统、安全创新类数据库；提供各种中文编码问题容错，兼容多种开源框架
成熟稳定	自主品牌，自主研发产品，提供一系列针对国内应用的扩展特性；在福建移动、华夏银行、国务院办公厅等近万家政府和企业单位成功应用；长期服务于国内金融、电信、政府大型核心业务系统，充分验证了产品的成熟性和稳定性
标准规范	是完整符合并通过 JavaEE5、JavaEE6、JavaEE7、JavaEE8 技术标准认证的产品；完全满足国内主流应用的技术需求，在标准支持上完全可以替代国外产品

2. 消息中间件 TongLINK/Q

应用系统可以通过 TongLINK/Q 屏蔽消息传递的底层细节，从而能够较为轻松地进行信息交互，节约开发过程中的时间成本。TongLINK/Q 的架构如图 7-21 所示。

TongLINK/Q 的特点见表 7-5。

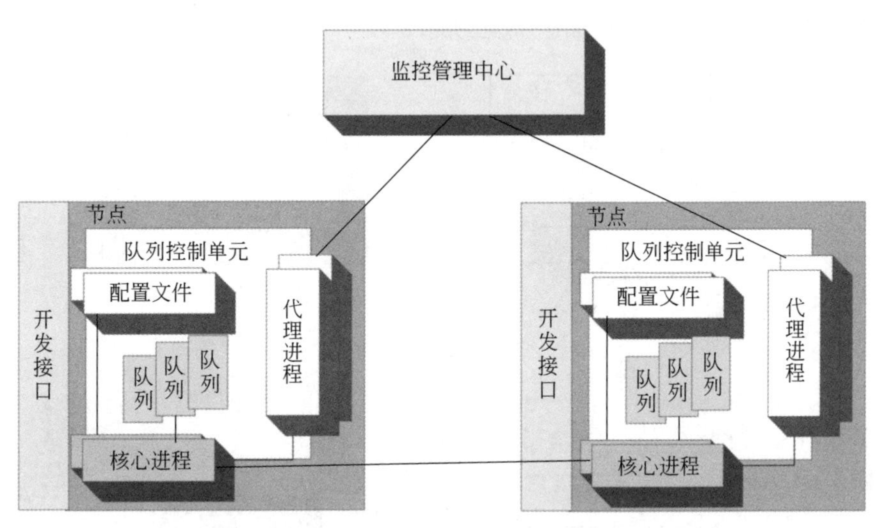

图 7-21　TongLINK/Q 的架构

表 7-5　TongLINK/Q 的特点

特　　点	描　　述
支持多种开发接口	提供了 C、C++、Java 等主流语言的开发接口，并且对 JMS 1.1 提供了更好的支持； 在 Windows 平台上，还支持各种可视化开发工具，如 PowerBuilder、Visual Basic、Visual Interdev、Delphi 等
良好的平台兼容性	能够部署运行在 UNIX、Linux 平台和 Windows 等多种主流操作系统平台上
易用的文件传输方式	对文件消息传输进行了优化，应用方式简便易用，传输过程中避免了冗余流程，高效稳定
全面支持消息发布-订阅	全面支持发布-订阅的消息传输模式，包括本地、异地、全局发布-订阅范围；持久与非持久发布-订阅模式；事件型和状态型消息发布方式等
基于 Web 的动态管理	提供基于浏览器的 Web 管理控制台，可随时随地对远程节点进行集中管理
全面的安全机制	提供消息传输的加密功能，节点之间支持安全连接；提供安全出口功能，能够在消息层、传输层、网路层嵌入第三方的安全算法，以满足用户特定的安全需求
多样的集群策略	通过消息路由备份、故障节点智能切换、负载均衡等多种方式，使核心业务节点从容应对消息并发高峰、单点故障等问题，保证消息的传输顺利进行，增强了业务系统的可用性
灵活的系统架构	每个节点可以根据系统的规模建立一个或多个队列控制单元(QCU)。基于 QCU 的系统架构，可极大提高系统管理的灵活度和消息的分类处理能力

3. 交易中间件 TongEASY

该产品技术成熟，负责管理交易，能够保证系统高效、可靠地运行。在涉及钱、账务等各种关键数据，并且要求事务完整、数据一致以及响应速度快，日常访问并发量大的行业系统中得到应用。TongEASY 的架构如图 7-22 所示。

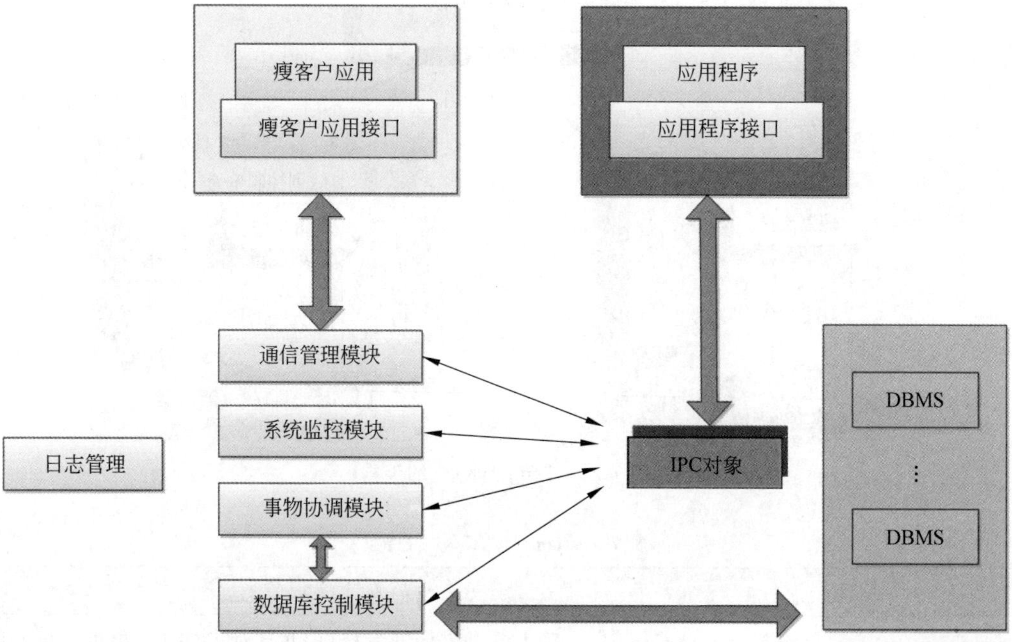

图 7-22　TongEASY 的架构

TongEASY 在 1994 年诞生，基于国际标准设计封装了进程调度、通信处理、集群管理和故障解决等各种功能。在长达 20 多年的发展历程中，一直备受各行各业的核心系统的关注，并通过了层层考验。某银行基于该产品实现持续 15 年以上稳定运行大部分业务便是一个典型的例子。

4. 应用交付平台 TongADC

在网络需求高速增长和网络愈加拥堵的矛盾中，该类产品应运而生。其系统独有的超级并行操作系统(Super Parallel Operating System，SPOS)在提供高性能的同时，通过丰富的特性和灵活的脚本定制功能可以确保应用的可用性和可靠性。TongADC 的架构如图 7-23 所示。

TongADC 的特点见表 7-6。

表 7-6　TongADC 的特点

特　点	描　述
易于部署和维护	产品支持单臂、透明、路由、双机、三角传输等多种部署方式，可通过 WebUI 图形化界面进行直观的配置和管理，也可以使用 SNMP(简单网络管理协议)方便地管理，内置各种模板及网络分析工具，支持丰富的日志和数据统计功能，使用、维护和排除故障十分方便

续表

特　　点	描　　述
强大的安全保护	采用HTTPS、SSH等加密手段进行网络管理，内置了对SYN-FLOOD、ICMP-FLOOD、UDP-FLOOD、PING FLOOD等DDoS攻击的防护功能，高性能的访问控制列表(ACL)、网络地址转换(NAT)以及基于状态的数据包检测手段，使网络应用具有很高的安全性
高可用性与负载均衡	支持丰富的L3～L7应用服务器负载均衡功能，以此提升企业应用和网络的可用性
完备的功能支持	集多种功能于一体，可以做到本地服务器负载均衡、链路负载均衡，也能实现多数据中心的全局负载均衡，还可以对DNS、Cache服务器等做负载均衡
整合下一代数据中心	全面支持虚拟化技术，包括基于服务器运行环境的虚拟化操作系统。设备自身也支持虚拟化，可以更高效地利用系统资源，同时可以提供基于角色及虚拟化的管理等功能
超强的处理能力	系统采用多核技术和独创的超级并行处理架构，使L4～L7处理性能有了巨大飞跃。结合各种应用优化技术：TCP连接复用、HTTP压缩、快速缓存以及SSL加速等，显著改善用户体验

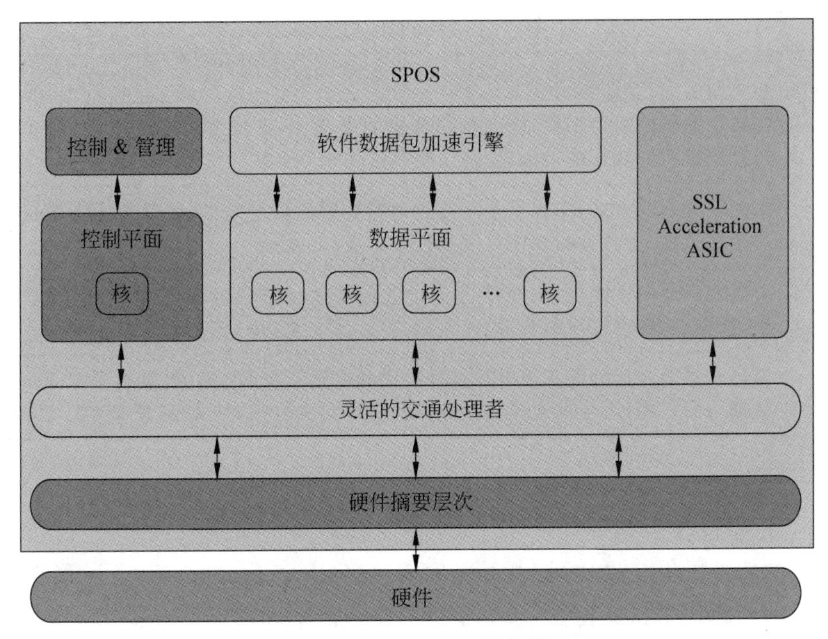

图7-23　TongADC的架构

5. 内存存储软件TongRDS

TongRDS是一款高效、安全、稳定的分布式内存存储软件。TongRDS的架构如图7-24所示。

TongRDS的特点见表7-7。

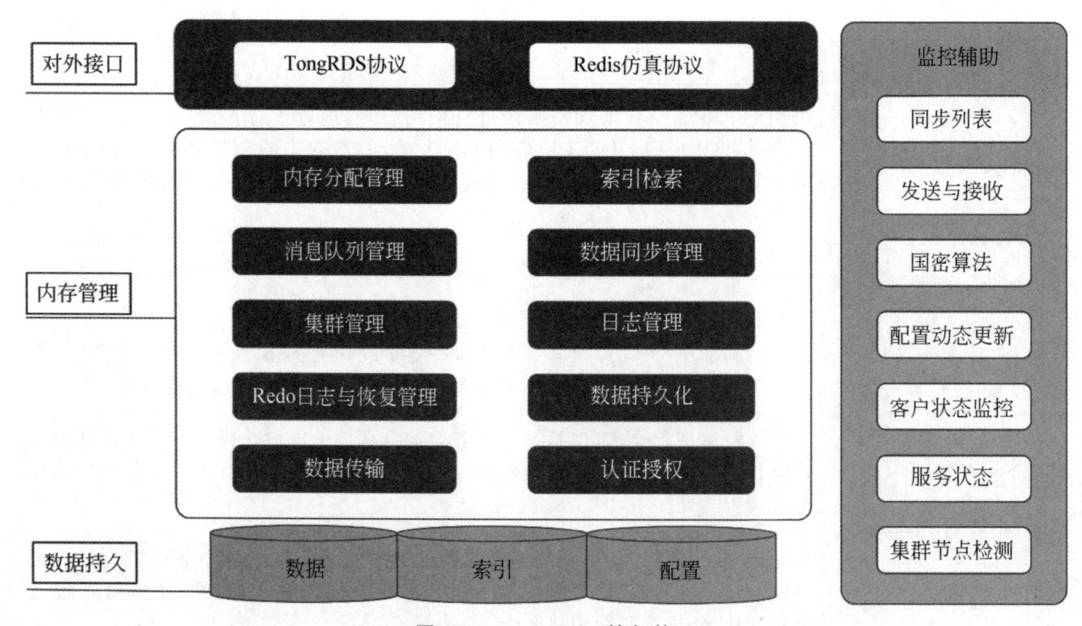

图 7-24 TongRDS 的架构

表 7-7 TongRDS 的特点

特　点	描　述
高安全性	支持数据传输通道加密,确保数据传输的安全性,支持多种安全策略,可有效防止未授权跨集群访问数据的可能,支持国密算法加密
高可靠性	采用了并行的方式,实现了多个节点内存数据的数据同步,集群中所有节点的数据都包含全量数据,适合各行业中对可靠性要求极高的场景
高传输能力	节点之间使用性能优异、经深度优化的网络组件进行数据同步,保证数据同步的实时性、准确性、稳定性与完整性
高性能	通过先进的内存分配算法对数据进行高效存储、高效使用,提供高于 Redis 30%左右的数据访问效率,适合大规模数据业务的实时同步与稳定传输场景

7.5.2 宝兰德

北京宝兰德软件股份有限公司(以下简称宝兰德)成立于 2008 年,是一家专注于基础软件研发及推广的高新技术软件企业[103]。宝兰德生产的中间件产品主要有 3 项,见表 7-8。

表 7-8 宝兰德生产的中间件产品

产品名称	简　介	应用场景
应用服务器 BES AppServer	一款遵循 JavaEE 标准规范的 Web 应用服务器软件,提供高可用的集群架构,实例之间无缝连接、协同工作,保证部署到集群的关键应用具备良好的性能和稳定性	中国移动集团; 北京公积金管理中心

续表

产品名称	简介	应用场景
交易中间件 BES VBroker	一款用于开发、分发和管理分布式应用的交易中间件平台，依赖于经过验证的开放业界标准和高性能架构，适用于低反应时间、复杂数据类型、大量交易处理的关键任务环境	—
消息中间件 BES MQ	可以进行快速、高效、可靠的消息传递，从而实现异步调用及系统解耦，为企业级应用和服务提供坚实的底层架构支撑	深圳移动； 黑龙江交通厅； 公安部一所

1. 应用服务器 BES AppServer

BES AppServer 是一款遵循 JavaEE 标准规范的 Web 应用服务器软件，提供高可用的集群架构，实例之间无缝连接、协同工作，保证部署到集群的关键应用具备良好的性能和稳定性。其功能特性见表 7-9，价值优势见表 7-10。

表 7-9 BES AppServer 功能特性

功能特性	描述
框架强大	强大易用的管理框架
支持全面	对 JavaEE 规范的全面支持，安全、可靠、高效、稳定的基础服务集合
安全可靠	高效、稳定的基础服务集合
集群多样	可扩展、可伸缩、高可用的集群
适配管理	强大的资源管理和适配。适配云环境功能可剪裁，更适于云环境部署
适配云环境	功能可剪裁，更适于云环境部署

表 7-10 BES AppServer 价值优势

价值优势	描述
性能卓越	领先的 EJB(企业级 JavaBean)通信技术
介质小巧	更适于容器云环境部署
功能完备	全面支持 JavaEE 标准规范
安全可靠	支持各种国密算法
支持最新技术	兼容各种开源框架
支持国产生态	适配主流国产芯片、操作系统、数据库

2. 交易中间件 BES VBroker

BES VBroker 是一款用于开发、分发和管理分布式应用的交易中间件平台，依赖于经过验证的开放业界标准和高性能架构，适用于低反应时间、复杂数据类型、大量交易处理的关键任务环境。其功能特性见表 7-11，价值优势见表 7-12。

表 7-11 BES VBroker 功能特性

功能特性	描述
适于客户机和服务器环境	预先集成、即购即用的分布式企业应用程序的开发和分发，提供了一套强大的 CORBA 支持
支持服务架构，多种技术互通	通过基于 Web Services 和 Java 标准的应用程序提供即插即用的互通性支持
简便灵活的 Web 管理控制台	提供可视化的基于 Web 浏览器的管理控制台，通过控制台可以管理和监控交易应用
支持 CORBA 最新规范	包括 Portable Interceptors（PI）、Portable Object Adapters（POA）、OBV、DII、DSI 等
支持 Java 和 C++ 全面集成	最大化 ANSI-compliant C++ 接口的便捷性
企业级命名服务	Naming Service 集群支持标准的命名服务 API 和 JNDI API，交付高可用的命名服务能力

表 7-12 BES VBroker 价值优势

价值优势	描述
最低总拥有成本(TCO)	能提高开发效率和实现快速集成，提供高可靠性和内置式管理能力，能够在降低系统死机时间的同时确保有效的资源利用
自动故障转移	VBroker 动态分配命名和目录服务，自动发现交易对象、负载均衡和故障转移，提供对象集群能力，提高应用的高可用性
学习成本低	可以使用 Java 语言编写 CORBA 应用程序，无须特意学习 IDL 新特性
多平台支持	支持 Windows、Linux、Solaris、AIX 以及 HP-UX 等操作系统平台，支持 32 位和 64 位处理器

3. 消息中间件 BES MQ

通过 BES MQ 可以进行快速、高效、可靠的消息传递，从而实现异步调用及系统解耦，为企业级应用和服务提供坚实的底层架构支撑。其功能特性见表 7-13，价值优势见表 7-14。

表 7-13 BES MQ 功能特性

功能特性	描述
标准的企业级平台	标准、开放、互联的企业级消息中间件平台
一致的编程接口	便于开发者轻松地转换编程语言
多样化的管理和监控	提供 B/S 的管理控制台、命令行管理工具和管理 API 共 3 种管理方式
Java 应用服务器的集成	基于 JCA 1.5 规范的资源适配器，可以轻松地与主流应用服务器集成
集群支持	组建不同拓扑结构的集群应对复杂场景的要求

表 7-14 BES MQ 价值优势

价值优势	描述
高可靠性	采用存储转发模型保证持久消息传递的可靠性。持久消息存储支持 HSDB(高速资料缓冲器)和数据库共两种类型。HSDB 是一个基于文件系统的、快速而高效的消息存储模块
卓越的性能	在传统的性能提升技术基础上,如线程池、NIO(网络接口对象)等,通过采用异步传输、异步应答、消息游标、流量控制等一系列新技术进一步极大地提高系统的吞吐量
增强的安全性	支持不同层面的安全设置和不同粒度的访问权限控制,以保证消息安全传递。传输层支持 SSL,消息本身可以加密,并且可以精确控制对队列的读、写、管理等权限

7.5.3 普元信息

普元信息技术股份有限公司(以下简称普元信息)是国家规划布局内重点软件企业,并是国家企业技术中心、博士后科研工作站、国家高技术产业化示范工程单位[104]。普元信息生产的中间件产品主要有 5 项,见表 7-15。

表 7-15 普元信息生产的中间件产品

产品名称	简介	应用场景
应用服务器 Primeton AppServer	支持 Jakarta EE 8 规范的应用服务器	—
应用开发平台 Primeton EOS	国内市场专业的 SOA 应用平台	大型企业和机构客户; 大型应用产品和解决方案开发商; 中小型企业客户和开发商
业务流程平台 Primeton BPS	流程平台性能卓越	—
企业服务总线 Primeton ESB	高性能服务调用处理能力	—
企业门户平台 Primeton Portal	轻量级门户框架	—

1. 应用服务器 Primeton AppServer

Primeton AppServer 是一款标准、安全、自主、高可用的面向未来架构的企业级应用服务器。其支持 Jakarta EE Platform 8 国际标准规范,支持 Web 容器的所有特性,支持 EJB2/EJB3/JMS,支持线程池/连接池管理,提供微内核服务器支持事务管理,并内置微型数据库支持服务器定制和服务集成。其功能特性见表 7-16,价值优势见表 7-17。

表 7-16　Primeton AppServer 功能特性

功能特性	描　述
预集成的开放源码项目	GBean 及微内核，用于提供统一的服务集成和对外暴露模式
统一的集成模型	集成服务，提供统一的服务集成和对外暴露模式
可伸缩性、可管理性	主要从基础服务的角度，提供相关的底层必需能力，包括日志、线程池、安全、集群能力等； 提供了 Web 版的管理控制台，用于应用部署、服务器管理、监控等
强大的配置管理功能	与普元信息的开发、管理、测试等产品无缝集成，提供了应用从开发到上线运维的全生命周期支持

表 7-17　Primeton AppServer 价值优势

价值优势	描　述
降低投入	降低 IT 基础设施投入，并降低 IT 人员投入成本
插件式	插件式的设计便于用户快速整合已有业务，易维护
多种工具及引擎	内置的多种工具及引擎能力，在达到快速开发的同时让用户更关注业务
轻量	轻量、易移植、免安装、易升级
特性裁减	特性裁减，提升服务器整体性能，客户需要的可能只是服务器的某些特性，无须所有能力。Primeton AppServer 可通过控制台快速裁减相关模块，使服务器启动更快，性能更好，运行更高效

2. 应用开发平台 Primeton EOS

该产品被超过三分之一的中国 500 强企业采用，全面支持弹性架构，安全可控，数千家客户关键应用验证，助力互联网＋移动互联应用开发。其产品特性见表 7-18。

表 7-18　Primeton EOS 产品特性

产品特性	描　述
统一的 SOA 架构	采用了 SOA 体系架构和标准规范，实现了业务层面的构件化模型，技术层面的标准化架构和管理层面的规范化框架，从而为客户在实现 SOA 应用和服务的时候，从根本上统一解决了业务、技术与管理的应用架构，帮助客户把应用架构提升到符合 SOA 的体系之上
设计即开发的 SOA 开发模式	提供了一套完备的从顶层业务模块的构件包设计，到业务服务的定义和业务数据的设计，再到业务服务和业务数据的开发实现，统一实现了设计即开发(Design is Development)的理念。在此基础上实现了业务服务的灵活装配、业务服务集成功能和业务流程的可定制，并统一实现了开发即集成(Development is Integration)的理念。同时，在客户端开发出更丰富用户体验和高效操作的客户端应用，来使用和消费这些业务服务
高性能表单	提供了一体化、可视化的应用平台，从集成开发环境(IDE)的 EOS Studio，到企业级的运营服务器 EOS Server，再到企业应用和服务的治理工具 EOS Governor，以及相应配套的产品模块

续表

产品特性	描　　述
精细化权限	提供精细化的授权功能。可对某角色授予表单上某个控件或操作按钮的只读或不可见权限,对某个角色授予视图的查询条件或在查询结果列设置是否可见权限。基于这种精细化授权开发应用可减少UI开发工作量,提高业务配置的灵活度
平台级的集成能力	服务调用能力通过图形化拖拉曳的方式方便地实现Web Service的引入和调用,无须任何编码就可以实现服务调用、异常处理、集成调试等服务编制与集成相关工作,提供与其他系统的互联能力。从外部导入Web Service服务描述文件,从Studio资源管理树中拖拽WSDL(Web Service描述语言)下的服务操作到流程编辑器中,形成Web Service调用图元,实现零编码的快速服务编制

3. 业务流程平台 Primeton BPS

Primeton BPS是众多中国500强企业使用的满足中国特色的业务流程模式,支持流程业务化配置与调整,信赖的业务流程平台,以及高性能、高并发。其功能特性见表7-19。

表7-19　Primeton BPS功能特性

功能特性	描　　述
流程业务化配置与调整	在Studio中为流程设计和开发人员提供技术视图,在Web上为业务流程配置人员提供业务配置视图,一类用户实现流程的建模或设计或调整后,另一类用户仍可以对流程进行变更,而无须从一个工具通过模型的转化而导入另外一个工具
富有中国流程管理特色的流程平台	提供专门的事件调度单元控制流程调度,可以实现各种灵活流程流转模型。BPS不仅支持顺序、分支、并发、循环、嵌套子流程、多路选择、多路归并等各种基本流程模式,还支持条件路由、自由流、回退、激活策略、完成策略、并行会签、串行会签、指派、多实例子流程等多种特殊流程模式

4. 企业服务总线 Primeton ESB

Primeton ESB助力企业客户迎接互联网时代。ESB服务日调用达到网商级服务调用处理能力,依托普元信息自主创新专利技术,高安全、高可用。其功能特性见表7-20,价值优势见表7-21。

表7-20　Primeton ESB功能特性

功能特性	描　　述
高性能	采用多进程管理,SEDA、NIO等成熟技术,同时不依赖于JavaEE容器,在系统架构上分散了性能消耗的瓶颈,从而在本质上提高了系统的处理效率
高可靠	采用SEDA、NIO等业界先进的技术以及松散的集群部署方式保障ESB整体基础设施以及关键服务的可靠性,同时当QoS出现异常的时候,还可以通过更加必要的实时方式通知关键人员,从而在管理流程上保障了系统的最小死机时间
高扩展	在设计之初就有针对地在技术、业务、产业环境特点的基础上重点提升了产品的扩展性,提供了有针对性的、开放的API,使得ESB产品更加容易和企业内部现有的系统有机地融合在一起

续表

功能特性	描　　述
业务化	提供非常详细的服务调用轨迹信息，丰富的 QoS 质量指标，完备的日志信息和方便的进程管理机制，同时还可以依托服务运行的轨迹信息形成跨部门的业务流程的监控
个性化	在大客户平台定制服务方面，积累了丰富的技术和管理经验，并成立了专门的部门集中管理、实施和维护定制项目

表 7-21　Primeton ESB 价值优势

价值优势	描　　述
基础设施管控能力	提供了强大的服务监控能力使服务的管理更加业务化、可视化；通过总线形式有效改善现有系统之间调用的网状关系
轻量级、高性能	轻量级的体系架构，并且针对国内实际情况对产品进行了集中优化，使客户以较低的投入就可以获得理想的性能要求
第三方仲裁能力	各方系统的对外集成行为都会被 ESB 服务中介所跟踪和审计；让客户拥有更多的协调和管理能力
业务化、适国情	目的性、关联性更强的整合信息；管理驾驶舱，展现一些典型的、关键的业务和管理数据； 不断扩展的决策支持组件
企业流程治理能力	规范的管理框架将更有效地实现 IT 与业务可视性和管控性，并进一步通过策略的机制(Policy Framework)不断实现 IT 治理和业务优化
高开放、易扩展	天生就具有很高的开放性和扩展性，包含协议的扩展、统计分析的扩展等，合作伙伴可以依托对外接口完成客户个性化的要求

5. 企业门户平台 Primeton Portal

Primeton Portal 针对企业在协同、资源优化、扁平化管理，以及快速决策等的管理要求，普元信息历经多年沉淀，开发了 Portal 产品。该产品能够满足企业灵活、快速响应市场和客户需求，提高企业核心竞争力的业务目标。其价值优势见表 7-22。

表 7-22　Primeton Portal 价值优势

价值优势	描　　述
业务人员自助式地提高业务效率	提供访问企业信息资源的统一入口和工作平台； 建立统一的用户身份认证中心； 单点登录，全网漫游； 实现无纸化办公； 高效的信息资源全文检索； 智能、易管理的发布系统
可定制关注的信息，专业模式	提高员工专注度； 提供任务全景视图

续表

价值优势	描述
提升企业形象	统一的信息访问入口； 统一的界面风格； 统一的信息发布平台； 统一的搜索引擎
提升决策支持能力	目的性、关联性更强的整合信息； 管理驾驶舱，展现一些典型的、关键的业务和管理数据； 不断扩展的决策支持组件
创造安全、协同的工作环境	通过内容管理平台为企业提供开箱即用的管理和协同组件，让协作更加简单、高效； 建立安全控制和访问机制； 实现企业门户、各应用系统单点登录； 防止非授权用户非法访问； 建立企业员工个性化工作台； 以内容驱动流程优化，实现快速协同； 知识积累和共享
提高收益	整合现有应用，减少集成费用； 数字化管理信息资产，提高利用率，节省运营成本； 提高生产率； 降低管理成本； 支持业务创新； 提高客户满意度

7.5.4 中创中间件

山东中创软件商用中间件股份有限公司(以下简称“中创中间件”)成立于2002年，是国家基础软件中间件骨干企业[105]。中创中间件生产的中间件产品主要分为两类，见表7-23。

表7-23 中创中间件生产的中间件产品

	产品名称	简介	应用场景
基础中间件	应用服务器 InforSuite Application Server	融合“核高基”重大科技专项成果，是国际先进的企业级应用服务器软件，为应用软件运行管理提供安全可靠、稳定高效的基础支撑环境	南方电网国际产品规模替代； 电子政务系统
	工作流中间件 InforSuite Flow	覆盖了流程管理从梳理、执行到分析优化的全生命周期，帮助客户规划、建立更高的流程平台起点，实现企业无缝地将业务战略链接到流程执行	国家税务总局金税三期基础软件平台项目； 中国进出口银行新一代信贷管理系统项目
	企业服务总线 InforSuite ESB	基于国家“自主可控、大数据、中国制造2025”战略，推出“服务总线＋数据总线”双总线架构的SOA产品，适配各类数据库，满足政务信息资源整合共享的需求	潍柴iBUS数据总线项目； 某省质监大数据项目； 鲁商统一会员平台项目

续表

	产品名称	简　　介	应用场景
基础中间件	门户中间件 InforSuite XPortal	针对企业应用门户建设和企业应用系统快速构建需求,精心打造的一款符合 JSR 286 标准规范和"核高基"国产中间件标准体系的企业应用门户产品	国家税务总局; 国家开发银行总行; 国家海事局
	数据集成中间件 InforSuite ETL	数据传输平台是一款独立运行的传输中间件产品,用户可通过灵活配置的方式选用不同类型的数据传输服务,达到无须编码、简单配置即可实现分布式消息传输的目的	广发银行业务系统整合项目
	消息中间件 InforSuite MQ	国家"核高基"重大专项成果。作为自主可控基础软件产品,为应用系统提供高效、灵活的消息同步和异步传输处理、存储转发、可靠传输	四川高速公路联网电子收费系统
	分布式对象中间件 InforBus	是遵循 CORBA 标准的分布对象中间件产品,是国家 863 科研成果与多年丰富行业经验相结合而产生的新一代对象中间件产品	山东省高速公路信息管理系统
平台中间件	业务流程管理平台 Loong BPM	对业务流程的建模、模拟、执行、管理、监控以及优化,是企业构件 SOA 架构下新一代企业核心系统的支撑	国家税务总局金税三期基础软件平台项目; 中国进出口银行新一代信贷管理系统项目
	应用开发平台 Loong DP	通过构件化、图形化和一体化,为客户提供了完整的覆盖 SOA 应用,从设计、开发、调试和部署,到运行、维护、管控和治理的全生命周期的支撑	首都机场智能航班显示系统; 国家某军工项目
	通用文件传输平台 Loong GFTP	面向分布式应用的文件传输平台,提供满足企业级应用需要的通用文件传输功能	武汉城市自由流; 英派斯健身俱乐部项目
	数据传输平台 Loong DIP	帮助用户快速构建分布式应用系统的数据交换网络,配置和运行多种模式的数据交换任务,并进行全方位的运营与管理	四川高速公路联网电子收费系统; 武汉 ETC 车联网

7.5.5 金蝶天燕

金蝶天燕云计算股份有限公司(以下简称金蝶天燕)始创于 2000 年,是国家规划布局内重点软件企业,也是数字政府云服务的领航者[106]。金蝶天燕生产的中间件产品主要有 4 项,见表 7-24。

表 7-24 金蝶天燕生产的中间件产品

产品名称	简 介	应用场景
应用服务器 AAS	应用系统的运行平台，为应用系统提供便捷开发、灵活部署、可靠运行、高效管理及快速集成等关键支撑。支持 Java 企业级规范和主流应用框架，广泛应用于电子政务和企业核心关键应用	电子政务系统、电子商务系统、企业 CRM(客户关系管理)系统等 JavaEE 应用都需要使用 JavaEE 应用服务器
消息中间件 AMQ	为企业内部及跨企业的信息流动提供了更强有力的支撑和集成灵活度。AMQ 通过松耦合的消息机制，能够在分布的、复杂的网络环境中安全、可靠、高效地传输消息，以及在传递消息时能够跨越不同的平台、不同的语言	数据集中，数据量非常大，异构转换复杂； 数据仓库类应用，数据量非常大，异构转换复杂
监控平台 AMP	自主研发和技术创新的一体化云原生监控平台产品	IT 设施巡检运维； APM 应用性能管理； Kubernetes 集群监控； 统一报警管理
云计算平台 ACP	基于 Kubernetes 构建的企业级容器云 PaaS 平台，是面向微服务架构的云原生应用基础设施	多集群管理； JavaEE 安全容器； 应用弹性伸缩； 微服务治理； 国产化适配

1. 应用服务器 AAS

AAS 是应用系统的运行平台，为应用系统提供便捷开发、灵活部署、可靠运行、高效管理及快速集成等关键支撑。AAS 架构如图 7-25 所示。

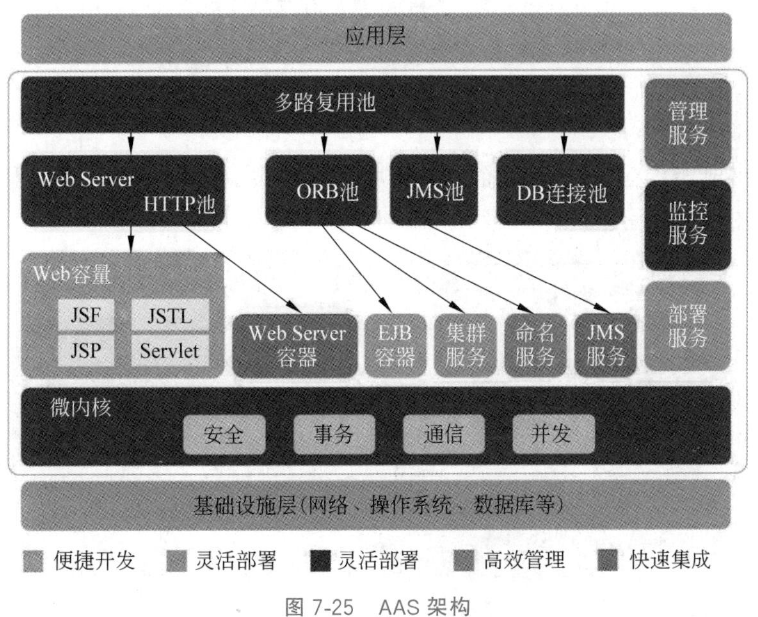

图 7-25 AAS 架构

AAS 价值优势见表 7-25。

表 7-25　AAS 价值优势

价值优势	描　述
保证应用系统运行稳定	该产品是公司自主创新，历经十多年的潜心研发、悉心打造的中间件旗舰产品，经过 9 大版本的发展，功能丰富完善、运行稳定、性能优异； 完全兼容国外同类产品，性能相当，部分功能优于国外同类产品
增强应用系统的安全性	除了 Java 企业级规范要求的安全框架外，如 JAAS、SSL、安全管理器等，产品还实现了国家商用密码算法 SM2、SM3、SM4 以及国家 SSL VPN 技术规范，增强了对数据的加密和数据传输通道的加密； 提供应用运行时安全防护模块，防御应用系统受到的安全攻击，避免敏感数据泄露
提高开发人员的生产力	该产品紧跟 Java 企业版简化性和高效性的发展趋势，实现了如 Servlet 3.0、EJB3.1、CDI1.0、Web Socket 等规范，为开发者提供了更为敏捷的开发支持
增强的应用系统移植能力 适应国产化替代需求	产品对开源框架完全兼容，包括主流的 Struts、Spring 框架等； 国外和开源应用服务器部署的应用系统可以轻松移植到该应用服务器上，不需要修改任何的应用代码，进行简单的配置即可完成移植
增强的云环境适应能力	支持在云环境中实现集中配置、集中缓存以及统一日志管理及分析，简化在云环境下的监控； 提供服务调用链的跟踪功能，在复杂的云环境中能够追逐请求完整的调用链路，快速查找性能瓶颈，并能够更好地服务治理； 基于微服务开发框架的集成，提升服务的开发、部署与运维的效率，如支持 SpringBoot 等
应用性能管理 快速定位应用问题	针对应用服务器的性能状况，强化应用的性能故障监控及分析，以更加智能的方法寻求服务的稳定，最终有效降低系统投入费用，大大减少 IT 的运维成本

2. 消息中间件 AMQ

AMQ 的出现，为企业内部及跨企业的信息流动提供了更强有力的支撑和集成灵活度。AMQ 架构如图 7-26 所示。

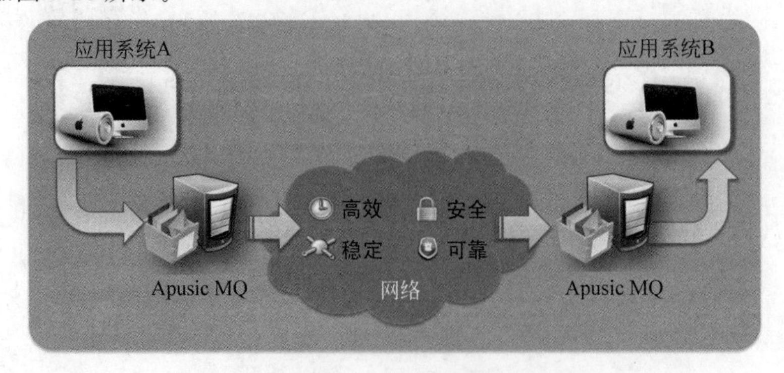

图 7-26　AMQ 架构

AMQ 价值优势见表 7-26。

表 7-26　AMQ 价值优势

价值优势	描　述
消息传输的可靠性	AMQ 的消息存储和消息确认机制为消息传输的可靠性提供了强有力的支撑。可以将消息放在持久性存储库，如存放于文件、Berkeley DB 和 JDBC 数据库，确保在将持久性消息传送至消费者之前消息服务器不会丢失消息
传输性能	支持消息压缩、消息拆分、断点续传等功能，以达到优化网络传输性能； 支持多线程传输，支持多客户端，同时与服务器进行消息传输
安全特性	支持 SSL 协议，从而实现客户端与服务器之间，以及服务器与服务器之间的传输通道安全保护； 在创建 AMQ 服务器与服务器之间的路由连接时，支持额外的口令短语安全保护； 拥有基于用户的访问控制能力，在与 AMQ 服务器交互的过程中，服务器将根据资源的用户身份决定资源是否能够执行某项操作
事务特性	提供本地与分布式事务支持，使关联交易以及跨系统交易得以轻松实现，简化了业务的复杂度，使业务的一致性得到充分保障
集群特性	通过使用 AMQ 的集群功能，网关节点（AMQ-Front）按负载均衡策略将消息分发到负载节点，从而多个消费者可以并行地对生产者生产的消息进行处理。这样能够避免单点故障，提供 7×24 小时不间断服务，实现节点动态扩展，消息智能分发，以及工作负载均衡和通信故障切换功能
管理的易用性	提供了功能强大的 Web 管理与监控平台，能够在单节点上对整个消息网络上的所有节点进行管理与配置，监控整个消息网络目前的拓扑结构、连接状态

3. 监控平台 AMP

AMP（Apusic Monitor Platform，金蝶监控平台）软件是金蝶天燕自主研发和技术创新的一体化云原生监控平台产品。AMP 架构如图 7-27 所示。

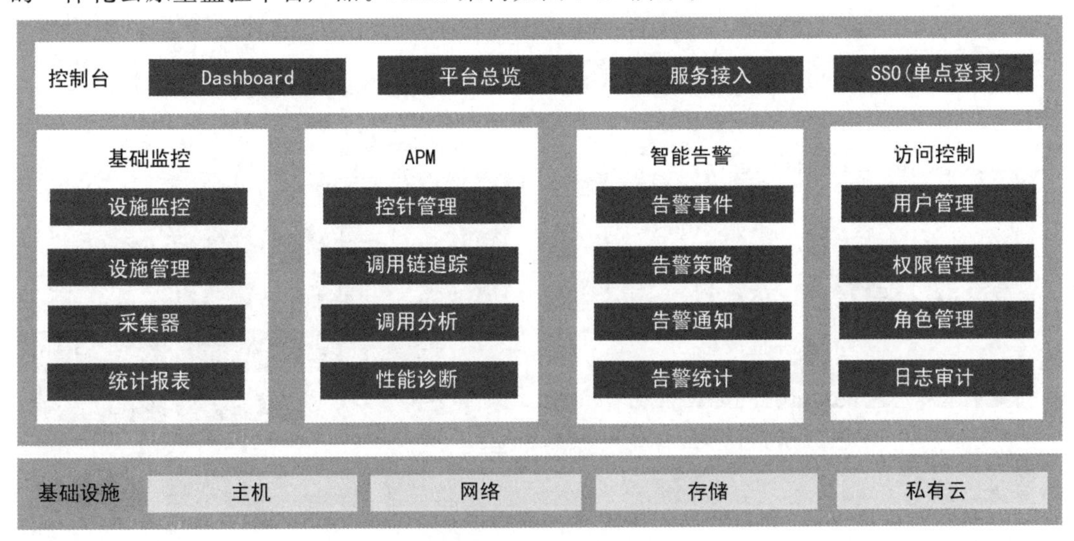

图 7-27　AMP 架构

AMP 功能特性见表 7-27。

表 7-27 AMP 功能特性

功能特性	描　述
海量 IT 设施集中监控	管理数据中心的海量硬件和软件基础设施，涵盖主机、网络、存储等硬件设备，以及数据库、中间件、分布式组件等基础软件
无侵入代码级应用性能监控	针对业务应用的性能监控管理，业务应用无须任何代码修改，即可快速诊断定位应用性能瓶颈的代码级根源问题
信创环境全面适配	实现对国产芯片、操作系统、主机、数据库环境的全面监控，支持在国产软硬件上部署和运行产品，稳定可靠
云原生监控支持	实现对 Docker、Kubernetes 等云原生设施的监控管理，产品支持在容器云环境的部署和运行
主动感知，敏捷报警	指标动态阈值设置，灵活告警策略管理，提供告警分抑制、静默等特性，消除报警风暴，通知有价值的报警信息，多种报警渠道及时到达
智能分析与可视化	集成强大的数据分析可视化引擎，提供丰富的监控图表和自定义监控数据大屏的展现
全局业务拓扑	网络设备拓扑、业务拓扑、应用调用链跟踪拓扑，全局掌控对象网络拓扑结构，清晰跟踪应用请求跟踪轨迹
灵活的扩展性	监控采集器和 APM 探针，支持二次扩展开发，支持更多对象的监控管理，提供各种开发语言的 SDK 开发包

4. 云计算平台 ACP

ACP 是基于 Kubernetes 构建的企业级容器云 PaaS 平台，是面向微服务架构的云原生应用基础设施。ACP 架构如图 7-28 所示。

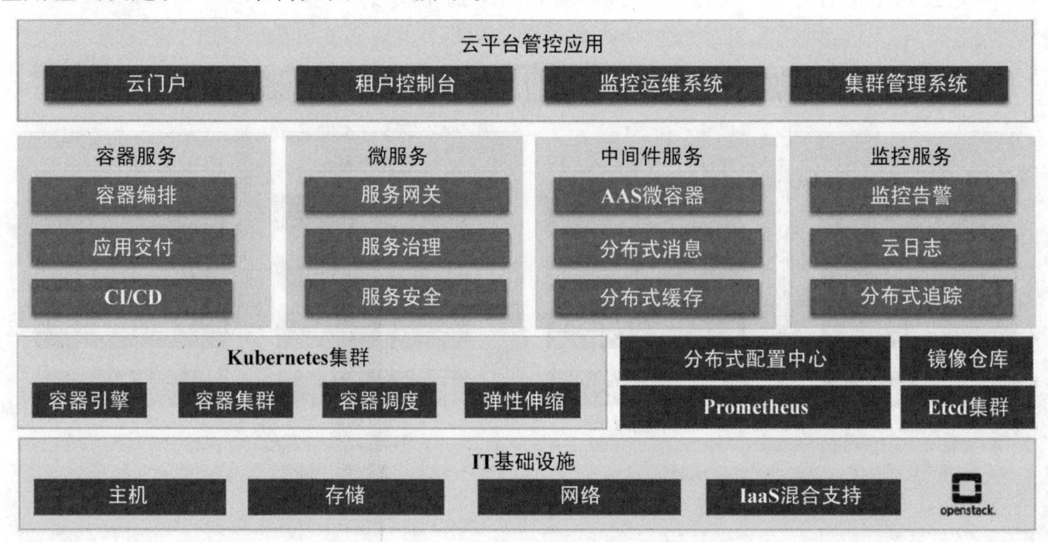

图 7-28 ACP 架构

ACP价值优势见表7-28。

表7-28　ACP价值优势

价值优势	描　　述
简化计算资源管理	以应用为中心,全方位管理计算资源和应用集群。以容器为应用的最小计算资源单位,通过统一控制面板进行多租户的资源配额管理、资源隔离和资源的调度; 简化了容器、存储、网络等资源的管理过程,并最大限度地充分利用
提高软件研发效率	用户可使用云平台容器服务提供的持续集成服务,执行从开发、构建到部署的自动化流程。对应用的容错测试、灰度发布、版本升级与回滚提供全栈支持,通过标准化开发、测试、部署、运维环节提高产品研发的迭代效率
落地微服务架构	基于容器可视化编排技术和Istio服务网格基础框架,用户可对微服务开发、部署、运行、治理、运维监控的全生命周期过程进行管理; 提供分布式应用管理、RDS(关系型数据库服务)、分布式配置中心等基础组件服务,支撑微服务架构的云原生应用落地
优化应用交付流程	容器故障自愈、自定义监控面板、自定义业务指标监控与告警。实现自动化运维,降低应用运维成本,提高软件运行的服务质量; 使开发、运维一体化,优化企业应用的交付流程
全面升级IT基础架构	应用的运行环境从传统的裸金属物理主机和IDC(互联网数据中心)机房的VM(虚拟机),逐步升级到以容器技术为核心的容器云环境; 软件应用的单体架构、分布式垂直架构、SOA架构将根据业务发展逐步升级到以微服务架构为核心的云原生基础架构; ACP云平台帮助组织全面升级IT基础架构,以领先的技术架构保障和驱动业务快速发展与变革

第四篇

应用软件

第8章 应用软件

8.1 应用软件的定义

软件的种类是五花八门的，在日常生活中，我们经常接触到的一类软件就是应用软件。应用软件主要是针对计算机用户的某些特殊应用目的而编写的计算机程序，例如浏览器、媒体播放器、航空飞行模拟器、文本处理器、表格、会计应用、命令行游戏、图像编辑器等都属于应用软件。因为有应用软件的存在，计算机系统的应用领域才得以拓宽。同时，应用软件还大大提高了计算机硬件的机能。

与应用软件相对应的则是主要功能为驱动计算机运行的系统软件，可以说，应用软件能够直接完成终端用户的工作。从某种程度上讲，系统软件是为应用软件服务的，应用软件才是真正直接提高计算机用户工作效率的软件。

目前市场上的应用软件种类很多，特别是，随着移动技术的发展，那些为移动平台所编写的应用（即移动应用）的发展十分迅速。应用软件作为一种有价值的产品，有些可能会与计算机及其系统软件捆绑出售，有些应用软件则会单独出售，还有一些应用软件可能会以开源、私有或通用项目的形式进行编写创造。

8.2 应用软件的发展史

计算机软件和硬件的后续发展是密不可分的，软件技术的发展需要硬件的支撑，同时，软件技术的成长也有助于计算机硬件机能的提升。在计算机软件技术发展的70多年里，可以将其分为3个不同的时期。

第一个时期为20世纪50年代至60年代，计算机软件技术进入早期发展阶段；第二个时期为20世纪70年代至80年代，计算机软件的结构化程序和对象技术逐渐开始流行；第三个时期是从20世纪90年代到现在的计算机软件工程技术发展的新时期[107]。

8.2.1 软件技术发展早期

在计算机诞生初期，其应用领域相对较窄，涉及的领域主要是科学与工程计算，数值数据为当时的主要处理对象。1956年，IBM公司的J.Backus带领其科研小组在不断努力下，为当时的IBM 704系统（见图8-1）研制出当时第一个实用高级语言FORTRAN及其翻译程序。从此之后，又有许多高级语言相继问世，大大提高了设计和编写程序的效率，软件技术也因此进入高速发展时期。

图8-1 一台古老的IBM 704系统

在此期间，计算机软件的一项重大成果成功解决了当时软件技术存在的两个问题：从FORTRAN和Algol60语言开始设计具有高级数据结构和控制结构的高级语言；发明了将高级语言程序翻译成机器语言程序的自动转换技术，即编译技术。

由于计算机软件技术的快速发展，逐步扩大了计算机的应用领域，除一开始的科学计算之外，还出现了大量的数据处理和非数值计算问题。为了更好地解决这些问题，能够充分利用计算机系统资源的计算机操作系统随之出现；能够适应并处理大量数据的数据库及其管理系统也在此时诞生。计算机软件的规模与复杂性迅速增长，而当程序复杂性增大到一定程度之后，软件的研制周期将变得难以控制，软件的正确性也因此难以保证，研制出的软件可靠性也不强。为此，人们提出用软件工程方法和结构化程序设计解决计算机软件新出现的问题，从此软件技术发展开始进入一个新的阶段[107]。

8.2.2 结构化程序和对象技术发展时期

20世纪70年代初，大型的软件系统开始出现，由于计算机软件规模的巨大提升，计算机软件技术开发面临新的技术危机。大型软件系统的研发往往需要投入大量的人力和物力作为开发代价，比如一个大型操作系统往往需要几千上万人为之花费几年的开发时间，而所获得的系统又常常隐藏着几百甚至几千个错误。在花费大量精力研制后获得的产品却会出现可靠性差、错误多、维护和修改困难的现象。由此看出，规模较大程序的开发变得不再可靠。同时，因为严重缺乏程序设计工具，所以软件开发技术陷入一段瓶颈时期。

学者通过对结构化程序设计的研究，让Pascal（见图8-2）和Ada等一系列的结构化语言如雨后春笋般涌现。这些结构化的语言相比之前非结构化的语言来说：控制结构更加清晰，但是，结构化语言在数据类型抽象方面仍存在较大的提升空间。

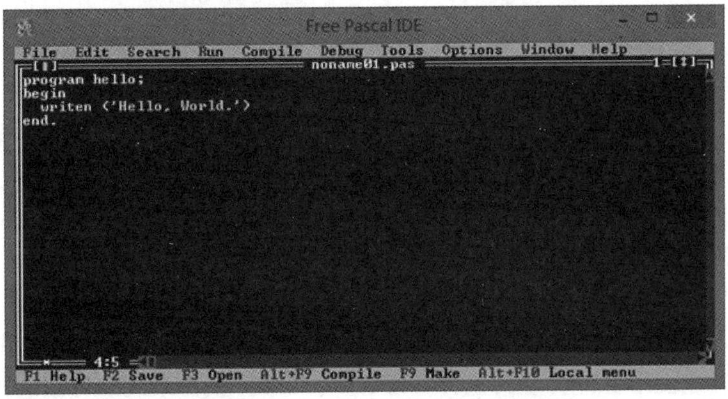

```
program hello;
begin
  writen ('Hello, World.')
end.
```

图 8-2　在 1970 年就发布的 Pascal 语言

20 世纪 80 年代初，Smalltalk 语言的设计者提出“面向对象”这一名词概念，之后逐渐流行起来。面向对象技术的兴起成为这一时期的主要标志。

面向对象的程序结构将数据和对数据的操作封装在一起，以形成抽象数据或对象，而对象类的组成是具有相同结构属性和操作的一组对象。一组相关的对象类可以形成一个对象系统，并且能够以更自然的方式模拟外部现实系统的结构和行为。对象具有两大特征：信息的封装和继承。通过信息封装，在对象数据的外部相当于建造了一堵“城墙”，外部只能通过“城墙”上的“窗口”观察和操作“城墙”内的数据，这样就可以保证对象数据在复杂的环境下依然能够保持其安全性和一致性。对象继承可以实现对象类代码的可重用性和可扩展性。可重用性允许处理父级和子级之间具有相似结构的对象的公共部分，从而避免一遍又一遍的代码重复。可扩展性则保证了在原有代码基础上进行一定的扩展和具体化，以此解决和适应各种各样的需求。

传统的面向过程的软件系统的主要特色是以过程为中心，系统功能的一部分内容需要通过过程实现，而以数据为中心的软件系统则是面向对象的软件系统。与系统功能相比，数据结构是软件系统中相对稳定的部分。对象类及其属性和服务的定义在时间上保持相对稳定，还能提供一定的扩充能力，这是十分重要的事情，这样就可以大大节省软件生命周期内系统开发和维护的开销。就像建筑物的地基对于建筑物的寿命十分重要一样，信息系统以数据对象为基础构筑，其系统稳定性会十分牢固[107]。

8.2.3　软件工程技术发展新时期

20 世纪 80 年代中后期，新兴的软件技术开始出现：大型应用软件产生，并且可以由分布在网络上的不同节点协同操作，共同完成对大型应用软件的开发。这些功能的诞生得益于计算机微机工作站的普及以及快速发展的高速网络技术。又因为大型软件的特殊性和多样性，所以在之后的应用软件研发过程中，软件工程师将要面临新的困难与挑战。经过 30 多年的研究与开发，人们深刻认识到，只有按照工程化的原理和方法组织和实施，才能让软件开发更具可靠性。自此，软件工程这一名词应运而生。

其实，早在20世纪70年代中后期，软件开发技术和软件开发工具等方面就已经取得了非常重大的突破，但是，由于在这个时期许多大规模网络应用软件开始出现，如果软件工程师没有遵循规范的软件工程开发方法，会让软件工程师无法正确估计软件开发的进度与成本，出现无法满足客户需求的情况，甚至可能产生新一轮的"软件危机"。

进入20世纪90年代，Internet和Web技术蓬勃发展，这两个关键技术的突破，带动了软件工程技术的进步，软件工程技术开始步入一个崭新的发展阶段。以软件组件复用为代表，基于组件的软件工程技术正在使软件开发方式发生巨大改变。在这个时期，软件工程技术发展的代表性标志为以下3个方面。

(1) 基于组件的软件工程和开发方法成为主流。这些组件是独立的，具有相对独立的功能特性和特定的实现方式，并能为应用程序提供预先设定好的服务接口。换句话说，组件化软件工程是通过使用各种可重用组件开发、运行和维护软件系统的方法、技术和过程的。

(2) 软件过程管理进入软件工程的核心进程和操作规范。在整个软件开发过程中，应用软件过程管理为中心实施软件工程管理。在保证软件过程管理的前提下，也保证了软件开发进度和产品质量。

(3) 网络应用软件的规模越来越大，复杂性也越来越高，使得软件体系结构由原先的两层结构逐渐转变为如今的三层结构，甚至多层结构，并且，应用程序基础结构和业务逻辑开始分离。软件平台成为当时的一种主流趋势。软件工程师通过使用软件平台所提供的各种中间件系统服务完成软件开发所需要的基础架构。一个高度集成的软件平台不仅可以确保应用软件所需的基本系统架构的可靠性、可扩展性和安全性要求，而且还可以使应用软件开发人员和用户不必再关注其底层的技术细节，只集中关注应用软件的具体业务逻辑的实现即可。当应用程序需求发生变化时，只需要更改软件平台上的业务逻辑和相应的组件。

这3个标志代表着软件工程技术已经迈入一个崭新的发展时期，而这个时期至今远未结束。如今，因为高速互联网技术的进步，计算机技术和通信技术相结合，使软件技术发展呈现出百花齐放的局面，软件工程技术的发展也远远不止于此。

8.3 中国应用软件的发展史

20世纪50年代后期，我国就开始进行国产化软件的开发与研究，虽然只是在一个较小的范围内进行探索创新，但是也取得了一些不错的成绩。1978年第十一届三中全会召开后，中国的软件研究学者开始着眼于国外软件技术的发展，为即将到来的信息时代作准备。

如图8-3所示，1980年，我国第一个民办科研机构"北京等离子体学会先进技术发展服务部"在北京的中关村正式成立，这是我国自改革开放以来的第一批民营科技企业。随后，在中国软件行业爆发出一股新的浪潮：许多程序员开始进行个人软件开发。在个人软件开发的浪潮中涌现出一大批优秀的软件工程师：1983年，严援朝及其团队研发出CCDOS软件，大大提高了我国用户在PC长城机上的工作效率。CCDOS这个软件的主要意义是解决了汉字在计算机上的存储和显示问题；同样在1983年，经过五年不懈努力的王永民发明了"五笔字型"输入法，这是第一个解决汉字输入问题的国产软件，它的出现为后来产生的各种汉字输入法打下了坚实的基础[108]。

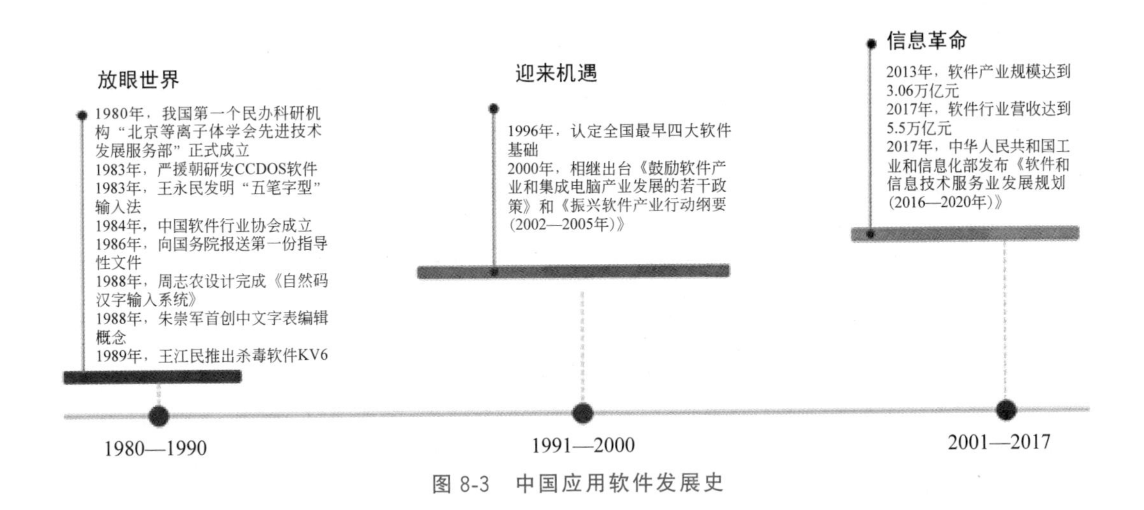

图 8-3　中国应用软件发展史

中国软件行业协会正式成立于 1984 年 9 月 6 日，该协会的成立，象征着软件将作为一个全新的产业来发展：软件因此正式从硬件中分离出来，单独成为一个产业。硬件技术和软件技术将会相互扶持，共同发展。在制订国家科技与行业发展计划时，国家将软件单独作为一个学科和行业进行规划。

在将软件单独作为一个新产业而开始规划的第一个十年中，国家培养出一大批软件技术人才：在 20 世纪 80 年代这段时间，“杀毒软件之父”王江民开发出中国第一款杀毒软件 KV6；《自然码汉字输入系统》的作者周志农将其不断完善；吴晓军将 CCDOS 汉字系统升级到 2.13E 版；随后，朱崇君首次提出中文字表编辑概念，并推出 CCED 2.0 版。因为中国软件行业协会的正式成立，中国国产软件行业进入发展的黄金时期。

我国第一个关于软件产业发展规划的指导性文件《关于建立和发展我国软件产业的报告》诞生于 1986 年 8 月，由当时的电子工业部向国务院递交。在之后的几年中，“要有我们自己的产品、要有我们自己的企业、要有我们自己的产业基地、要有我们自己的发展环境”成为国家创建和发展我国软件产业的四项基本措施。

1996 年，国家秉持着“局部优化，地方政策突破”的想法，原国家科委开始组建国家火炬计划软件产业基地，沈阳东大软件园、济南齐鲁软件园、成都西部软件园、长沙创智软件园是全中国最早认定的四大软件基地，经过多年的发展，截至 2018 年，全国软件产业基地已达 44 家。

2000 年后，国家相继出台的《国务院关于印发鼓励软件产业和集成电路产业发展的若干政策的通知》(国发〔2000〕18 号)、《振兴软件产业行动纲要(2002 年至 2005 年)》(国办发〔2002〕47 号)，与国家高技术研究发展计划(863 计划)，合力推动了国产软件技术的发展。

之后，国家开始在人才培养、知识产权保护等方面投入大量资源，并且取得了显著成就。软件产业规模从 2000 年的 593 亿元增长到 2004 年的 2300 亿元，随后在 2013 年达到 3.06 万亿元的产值。在 2016 年全国整体经济放缓的情况下，软件行业依然保持着较高的增长态势，当年的国家软件行业规模达到 4.9 万亿元，同比增长 14.9%。如图 8-4 所示，2017 年软件行业营收达到 5.5 万亿元，再创新高，软件行业的相关技术也取得了重大突破[108]。

2017 年，在中华人民共和国工业和信息化部发布的《软件和信息技术服务业发展规划

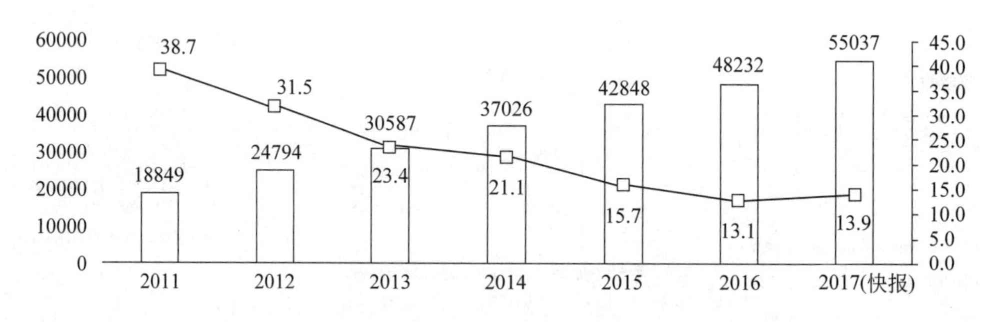

图 8-4　2011—2017 年软件业务收入增长情况

(2016—2020 年)》中,明确将软件誉为“新一代信息技术产业的灵魂”,将“软件定义”称作“信息革命的新标志和新特征”。

借着这股东风,无论在电信业、金融业还是制造业都会因为国产软件的技术突破迎来巨大的发展机会。

8.4　应用软件的分类

从目前的计算机应用软件现状看,业内已有各种各样的应用软件,许多专家也从不同的角度提出了多种不同的应用软件分类方式。如今较为认同的应用软件分类情况如下:业务软件、内容访问软件、教育软件、仿真软件、工业自动化软件、多媒体开发软件、产品工程软件等。

8.4.1　业务软件

业务软件是一种度量业务生产效率或者能够提高业务生产效率的应用软件。在业务软件这一大类情况下,我们还可以将其细分成多种类型的业务软件,例如企业软件(enterprise software)、企业基础设施软件(enterprise infrastructure software)、信息工作者软件(information worker software)等。同时应注意:各种类型的软件之间的界限非常模糊,有时某种业务软件可能同时属于多种不同类型的业务软件。

1. 企业软件

企业软件指的是为了解决分布式环境中企业级管理流程和企业级数据流程中产生的需求问题而诞生的应用软件。我们可以将企业软件按照功能的不同大致分为如下几种类型:对财务进行管理的财务管理软件(financial management,FM)、对企业资源进行计划的企业资源计划软件(enterprise resource planning,ERP)、解决供应链相关问题的供应链管理软件(supply chain management,SCM)以及处理客户关系的客户关系管理软件(customer relationship management,CRM)等。与此相对的是部门软件,即企业软件的子类,主要用于解决小型组织或大型组织的业务部门的业务管理需求,如差旅费用管理、调用中心管理等。

2. 企业基础设施软件

企业基础设施软件是指那些能够支持企业软件运行的并且具有一定通用性的应用软

件。常见的企业基础设施软件包括数字资产管理(digital asset management，DAM)、数据库管理系统(database management system，DBMS)、文档管理系统(document management system，DMS)、内容管理系统(content management system，CMS)、业务流程软件(business workflow software)、地理信息系统(geographic information system，GIS)等。

3. 信息工作者软件

信息工作者软件是一种既能满足部门内部个人应用需求，又能管理信息的应用软件。这些软件又可以分为时间管理软件、数据管理软件、文档软件、资源管理软件、数据分析软件、协同工作软件和金融软件等。

8.4.2　内容访问软件

内容访问软件(content access software)是指一种具有一定访问内容能力的计算机软件，其主要目的是访问已有内容，而不是对已有内容进行编辑。但是，有些内容访问软件允许用户编辑内容，这种软件主要是为了满足消费者对数字娱乐和发行产品的需求。例如，网页浏览器(web browsers)(见图 8-5)、媒体播放器(media players)、视频游戏(video games)、屏幕保护程序(screen saver)等都是典型的内容访问软件。

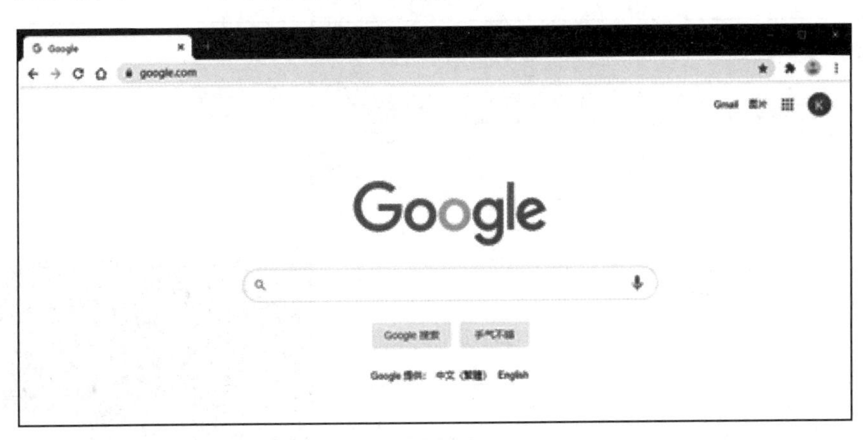

图 8-5　Chrome 浏览器

8.4.3　教育软件

金山 WPS Office 软件如图 8-6 所示，是一款常见的国产教育软件。教育软件(educational software)是一种方便教学或者帮助人们自主学习的计算机软件。常见的教育软件包括：教学课件、教学管理软件、娱乐教育软件、教育参考软件、教育软件定制平台、公司培训软件以及特殊教育软件等。

8.4.4　仿真软件

仿真软件(simulation software)是一种模仿真实情景的物理仿真系统或数据仿真系统的计算机软件，用来实现操作培训、研究分析(见图 8-7)、娱乐等功能。仿真软件又可以分为科学仿真、社会仿真、战场仿真、应急响应仿真、飞行驾驶仿真、汽车驾驶仿真、仿真游戏等。

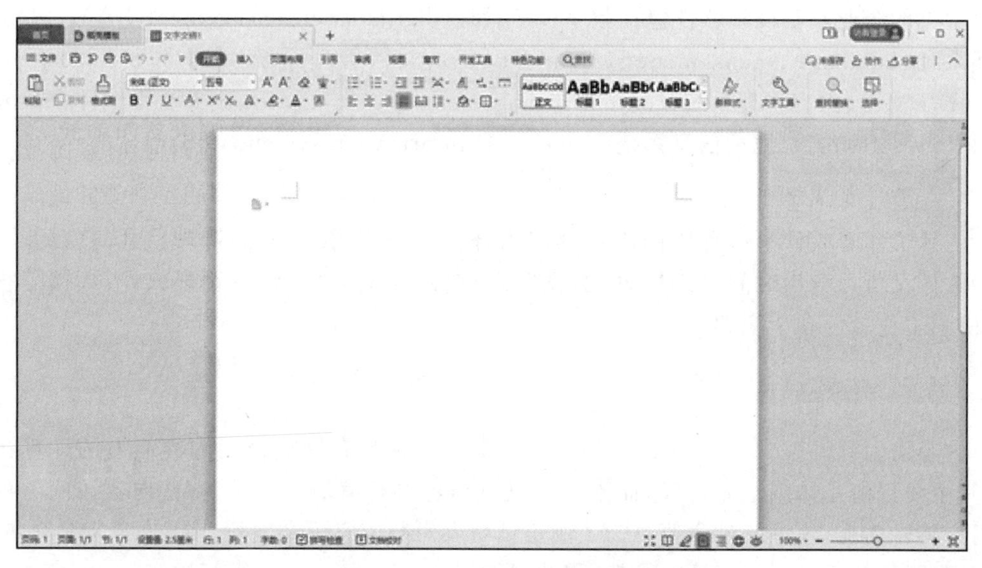

图 8-6　金山 WPS Office 软件

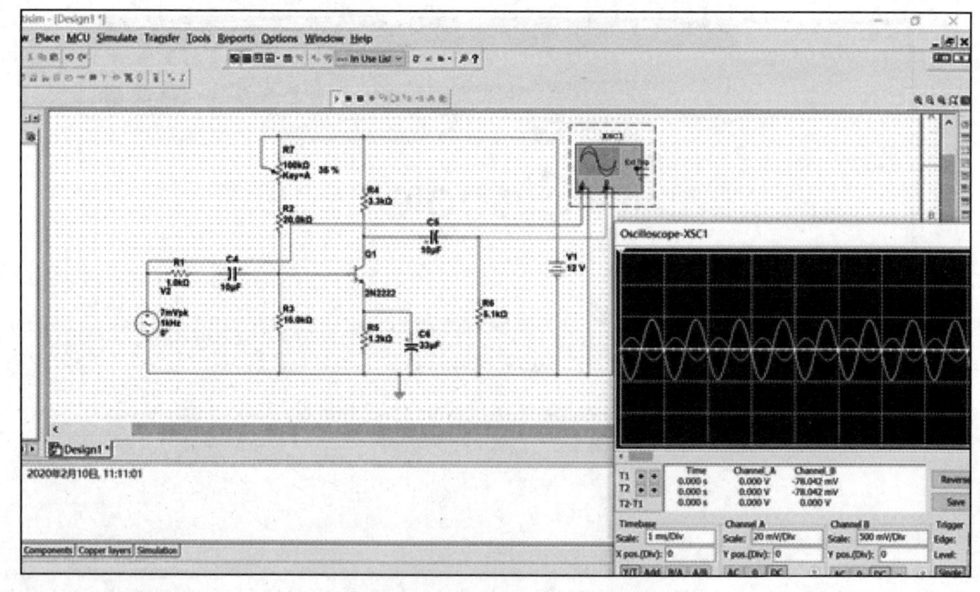

图 8-7　Multisim 电路仿真软件

8.4.5　工业自动化软件

工业自动化(industrial automation)是指能够对工业生产线、工艺流程和生产机器进行控制,从而减少人工干预的控制系统,而工业自动化软件就是用于对工业系统进行控制的系统软件,如图 8-8 所示,常见的工业控制软件包括可编程逻辑控制器、数字化控制以及其他工业控制系统等。

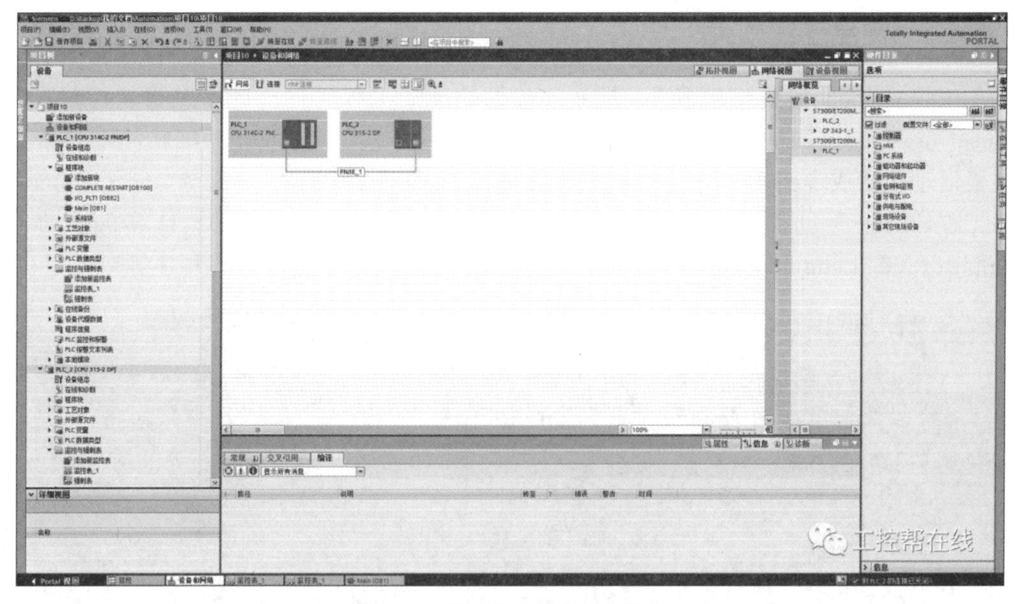

图 8-8 西门子工业自动化软件

8.4.6 多媒体开发软件

Photoshop 软件如图 8-9 所示，是一款常见的多媒体开发软件。多媒体开发软件(media development software)是指用于图形、图像、音频、视频等多媒体开发的计算机软件。多媒体开发软件又可以分为计算机三维图像软件、计算机动画和图形艺术软件，除此之外，还有音频编辑软件、视频编辑软件、音乐生成器、Web 超媒体开发软件等。

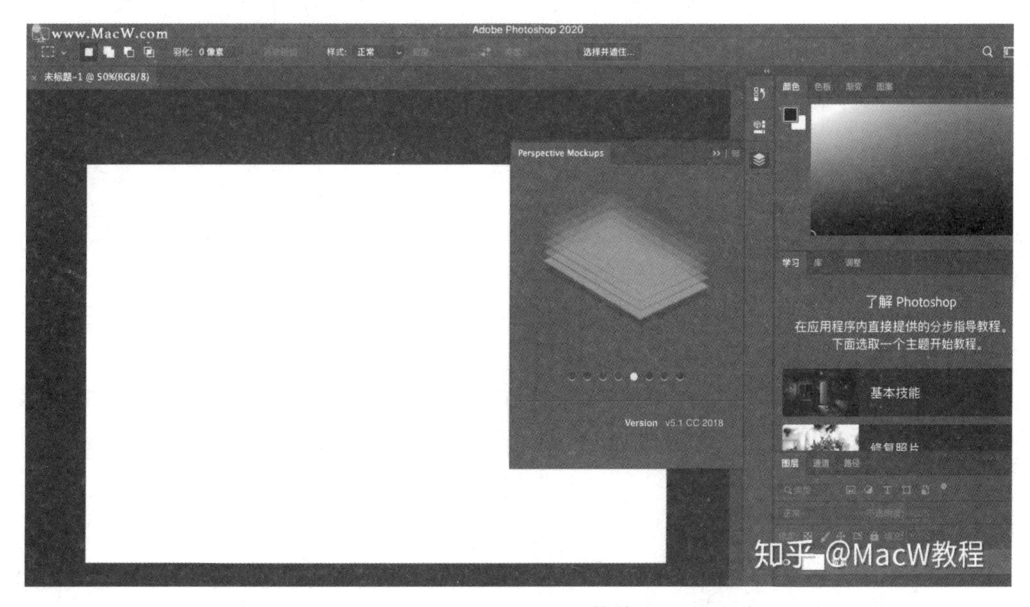

图 8-9 Photoshop 软件

8.4.7 产品工程软件

AutoCAD 软件如图 8-10 所示，是一款常见的产品工程软件。产品工程软件(product engineering software)是指辅助相关制造产品的设计、研发、装配的计算机软件。产品工程的主要活动包括成本活动、生产能力、产品质量、产品性能、可靠性、可服务性、用户特征等。产品工程软件主要包括计算机辅助设计(computer-aided design，CAD)、计算机辅助工程(computer-aided engineering，CAE)、测试工具、游戏创建软件、许可管理程序等。

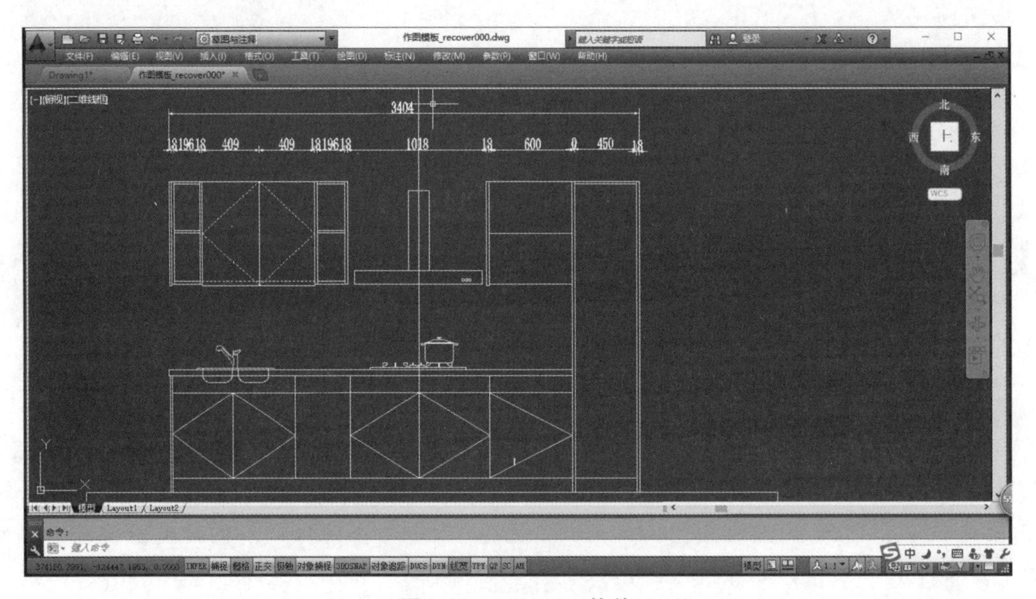

图 8-10　AutoCAD 软件

8.5　国产应用软件

8.5.1　流式软件

流式排版指的是用户通过某种特定的排版方式将文档中的文字、数字、表格和图形图像等内容进行排版。流式排版通常具有如下特点：原始编辑元素改变后会保存在新的文档内容中，用户可以使用对应的阅读软件查看新编辑好的文档样式，并且该软件可以自适应显示不同缩放比例之间的布局大小。

流式排版是相对于版式排版而言的，对于在小屏幕上的电子书阅读器来说，流式排版可以在放大/缩小后自动重新排列初始布局，并根据屏幕宽度调整段落的换行符以适应单页查看范围。

1. 金山 WPS

金山软件有限公司是中国知名的软件企业之一，在珠海、成都、大连和深圳都设有相关机构，并在日本也设有分公司，其总部位于北京市。金山软件有限公司是全中国最大的个人桌面软件开发商之一，其业务覆盖 30 多个省、自治区、直辖市及其政府单位，政府采购率高达 90%，其发展历程如图 8-11 所示。金山软件有限公司的主要产品有 WPS(文字处理系统)、金山词霸和金山毒霸等，为全球 220 多个国家和地区的用户提供优质的产品和服务[110]。

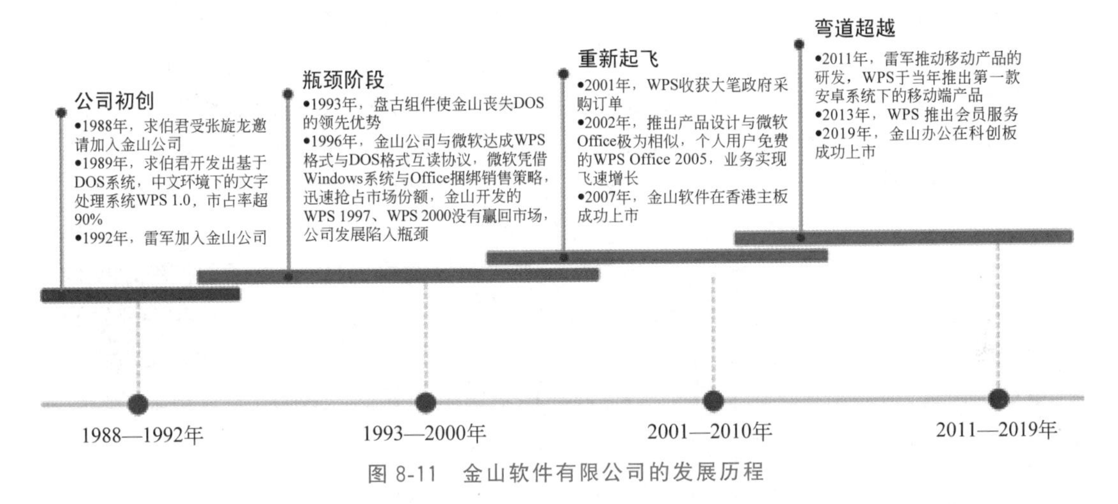

图 8-11　金山软件有限公司的发展历程

WPS Office 由金山软件有限公司独立开发，它的常用功能有文字编辑、表格、演示稿等，在此基础上，WPS 也支持在 Windows、Linux、Mac OS、iOS 等系统平台上运行。WPS 具有内存占用低、运行速度快、云功能多的特点。同时，强大的插件平台也是 WPS 的重要卖点之一。WPS 的插件平台可以提供大量的在线存储空间和文档模板，并且使用方法通俗易懂，极大程度上使用户对文档的存储和制作变得更加便捷，而这些方便用户使用的功能都由 WPS 软件免费提供。除此之外，WPS 还支持读取和输出 PDF 文件，并且与微软的 Office 格式完全兼容，方便用户在两种 Office 软件之间灵活切换，用户不必担心文档的格式会因不同软件而不同。

WPS 可以说是中国的第一套文字处理软件，它诞生的最初目的是为 MS-DOS 上的第三方中文支持层提供一些方便用户使用的功能。但是，自从微软准备在中国出售中文版的 Windows 和 Office 后，金山软件公司的求伯君、雷军等认为这是 WPS 抢占市场的机会，于是公司开始大力研发 WPS Office 软件(见图 8-12)。

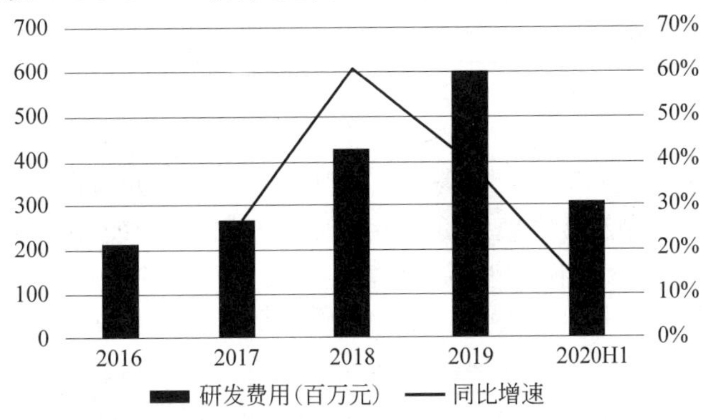

图 8-12　金山办公研发投入情况

2001年5月，WPS正式改名为WPS Office，这是因为金山公司决定采用国际办公软件的通用命名方式，开始放眼国际市场，为以后拓展海外市场奠定基础。在此之后，WPS Office在产品功能方面也得到较大的提升，同时不再单纯地关注单模块文字处理，开始转变为以一系列产品为中心的多模块组件产品，这些多模块组件产品包括文字处理、电子表格、演示制作、电子邮件和网页制作等。并且，金山公司根据用户群体的不同和需求的不同，开始将WPS Office细分为多个版本，为此满足了不同用户的需求。这些版本包括WPS Office专业版、WPS Office教师版、WPS Office学生版和WPS Office个人版，提供多种价位供用户选择，在方便用户使用的同时也获得了许多优质的客户资源。随后，在2007年发布WPS Office 2007，同时个人版将成为免费版本供所有用户使用。从WPS Office 2007这个版本开始，金山开辟了海外市场。2008年，WPS Office获得国家政府支持，完成了与国家电网的千万级订单与合作，为以后中央企业软件的正版化提供了有力的帮助。2013年5月发布了WPS Office 2013版本，更换了原有的软件引擎，采用最新的V9引擎，让WPS Office能够更快、更稳定地运行，启动速度也提升了25%，同时，使用了全新交互设计，大大增强了用户易用性[110]。金山WPS Office软件的功能特性见表8-1。

表8-1 金山WPS Office软件的功能特性

功能特性	描述
高兼容性	操作界面与微软Office相似，并且相兼容；支持直接打开和保存为微软Office格式的文档；WPS Office成熟的二次开发平台，保证了与微软Office一致的二次开发接口、API(应用程序接口)、对象模型，兼容的VBA环境，支持COM加载插件等机制，实现了平滑迁移现有的电子政务平台、应用系统
支持XML标准	支持OOXML、UOF 2.0(最新版标文通)，遵循XML标准，让政府和企业办公中的数据交换与数据检索更方便、高效
多种界面切换	WPS Office提供了多套风格不同的界面，在经典界面与新界面之间，用户可以无障碍转换
功能易用	按照中国人的思维模式触发，功能的操作方法设计得简单易用，让用户有良好的使用体验，降低用户掌握各功能使用的门槛，提升用户的工作效率
文档漫游功能	很好地满足用户多平台、多设备的办公需求；在任何设备上打开过的文档都会自动上传到云端，方便用户在不同的设备和平台上快速访问同一文档，同时，用户还可以追溯同一文档的不同历史版本

2. 永中Office

永中科技有限公司是一家由台裔美籍工程师曹参博士创办的中国软件公司，目前公司总部设在江苏无锡。永中科技有限公司是一家以办公软件作为发展重点的基础软件产品开发和服务提供商，其公司核心代表之一就是自主研发的国产基础软件产品。产品内容主要针对桌面办公、网络办公、移动办公、云办公等诸多领域，其发展历程如图8-13所示。永中科技有限公司拥有完全自主的核心知识产权，并且已获得108项软件产品版权和31项授权专利(其中国际专利4项)，曾独立承担国家863软件重大专项、十一五核高基、十三五核高基、多部委以及省市等重大项目[111]。

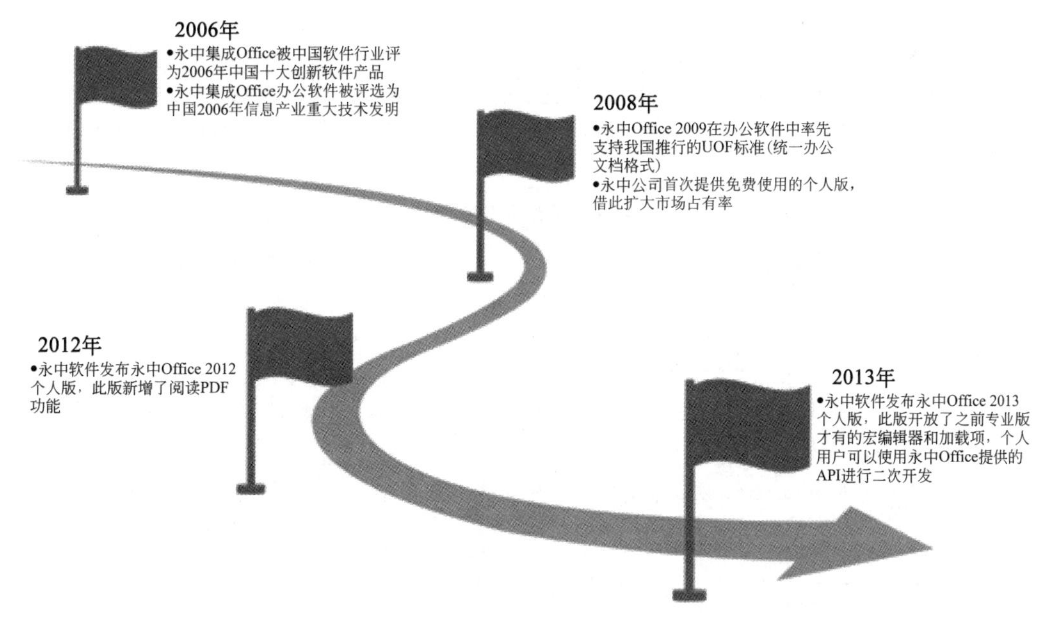

图 8-13　永中 Office 发展历程

永中 Office 为一款用 Java 编程语言创作的套装办公软件，它可以完美兼容 Windows、Linux 等操作系统，同时还兼容各种国产应用环境，在功能方面，它与微软的 Office 相似。永中 Office 的特点是开创性地将三大主要办公应用(文字处理、简报制作、电子表格)集成在单一用户界面中，真正实现了 Office 的集成，极大地提高了用户的工作效率。可以这样说，永中 Office 是我国国内几家为数不多的拥有完全自主知识产权的通用办公软件。

2006 年 9 月，永中集成 Office 获得中国软件行业协会颁发的“2006 中国十大创新软件产品”奖状；同年 11 月，永中 Office 集成办公软件被评选为“中国 2006 年信息产业重大技术发明”。

2008 年，永中 Office 2009 在办公软件中率先支持我国推行的 UOF 标准(统一办公文档格式)。随后，永中公司提供免费使用的个人版，借此扩大市场占有率，在这以前，永中 Office 是为数不多的向个人用户收费的中国办公软件。

2012 年 3 月，永中软件发布永中 Office 2012 个人版，此版新增了阅读 PDF 文件的功能；随后，2013 年 1 月，永中软件发布永中 Office 2013 个人版，此版在原有功能上开放了之前专业版才能使用的宏编辑器和加载项功能，从这个版本之后，个人用户可以使用永中 Office 提供的 API 技术进行个人的二次开发[111]。其 2019 年软件界面如图 8-14 所示，功能特性详见表 8-2。

表 8-2　永中 Office 软件功能特性

功能特性	描　　述
应用集成	文字处理、电子表格、简报制作三大应用集成在一个界面中，用户的使用变得更加方便；应用集成的同时也成为各个应用之间的数据集成基础
数据集成	三大应用集成后，数据可以互相引用，降低了数据维护和管理的成本
文件集成	多个文档生成的数据可同时保存到一个文件中，方便管理与共享数据

续表

功能特性	描述
跨平台	永中 Office 支持在 Windows、Linux 和 Mac OS 等操作系统上运行，并且能够确保用户的一致使用体验
精确兼容	永中 Office 双向精确兼容微软各版本的文档
国家标准	永中 Office 基于自主开发环境，采用源代码级底层支持，具有存取速度快、内容完整、标准符合性高等特点
中文特色	永中 Office 具有符合国人使用习惯的特性，提供极其丰富的中文特色功能：文本竖排、稿纸信笺、自加注拼音、简繁体转换、中文项目编号、中文信封模板、中文斜线表格、信封打印工具、中文版式、文字工具、中文数字分节、内码转换、首字下沉、带圈字符
二次开发	永中 Office 针对企业应用系统开发整合需求，在二次开发方面参照微软 Office 定义和实现的二次开发接口，使得熟悉面向对象设计的程序员更加容易地对永中 Office 进行二次开发

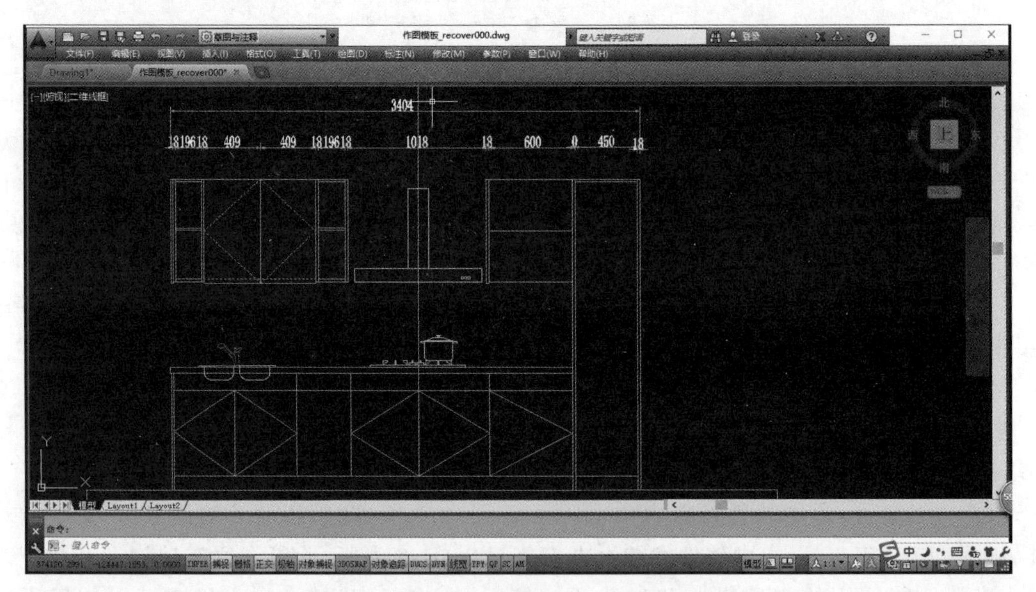

图 8-14　永中 Office 软件

8.5.2　版式软件

版式排版和流式排版是一对相对的概念，相比于流式排版的随意性，版式排版的格式是相对固定的，版式排版后的文件在阅读过程中始终以原始编辑版式显示，即使在人为缩放后，它也不会再根据显示页面的长度和宽度自动重新排版。

OFD(国家版式文档格式规范)标准是我国规定的电子公文交换和存储格式。OFD 版式排版软件作为最重要的办公软件之一，在功能方面需要为用户提供电子公文的成文、存储、交换、签章和归档等一系列业务环节的技术支持。除以上这些功能外，OFD 版式文档处理软件还需要保障电子公文的真实性、安全性、可用性和完整性,确保电子公文的长期有效价值。

1. 福昕 OFD 版式办公套件软件

福建福昕软件开发股份有限公司是中国版式文档 OFD 标准制定成员之一,同时也是国际 PDF 协会的主要成员之一。除此之外,福昕软件开发股份有限公司还是一家从我国走向国际市场的 PDF 电子文档解决方案提供厂商,在亚洲、美洲、欧洲和大洋洲等地都设有子公司,为全球各地的用户提供了许多优质的产品与服务。其发展历程如图 8-15 所示。

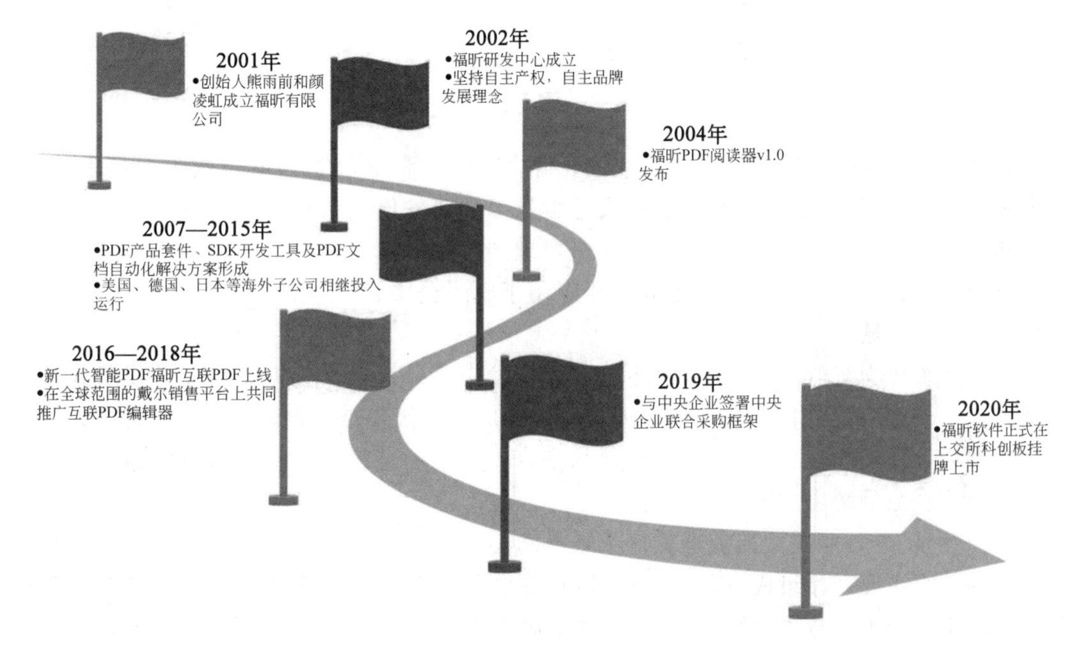

图 8-15 福昕软件开发股份有限公司的发展历程

福昕作为我国 OFD 版式软件的龙头,具有许多完全自主可控的知识产权,作为公司核心的 PDF 技术,其主要功能有:为用户提供文档的生成、转换、显示、编辑、存储、签章、保护和安全分发管理等一系列符合国家 OFD 标准的版式排版功能。

福昕相比于其他软件来说具有跨平台、高效率、安全等技术优势,产品和服务的覆盖面广,各行各业的人都愿意使用福昕 OFD 版式软件进行办公,为微软、谷歌、亚马逊、腾讯、百度、当当等众多世界知名公司提供福昕软件的许可技术或通用产品。

福昕 OFD 版式办公套件是专业级版式文档处理软件,是福昕主打的桌面端版式办公软件。这款软件同样支持在各种操作系统上进行操作,具有高兼容性。福昕 OFD 版式办公套件是在原福昕 PDF 阅读软件的基础上进行扩展所产生的,能够快速打开 PDF 和 OFD 文件,同时还支持 PDF 等格式文档与 OFD 格式文档的转换。除了以上功能,福昕 OFD 版式办公软件还具有电子签章、套红打印、安全审计和安全控制等功能,非常适合使用 OFD 标准的党、政、军、公、检、法等政府机关与企业单位使用[112]。其功能特性见表 8-3。

表 8-3　福昕 OFD 版式办公套件软件功能特性

功能特性	描　　述
精确呈现	实现多种格式到 OFD 的转换，实现了源文档的精确呈现
行业领先	采用桌面端阅读器最新技术框架，扩展能力强；全面符合电子公文相关标准规范，首家通过标准符合性测试；支持民族语言
无缝平移	继承了广泛应用的福昕 PDF 阅读器的界面布局与用户操作习惯，实现 PDF/OFD 格式无缝平移，确保业务的连续性
安全可靠	采用成熟的安全保护机制，可实现对各种加密算法的支持；支持电子公章、数字签名、动态水印、密标、隐写溯源等多种可控阅读保护手段

2. 数科 OFD 文档处理软件

北京数科网维技术有限责任公司（以下简称“数科网维”）是 OFD 标准制定成员之一，成立十多年以来，数科网维一直致力于版式排版技术的研发以及信息化应用等诸多领域的发展。同时，数科网维还是一家专业版式文档处理产品和技术服务的提供商。经过多年的努力，数科网维已获得大众认可，因此被广泛应用于电子公文、数字档案、电子证照、电子票据和数字出版等领域。

数科网维作为行业代表之一，始终专注于开发一套最符合办公需要的标准化版式排版文档处理软件，数科 OFD 版式文档处理软件因此成为其代表产品。该产品除包含基础的版式排版布局处理功能之外，还实现了文件的修订、审批和检阅等扩展功能，更好地为广大用户提供版式产品的解决方案和技术支持。

因为数科 OFD 版式文档处理软件由版式阅读软件、文件安全外带系统以及文件转换迁移系统等六大主要产品组成，所以能够为用户提供电子公文、电子票据与电子证照等一系列规范化的文档处理服务，非常适合党、政、军等政府机关以及企业单位使用[113]。其功能特性见表 8-4。

表 8-4　数科 OFD 文档处理软件功能特性

功 能 特 性	描　　述
常规格式转换	支持各类常见文档格式转换为 OFD 文件，涵盖电子公文领域中的所有格式；支持将 OFD 文件转换为 PDF 文件
集中转换	文档转换网格将文档转换工作集中在服务端进行，比客户端转换更易于对转换所需的软硬件条件进行专业配置，转换生成的文档质量更容易保证
高速转换	文档转换网格非常容易扩展，工作节点数量可以进行“热插拔式”扩展（即在不影响服务对外调用的前提下增加或减少转换节点）。通过合理配置转换工作节点数量，可以应对 TB 级存量文档的高速转换需求
多引擎转换	转换节点内置虚拟打印和其他转换引擎，优先使用该文档的创建软件作为排版引擎，转换后的版面效果更精确
文档同步加工	文档转换网格使用 XML 描述转换要求，可在实现文档格式转换的同时，同步对转换后的文档进行数据加工，包括对文件附加文件表示、元数据、附件和权限声明，将多个文档组合为一个文档，为文档添加封面、附件等

续表

功能特性	描述
水印和数字签名	文档转换网格支持在转化文档的指定页面中插入水印和背景，水印和背景支持图形、图像和文字的组合描述，同时对转换后的文件自动添加符合 OFD 标准的电子印章和数字签名
加密封装	文档转换网格支持将转换后的版式文件封装为指定类型的加密信封，未授权的用户和软件无法打开

3. 书生阅读器

北京书生电子技术有限公司(以下简称“书生电子”)自 1998 年成立以来，20 多年来一直专注于电子签章和版式技术的研究与应用，是电子签章及版式文档领域的核心厂商之一。书生电子通过 20 多年来的发展壮大(见图 8-16)，积累了一大批政府、金融、央企等领域的高端客户。

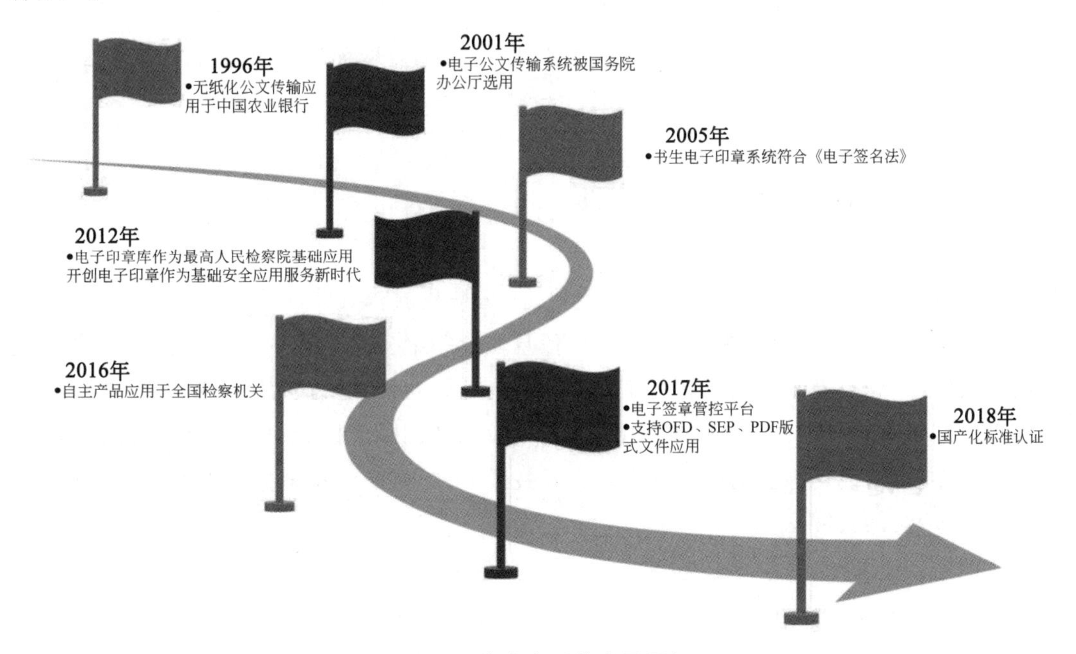

图 8-16　书生电子的发展历程

书生电子在电子政务领域具有较高的声誉，它致力于的研发领域包括：电子签章技术、版式处理技术、打印控制技术、数据安全及溯源追踪技术等。目前，书生电子产品已与大部分国产环境下的操作系统、数据库和中间件等软件高度兼容，同时通过测试与实验，能够与其他相关软件或硬件产品互认[114]。

作为安全电子签章产品的建设方，书生电子一直致力于数据安全的研发，并取得了国家相关管理部门的资质，通过了多种规范和标准的测评。

书生阅读器 v2.0 可对符合国标《电子文件存储与交换格式 版式文档 GB/T 33190—

2016》的OFD版式文件进行解析并展现，符合《党政机关电子印章应用规范 GB/T 33481—2016》《党政机关电子公文应用接口规范 GB/T 33478—2016》等公文应用国标，同时对公文语义树全面支持，安装便捷，界面友好，可用功能丰富多样，能够对OFD版式文件进行浏览、另存、溯源、密标、水印、脱红、批注、签章、验章、打印、画线、手写签批等操作，并能够提供许多可用的二次开发接口，方便其他的第三方用户进行调用，同时提供3种版本供用户选择。其功能特性见表8-5。

表8-5 书生阅读器 v2.0 软件的功能特性

功能特性	描述
便捷友好	安装便捷、界面友好且易于维护
二次开发	提供二次开发插件接口，支持B/S应用环境
跨平台	具有跨平台性，可以在不同的CPU以及异同的操作系统上运行
可兼容性	可兼容浏览SEP、OFD、PDF等多种版式文件
功能强大	支持公文体结构展示与定位；自动加载符合规范的电子签章组件；加载10MB文档的时间小于5s

8.5.3 防御软件

1. 北信源防病毒系统

北信源是中国信息安全领域的龙头企业之一，是我国防御软件的主要提供商之一。北信源的主要业务和研究方向为大数据安全、信息安全等诸多安全领域，核心业务分为社区管理及健康医疗、信息安全与国产化可信、移动办公与安全通信。作为国内安全领域的龙头，北信源公司能够与国家政府部门、国内外著名高校以及国际上顶尖的IT厂商保持长期的战略合作伙伴关系，北信源公司拥有一大批高新技术人才，多次荣获国务院颁发的国家科学技术进步二等奖等荣誉[115]。

在信息安全领域，北信源构建了一套属于自己公司独有的终端安全管理体系，能够为Windows终端、移动终端、虚拟化终端等提供全面、立体的安全防护。除此之外，北信源公司还在原有基础上开始向内网安全、边界安全和防病毒等其他安全领域进行研究。

北信源杀毒软件是北信源推出的新一代企业级反病毒安全防护软件，为企业提供了一套专业可靠的综合性终端安全解决方案。该产品完美融合了C/S与B/S双架构的模式，并且和安全防护终端、Web系统控制中心以及企业私有云服务器共同构成了一个集成的安全防护体系。除此之外，该产品还具有终端实时防护、动态威胁检测以及全网范围的可视化安全管理和控制等功能，可以有效防御已知病毒、未知安全威胁和APT(高级持续性威胁)攻击，是政府、军队、教育、医疗、金融等企事业单位采购终端安全防护类产品的理想选择。其大数据引擎特点如图8-17所示，其功能特性见表8-6。

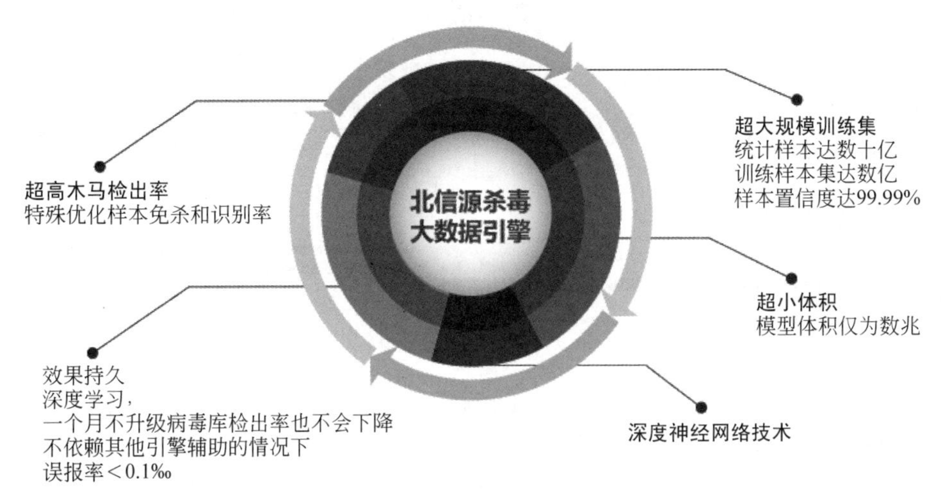

图 8-17　北信源防病毒系统

表 8-6　北信源防病毒系统的功能特性

功能特性	描　述
私有云查杀	私有云查杀技术，能够降低本地引擎开销，云端的检出率在98%以上
九重防护	九重防护体系，主动防御逻辑，多项反恶意插件技术，可提供卓越的多级安全保护
智能引擎	智能引擎，深度学习，即使一个月不升级病毒库，检出率也不会下降，误报率<0.1%
闪电查杀	7min 内完成全屏查杀，为用户提供高效的反病毒服务
超轻客户端	19MB 超轻客户端，部署方便，网络压力小，对系统资源占用少
优化识别	特殊优化识别率，大幅降低样本免杀难度，变种病毒无所遁形
过亿样本	VRV 引擎统计样本达数十亿，训练样本集达数亿，训练样本置信度达99%
神经网络	北信源大数据引擎结合深度神经网络，让杀毒软件更加智能，有效应对各种病毒

2. 360 防病毒系统

三六零安全科技股份有限公司(以下简称“360公司”)自2005年创立以来，一直致力于互联网和软件安全等领域的技术研发。360公司作为中国最大的互联网安全服务提供商之一，一直贯彻为使用360公司所生产软件的全部用户提供免费互联网安全服务的宗旨，先后推出许多国民级的安全产品。我们生活中常见的360安全卫士、360手机卫士、360安全浏览器等一系列软件都是由360公司自主研发创造的，PC端安全产品每月的活跃用户数达到5亿多，而移动端安全产品每月的活跃用户已经超过4.6亿人。同时，360公司还为中央机关、国家部委、地方政府和企事业单位提供安全咨询、安全运维、安全培训等多种安全服务[116]。360公司的发展历程如图8-18所示。

360公司是一家技术驱动型高科技互联网公司，也是我国最大的互联网安全产品及服务的供应商，它聚集了国内规模领先的高级技术团队，并一直保持着技术创新的强劲势头。2019年9月，360公司启动了政企安全战略，积极推进各项经营管理任务，不断增强了公司的核心竞争力。

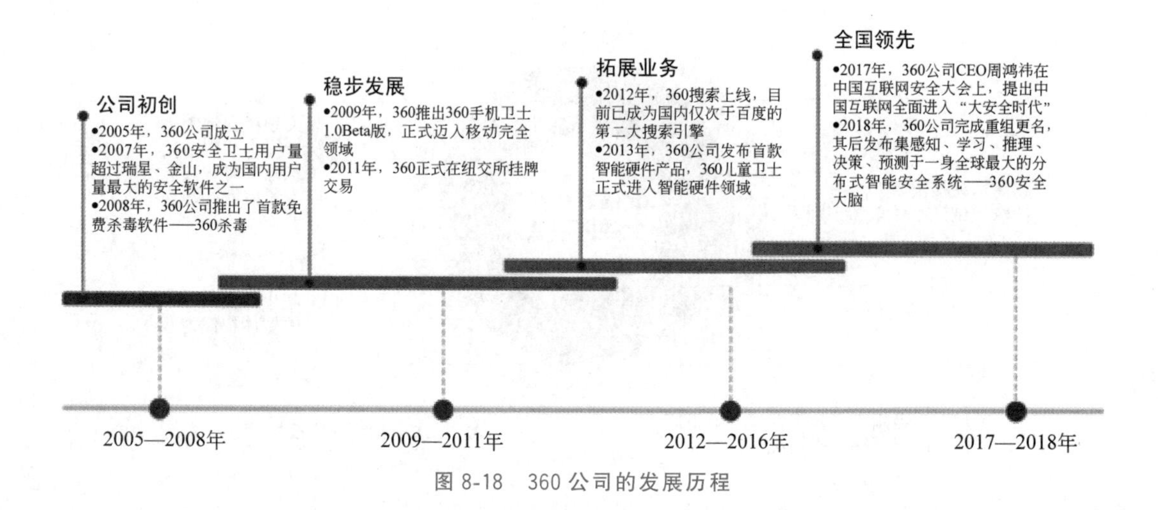

图 8-18　360 公司的发展历程

360 终端安全防护系统具有多引擎、云查杀、沙箱检测和主动防御等诸多安全领域的核心科技，能够为用户提供一套防御力极强的安全策略，同时还具备一定的运维管控功能。在如今的大数据时代，360 公司也紧跟时代潮流，利用公司自主研发的大数据技术对已知或未知的安全威胁进行查杀，因为有大数据技术的支持，所以 360 终端防护系统能够精确且快速发现用户终端中存在的安全威胁并马上排除这些威胁，确保用户的信息安全。

360 终端安全防护系统非常适合国产操作系统和一些国产应用环境，能为这些终端提供木马查杀、安全审计和终端管控等一系列安全可靠的防护功能。除此之外，360 终端防护系统还可以有效遏制整个网络内部或外部威胁传播与扩散的途径，确保内网终端主机的安全。如上这些功能主要由 QVM(奇虎支持向量机)人工智能引擎、云查杀引擎、AVE(针对可执行文件的引擎)、QEX(针对非可执行文件的引擎)等多引擎的协同工作来完成。

360 终端安全防护系统的主动防御功能是其主要特点之一。主动防御功能可以防御未知病毒、未知威胁，达到全面、立体的防御功效。主动防御功能的诞生，让查杀病毒不再像传统防御软件那样，将病毒的特征码作为判断的主要依据，而是根据程序的行为对其进行判定，直接从病毒的定义着手，在技术上实现了对木马和病毒的主动防御与拦截。

360 防病毒系统的功能特性见表 8-7。

表 8-7　360 防病毒系统的功能特性

功能特性	描　　述
兼容性好	支持各种国产化/Linux 平台
多级管控	完善的多级管控体系
通用协议	在各种复杂网络环境下适应能力强
扩展性强	采用策略模板和模板继承机制，对不同类型的设备可以使用不同策略，扩展能力强
模板化部署	模板化日志、升级、管控等业务，可以将各个业务部署到不同的服务器上，并且支持每个业务的横向扩展
多模式	针对桌面和服务器分别支持 UI(用户界面)和 CLI(命令行界面)两种使用模式
多机制	实时监控，安全防护能力和实时性更强

3. 辰信领创防病毒系统

北京辰信领创信息技术有限公司(以下简称“辰信领创”)自 2016 年成立以来,一直以终端安全作为其主要业务。同时,辰信领创也是一家研发型公司,对云计算、物联网、大数据等先进技术保持高度关注,能够将这些信息时代的核心技术完美应用在自己的软件中。辰信领创作为我国信息安全领域的领头羊之一,拥有国内顶尖的病毒及恶意代码防范技术团队,并且多方合作,将自身的技术优势和各方的资源相结合,从而构建了一套从终端到云端完整的、全方位的、立体化的安全防护体系。对于传统的终端安全,辰信领创有一套属于自己的防护策略,在此基础上还衍生出对移动终端、物联网终端等一系列智能终端领域的防护策略,在多领域为用户保驾护航。

景云网络防病毒系统由辰信领创自主研究开发,其目标人群主要是企业用户。辰信领创在景云网络防病毒系统中加入三核引擎,能够快速且精确地查杀整个网络内的病毒,与此同时,还能保护内网主机。主动防御与风险评估也是景云网络防病毒系统的特色。主动防御能够主动识别系统中的潜在威胁,并迅速消灭系统中的威胁,保护用户的信息安全,所以非常适合企业单位和政府部门使用[117]。其功能特性见表 8-8。

表 8-8 辰信领创防病毒系统的功能特性

功能特性	描述
多核引擎	独创的三核查杀引擎(ZAV 引擎、景云云查引擎和系统修复引擎),拥有超强的查杀和修复能力
私有云	集成的景云私有云安全系统,企业可按需定制云知识库
智能追溯	全网文件审计追踪,智能快速定位病毒源
宏病毒专杀	全面清除文档中的 Office 宏病毒,保护办公文档的信息安全
主动防御	通过启发式行为分析和多核引擎驱动,对潜在的威胁动作进行主动的识别,智能判定风险等级并进行拦截
边界保护	实时监控网页访问、程序下载、文件复制等敏感系统边界入口,精准拦截危险文件
策略敏感定制	根据企业用户不同的业务领域、网络环境和安全需求,可自由定制个性化的安全防护策略,灵活设定监控敏感度
三权分立	可按照安全、系统和审计 3 类管理员类型划分独立权限,确保信息安全;自由定制多层中控的级联树形架构,可拓展性极佳
审计日志	提供多维度、多粒度的日志汇总报表和分析报表
隔离网升级	针对隔离网环境提供独有的升级工具,保证病毒库和软件能及时更新

参考文献

[1] 佚名.CPU 功能解析,CPU 功能作用与其工作过程[EB/OL].[2021-05-01].http://www.dzkfw.com.cn/jichu/semiconductor/4208.html.

[2] ANNE C. Advanced CPU Designs [EB/OL]. [2021-05-01]. https://www. bilibili. com/video/BV1EW411u7th?p=9.

[3] 往事随风.CPU 的历史[EB/OL].[2021-06-01].https://zhuanlan.zhihu.com/p/64537796.

[4] ASPRAY W . The Intel 4004 Microprocessor: What Constituted Invention?[J]. IEEE Annals of the History of Computing,1997,19(3) : 4-15.

[5] 魏强,李锡星,武泽慧,等. X86 中央处理器安全问题综述[J]. 通信学报,2018(S2) : 155-167.

[6] FAN H. Intel 曾经也败过! 回忆 AMD 史上经典的 CPU. [EB/OL]. [2021-05-01]. https://diy.pconline.com.cn/cpu/study_cpu/1111/2573121.html.

[7] 谢志峰.英特尔与 AMD 的竞争历史[EB/OL].[2021-05-01].https://zhuanlan.zhihu.com/p/46602050.

[8] Computer Hope. Computer processor history[EB/OL]. [2021-05-01]. https://www. computerhope.com/history/processor.htm.

[9] 飞腾信息技术有限公司.官方网站 [EB/OL].[2021-05-01].https://www.phytium.com.cn/.

[10] 飞腾信息技术有限公司.高性能服务器芯片 S2500[EB/OL].[2021-05-01].https://www.phytium.com.cn/article/5.

[11] 飞腾信息技术有限公司.高性能服务器芯片 FT-2000+/64[EB/OL].[2021-05-01].https://www.phytium.com.cn/article/20.

[12] 飞腾信息技术有限公司.高性能服务器芯片 FT-1500A/16[EB/OL].[2021-05-01].https://www.phytium.com.cn/article/683.

[13] 飞腾信息技术有限公司.高性能服务器芯片 FT-2000/4[EB/OL].[2021-05-01].https://www.phytium.com.cn/article/97.

[14] 飞腾信息技术有限公司.高性能服务器芯片 FT-1500A/4[EB/OL].[2021-05-01].https://www.phytium.com.cn/article/96.

[15] 飞腾信息技术有限公司.高性能服务器芯片 FT-2000A/2[EB/OL].[2021-05-01].https://www.phytium.com.cn/article/94.

[16] 华为技术有限公司.昇腾 310 AI 处理器[EB/OL].[2021-05-01].https://e.huawei.com/cn/products/cloud-computing-dc/atlas/ascend-310.

[17] 华为技术有限公司.昇腾 910 AI 处理器[EB/OL].[2021-05-01].https://e.huawei.com/cn/products/cloud-computing-dc/atlas/ascend-910.

[18] 龙芯中科技术有限公司.官方网站[EB/OL].[2021-05-21].http://www.loongson.cn/index.html.

[19] 龙芯中科技术有限公司.龙芯简介[EB/OL].[2021-05-21].http://www.loongson.cn/about/loongson.html.

[20] 龙芯中科技术有限公司.龙芯历程[EB/OL].[2021-05-21].http://www.loongson.cn/about/history.html.

[21] 龙芯中科技术有限公司.处理器龙芯 1C[EB/OL].[2021-05-21].http://www.loongson.cn/product/cpu/1/Loongson1C.html.

[22] 龙芯中科技术有限公司.处理器龙芯 2H[EB/OL].[2021-05-21].http://www.loongson.cn/product/cpu/2/Loongson2H.html.

[23] 龙芯中科技术有限公司.处理器龙芯 3A1000[EB/OL].[2021-05-21].http://www.loongson.cn/product/cpu/3/Loongson3A.html.

[24] 上海兆芯集成电路有限公司. 官方网站[EB/OL].[2021-05-01].http://www.zhaoxin.com.

[25] 上海兆芯集成电路有限公司. 开先® KX-6000 系列处理器[EB/OL].[2021-05-01].http://www.zhaoxin.com/qt.aspx?nid=3&typeid=129.

[26] 上海兆芯集成电路有限公司. 开先® ZX-C 系列处理器[EB/OL].[2021-05-01].http://www.zhaoxin.com/qt.aspx?nid=3&typeid=90.

[27] 上海兆芯集成电路有限公司. 开胜® KH-30000 系列处理器[EB/OL].[2021-05-01]. http://www.zhaoxin.com/qt.aspx?nid=3&typeid=95.

[28] 上海兆芯集成电路有限公司.开胜® ZX-C+系列处理器[EB/OL].[2021-05-01]. http://www.zhaoxin.com/qt.aspx?nid=3&typeid=138.

[29] 成都申威科技有限责任公司.官方网站[EB/OL].[2021-05-01].http://www.swcpu.cn/.

[30] 成都申威科技有限责任公司.高性能单核处理器申威 111[EB/OL].[2021-05-01].http://www.swcpu.cn/show-176-262-1.html.

[31] 成都申威科技有限责任公司.高性能多核处理器申威 221[EB/OL].[2021-05-01].http://www.swcpu.cn/show-190-255-1.html.

[32] 成都申威科技有限责任公司.高性能多核处理器申威 411[EB/OL].[2021-05-01].http://www.swcpu.cn/show-190-256-1.html.

[33] 成都申威科技有限责任公司.高性能多核处理器申威 421[EB/OL].[2021-05-01].http://www.swcpu.cn/show-190-257-1.html.

[34] 成都申威科技有限责任公司.高性能多核处理器申威 421M[EB/OL].[2021-05-01].http://www.swcpu.cn/show-190-258-1.html.

[35] 成都申威科技有限责任公司.高性能多核处理器申威 1621[EB/OL].[2021-05-01].http://www.swcpu.cn/show-190-254-1.html.

[36] 康玉之.GPU 编程与 CG 语言之阳春白雪下里巴人[M].半山工作室,2009: 13-20.

[37] 分析报告王的店.2018 年图形处理器 GPU 行业研究报告[EB/OL].[2021-05-01].https://wenku.baidu.com/view/80875e102f3f5727a5e9856a561252d381eb205c.html.

[38] 顾杰.视觉时代的回响: GPU 十年历史追忆拾遗篇[EB/OL].[2021-05-01].http://vga.zol.com.cn/399/3990591_all.html.

[39] 长沙景嘉微电子股份有限公司.景嘉微官方网站[EB/OL].[2021-05-01].http://www.jingjiamicro.com/home.html.

[40] 段小虎.2020Q1 业绩保持稳健增长,看好 GPU 国产化龙头[EB/OL].[2020-11-01].http://pdf.dfcfw.com/pdf/H3_AP202005181379882225_1.pdf.

[41] 上海兆芯集成电路有限公司.公司简介[EB/OL].[2021-05-01].http://www.zhaoxin.com/gsjj.aspx?nid=1&typeid=1.

[42] 上方文 Q.兆芯官宣国产独立显卡:28nm 工艺 70W 功耗[EB/OL].[2021-05-01].http://news.mydrivers.com/1/699/699443.htm.

[43] FuninUSA.中国 x86 CPU 厂商兆芯将推出新的独立 GPU[EB/OL].[2021-05-01].https://baijiahao.baidu.com/s?id=1672074494158317222&wfr=spider&for=pc.

[44] 浪潮电子信息产业股份有限公司.NF5488A5[EB/OL].[2021-05-01].https://www.inspur.com/lcjtww/2526894/2526897/2526898/2527436/index.html.

[45] 浪潮电子信息产业股份有限公司.NF5488M5-D[EB/OL].[2021-05-01].https://www.inspur.com/

lcjtww/2526894/2526897/2526898/2527439/index.html.

[46] 中国船舶集团有限公司.关于我们[EB/OL].[2021-05-01].http://www.cssc.net.cn/n4/index.html.

[47] 中船重工(武汉)凌久电子有限责任公司.国产通用图形处理器 GP101[EB/OL].[2021-05-01].http://www.csic-lincom.cn/public/portal/article/index/id/180/cid/81.html.

[48] QIXIN.国产 GPU 之中船重工 716 所 JARI G12[EB/OL].[2021.05.01].https://tieba.baidu.com/p/6186142677?red_tag=3228806079.

[49] 姜毅龙.西邮自主研发 GPU 芯片通过陕西省科技成果鉴定[EB/OL].[2021-05-01].http://www.xiyou.edu.cn/info/2304/61934.htm.

[50] 胡钢.微机原理及应用[M].北京:机械工业出版社,2016.

[51] 马维华.微机原理与接口技术[M].北京:科学出版社,2016.

[52] 中国存储网.计算机存储历史[EB/OL].[2021-05-01].http://www.chinastor.com/history/.

[53] 北京同有飞骥科技股份有限公司.新同有 新存储 新价值[EB/OL].[2021-05-01].https://www.toyou.com.cn/.

[54] 北京紫光存储科技有限公司.公司简介[EB/OL].[2021-05-01].http://www.unic2.com.cn/.

[55] 广东紫晶信息存储技术股份有限公司.关于我们[EB/OL].[2021-05-01].https://www.amethystum.com/.

[56] 三星(中国)投资有限公司.存储产品[EB/OL].[2021-05-01].https://www.samsung.com/cn/memory-storage/.

[57] 西部数据.Products[EB/OL].[2021-05-01].https://www.westerndigital.com/.

[58] 希捷科技有限公司.您的云,您做主[EB/OL].[2021-05-01].https://www.seagate.com/.

[59] 东芝电子元件(上海)有限公司.存储产品[EB/OL].[2021-05-01].http://www.toshiba-semicon-storage.com/cn/top.html.

[60] SILBERSCHATZ A,GALVIN P B,GAGNE G.Operating System Concepts[M].8th Ed. New York:Wiley,2009.

[61] 汤小丹,梁红兵,哲凤屏,等. 计算机操作系统[M].3 版.西安:西安电子科技大学出版社,2014.

[62] LI C.The History of the GPL[EB/OL].[2021.05.01].http://www.free-soft.org/gpl_history/.

[63] Christopher Tozzi.Linus Torvalds on Early Linux History,GPL License and Money.[EB/OL].[2021-05-01]. https://www.datacenterknowledge.com/archives/2016/08/23/linus-torvalds-early-linux-history-gpl-license-money.

[64] Ywnz.国产操作系统概念及历史,目前国产操作系统有哪些?[EB/OL].[2021-05-01].https://ywnz.com/linuxgcxt/1786.html.

[65] 史中.银河麒麟系统的前世今生[EB/OL].[2021-05-01].https://zhuanlan.zhihu.com/p/35872528.

[66] 铁流. 需注意操作系统断供风险[N]. 环球时报,2020-08-14(015).

[67] 韩乃平,李蕾. 国产操作系统生态体系 建设现状分析[J]. 信息安全研究,2020,6(10):0-0.

[68] 麒麟软件有限公司.首页[EB/OL].[2021.05.01].https://www.kylinos.cn/.

[69] 韩鑫. 操作系统加速实现自主可控[N]. 人民日报,2020-09-11(005).

[70] 中科方德软件有限公司.首页[EB/OL].[2021.06.04].http://www.nfschina.com/index.html.

[71] 华为技术有限公司.集团网站[EB/OL].[2021-05-21].https://www.huawei.com/cn/.

[72] 武汉深之度科技有限公司.首页[EB/OL].[2021-06-07].https://www.deepin.com/.

[73] 统信软件技术有限公司.统信 UOS 生态社区[EB/OL].[2021-05-21].https://www.chinauos.com/.

[74] SILBERSCHATZ A,KORTH H F,SUDARSHAN S. Database system concepts[M]. New York:McGraw-Hill,1997.

[75] 汤庸，叶小平，陈洁敏，等.高级数据库技术及应用[M].2 版.北京：高等教育出版社，2015.

[76] 数据库百科全书编委会．数据库百科全书 [M].上海：上海交通大学出版社，2009.

[77] 王珊，萨师煊.数据库系统概论[M].5 版.北京：高等教育出版社，2014.

[78] 王能斌. 数据库系统教程(上册) [M].2 版.北京：电子工业出版社，2010.

[79] DATE C J.数据库系统导论 [M]. 孟小峰，王姗，译.北京：机械工业出版社，2000.

[80] ULLMAN J D，WIDOM J. 数据库系统基础教程 [M]. 岳丽华，龚育昌，译. 北京：机械工业出版社，2006.

[81] ELMASRO R，NAVATHE S B.数据库系统基础 [M]. 邵佩英，张坤龙，译. 北京：人民邮电出版社，2002.

[82] 中国信息通信研究院云计算与大数据研究所.关系型数据库应用白皮书，2019.

[83] 中国信息通信研究院云计算与大数据研究所.内存数据库白皮书，2019.

[84] 王燕. 承上启下中间件[J]. 信息科技，1999，3：3-5.

[85] 车勇. 承上启下中间件[J]. 互联网周刊，2000，47：105-110.

[86] 乐嘉锦，郭瑞强，朱三元. 中间件的由来、现状及我们的机遇[J]. 计算机应用与软件，2001，11：1-4，34.

[87] 李维宏，徐如志. 中间件技术及其发展动态[J]. 微计算机应用，2002，3：138，141.

[88] 陈文实，孟宪宇，李赛男. 中间件技术的应用及前景[J]. 辽宁工学院学报，2004，3：23-25.

[89] 张云勇. 中间件技术原理与应用[M]. 北京：清华大学出版社，2004.

[90] 王建新，杨世凤，王春梅，等.中间件技术[J]. 电气传动，2006，4：50-52.

[91] 王成良，邱节. 中间件技术现状与展望[J]. 电脑知识与技术(学术交流)，2007，1：149-150，154.

[92] 魏峻. 软件中间件技术现状与展望[J]. 新技术新工艺，2007，7：5-13.

[93] 李欢，李彤. 中间件的概念、分类与发展[A]. 西南财经大学信息技术应用研究所. 2008′中国信息技术与应用学术论坛论文集(一)[C].

[94] 奚丽倩，袁国良. 浅析中间件技术的研究现状[J]. 电脑知识与技术，2009，4：978-979.

[95] 胡荣，黄萍. 中间件技术应用现状研究[J]. 电脑知识与技术，2013，22：4990-4991.

[96] 曾宪杰. 大型网站系统与 Java 中间件实践[M]. 北京：电子工业出版社，2014.

[97] 张联梅，王和平. 软件中间件技术现状及发展[J]. 信息通信，2018，5：183-184.

[98] 倪炜. 分布式消息中间件实践[M]. 北京：电子工业出版社，2018.

[99] Leader-us.ZeroC Ice 权威指南[M]. 北京：电子工业出版社，2016.

[100] 郑晓云. 电信客服知识库系统的设计与实现[D].大连：大连理工大学，2012.

[101] ZeroC.Ice Comprehensive RPC Framework[EB/OL].[2021-05-01].https://zeroc.com/products/ice.

[102] 东方通.首页[EB/OL].[2021-05-01].https://www.tongtech.com/.

[103] 北京宝蓝德软件股份有限公式.首页[EB/OL].[2021-05-21].https://www.bessystem.com/home?p=100.

[104] 普元信息技术股份有限公司.首页[EB/OL].[2021-05-01].http://www.primeton.com/.

[105] 山东中创软件商用中间件股份有限公司.首页[EB/OL].[2021-05-01].http://www.inforsuite.cn/.

[106] 金蝶天燕云计算.首页[EB/OL].[2021-05-01].http://www.apusic.com/.

[107] 冯玉琳，钟华.现代软件技术[M].北京：化学工业出版社，2004.

[108] IT168.了解中国软件发展史[EB/OL].[2021-05-01].https://www.sohu.com/a/237155555_114838.

[109] 任群.计算机软件技术及教学模式研究[M].天津：天津科学技术出版社，2017.

[110] 金山办公.WPS 官方网站[EB/OL].[2021-05-01].https://www.wps.cn/.

[111] 永中软件股份有限公司.永中 Office 2019[EB/OL].[2021-05-01].https://www.yozosoft.com/.

[112] 福建福昕软件开发股份有限公司.福昕 OFD 版式办公套软件[EB/OL].[2021-06-01].https://www.foxitsoftware.cn/.

[113] 北京数科网维技术有限责任公司.数科 OFD 文档处理软件[EB/OL].[2021-06-01].http://www.suwell.cn/.

[114] 北京书生电子技术有限公司.书生阅读器[EB/OL].[2021-05-01].http://www.sursenelec.com/.

[115] 北京北信源软件股份有限公司.北信源防病毒系统[EB/OL].[2021-05-21].http://www.vrv.com.cn/.

[116] 360 互联网安全中心.360 防病毒系统[EB/OL].[2021-05-01].https://www.360.cn/.

[117] 北京辰信领创信息技术有限公司.首页[EB/OL].[2021-05-01].http://www.v-secure.cn/.